Das Schildkrötenjahr

Freilandbiologie und Haltung europäischer Landschildkröten über den Jahreslauf

Michael Wirth

Terrarien  Bibliothek

Natur und Tier - Verlag

Inhaltsverzeichnis

Bildnachweis
Titelbild: *Testudo h. boettgeri* im griechischen Thessalien Foto: B. Trapp
Rückseite: oben: *Testudo h. boettgeri* aus dem Westen der Peloponnes-Halbinsel (Griechenland)
                              Foto: B. Trapp
              unten links: *Testudo graeca ibera* aus Thrakien (Griechenland) Foto: M. Wirth
              unten rechts: *Testudo marginata* im Lebensraum in Thessalien (Griechenland) Foto: M. Wirth

ISBN: 978-3-86659-180-6

© 2013 Natur und Tier - Verlag GmbH   Geschäftsführung: Matthias Schmidt
An der Kleimannbrücke 39/41, 48157 Münster   Lektorat: Alexander Gutsche & Mike Zawadzki
Tel. 0251/13339-0, Fax 0251/13339-33   Layout: Ludger Hogeback
www.ms-verlag.de   Druck: Alföldi, Debrecen

Vorwort

In vielen Artikeln und Büchern, die sich mit der Haltung und Nachzucht von Reptilien befassen, wird immer wieder auf eine möglichst „naturnahe" Haltung der Pfleglinge hingewiesen. Was aber bedeutet das eigentlich?

Nur weil der Iltis Ringelnattern frisst, wird kaum ein Reptilienfan auf die Idee kommen, einen solchen Marder in sein Terrarium zu setzen, um die natürliche Lebenssituation möglichst realistisch abzubilden. Ebenso wenig wird ein Schildkrötenhalter sein Freigehege für Griechische Landschildkröten mit ausgedienten Haushaltsgeräten oder Plastikabfällen strukturieren, wenngleich Müll in zivilisationsnahen Biotopen ein allgegenwärtiger Anblick ist.

Mit „naturnah" ist vielmehr die Aufforderung verbunden, den Bedürfnissen der Tiere Rechnung zu tragen, um auf diese Weise artgerechte Bedingungen in menschlicher Obhut zu schaffen, die wiederum zur Grundlage für ein natürliches Verhalten werden. Ausgangsbasis dafür ist die detaillierte Kenntnis des natürlichen Lebensraums, der Lebensweise und Biologie der Tiere im Freiland.

Ich möchte Ihnen im Rahmen dieses Buches die Biologie der europäischen Landschildkröten in ihren natürlichen Lebensräumen über den Jahresverlauf hinweg nahebringen. Hierzu gehören Aspekte der Nahrungssuche und Nahrungswahl, der Thermoregulation und Überwinterung, ebenso wie Verhaltensweisen, die im Zusammenhang mit dem Sozialverhalten und der Fortpflanzung stehen. Viele Bereiche des Verhaltensrepertoires, wie z. B. Sonnenbäder oder die Fortpflanzungsbemühungen der Männchen, lassen sich über das ganze Jahr hinweg beobachten, andere hingegen, wie der Schlupf der Jungtiere, sind auf spezielle Zeitfenster beschränkt. Das Ausmaß und der Anteil, den die verschiedenen Verhaltensaspekte und -komplexe innerhalb eines Schildkrötentages einnehmen, variieren aber über das Jahr hinweg, und es lassen sich demgemäß verschiedene Phasen bzw. Abschnitte des Schildkrötenjahres unterscheiden. Aus diesem Grund beschreibe ich im Hauptteil dieses Buches über den Zeitraum eines Jahres hinweg, was in den verschiedenen Phasen im natürlichen Lebensraum der europäischen Landschildkröten geschieht und wie die Tiere sich auf die sich fortlaufend ändernden Bedingungen einstellen. Daraus abgeleitet ergeben sich auch die Pflichten und Aufgaben für den Schildkrötenhalter, der in unseren Breiten europäische Landschildkröten in Freilandgehegen pflegt.

Die Zielsetzung der Schildkrötenhaltung in menschlicher Obhut ist klar: Wir wollen den Tieren möglichst gute Bedingungen, sozusagen

einen „optimalen" Lebensraum und ebensolche Lebensbedingungen bieten. Eine Kopie der natürlichen Gegebenheiten in Südeuropa ist nördlich der Alpen aber nicht möglich. Insbesondere die Temperaturen, aber auch die Zahl der Sonnenstunden und die Lichtintensität kommen nicht an das Original heran, selbst wenn man einen großen technischen Aufwand betreibt. Dennoch ist es möglich, die Haltungsbedingungen zu optimieren und dem angestrebten Ziel Stück für Stück näher zu kommen. Ich möchte Ihnen ein Konzept vorstellen, wie man nach meiner Erfahrung auch in unseren Breiten Bedingungen schaffen kann, die denen der Schildkrötenheimat gerecht werden und die damit der eingangs geforderten „naturnahen" Haltung Rechnung tragen. Es gibt eine ganze Reihe vergleichsweise einfach umsetzbarer Maßnahmen und Vorkehrungen, mit denen man die Haltungsbedingungen und folglich die Lebensqualität der Schildkröten erheblich verbessern kann. Die Tiere danken es mit jahrzehntelanger Gesundheit, optimalem Wachstum, einem aufgeweckten Verhalten und regelmäßigem Nachwuchs. Das vorliegende Buch richtet sich daher an motivierte Einsteiger und erfahrene Pfleger gleichermaßen, die ihr Haltungskonzept optimieren möchten, kann und soll aber ein „klassisches" Einsteigerbuch nicht ersetzen.

Michael Wirth
Tübingen, 2013

Der Autor beim Fotografieren einer Griechischen Landschildkröte (*Testudo hermanni boettgeri*) in einem Olivenhain in Montenegro Foto: B. Trapp

Einleitung

Das vorliegende Buch befasst sich mit den aus Europa stammenden Vertretern der Griechischen Landschildkröte (*Testudo hermanni*), der Breitrandschildkröte (*T. marginata*) und der Maurischen Landschildkröte (*T. graeca*). Die Betonung liegt absichtlich auf „europäisch", nicht auf „mediterran". Denn obwohl die Maurische Landschildkröte mit verschiedenen Unterarten auch Nordafrika besiedelt – das ja auch mediterran ist –, unterscheiden sich die Umweltfaktoren und folglich die Lebensumstände dieser Tiere erheblich von denen in Europa. Aus diesem Grund erfordert die Haltung nordafrikanischer Landschildkrötenformen einen weitaus größeren technischen Aufwand als bei europäischen Arten bzw. Unterarten. Ein weiterer Sonderfall, und daher bewusst ebenfalls nicht Gegenstand dieses Buches, ist die Vierzehen- oder Steppenschildkröte (*Agrionemys horsfieldii*), die aufgrund ihrer Herkunft aus innerasiatischen Steppengebieten besonders harschen Bedingungen trotzen muss, darunter extreme Temperaturschwankungen, lange Dürreperioden und ein während eines Großteils des Jahres stark eingeschränktes Nahrungs- und Wasserangebot.

Das Hauptaugenmerk in diesem Buch liegt auf der Griechischen Landschildkröte, weil diese mit deutlichem Abstand die am häufigsten in menschlicher Obhut gehaltene europäische Landschildkröte ist. Der Wissensstand im Hinblick auf die Freilandbiologie der europäischen Landschildkröten unterscheidet sich deutlich zwischen den verschiedenen Arten, wobei bis dato zur Ökologie der Breitrandschildkröte am wenigsten Informationen zur Verfügung stehen. An den in Spanien lebenden Populationen der Maurischen Landschildkröte wurde eine Vielzahl von Studien durchgeführt, aber vor allem liegt für *Testudo h. hermanni* und *Testudo h. boettgeri* eine Fülle wissenschaftlicher Informationen vor, auf die ich im Folgenden näher eingehen werde. Weil viele Aspekte der Ökologie der europäischen Landschildkröten einander stark ähneln, können nach meiner Meinung von den Beobachtungen, die an einer Art gemacht wurden, mit Abstrichen Rückschlüsse auf andere gezogen werden, und es sind in meinen Augen auch vorsichtige Verallgemeinerungen möglich, wie ich sie in diesem Buch an verschiedenen Stellen mache.

Im Verlauf des „Schildkrötenjahres" ändern sich die klimatischen Bedingungen und die Verfügbarkeit von Nahrung und Trinkwasser, zudem wird der gesamte Fortpflanzungszyklus durchlaufen. Dementsprechend ändert sich auch das Verhalten der Landschildkröten über das Jahr hinweg. In den Studien von CHEYLAN (1981) und HUOT-DAUBREMONT & GRENOT (1997) wurden an in Südfrankreich lebenden *Testudo h. hermanni* viele Aspekte des natürlichen Verhaltens und deren Variation über den Jahresverlauf untersucht. Die Ergebnisse bieten auch für den Schildkrötenhalter interessante Informationen – als wichtige Grundlage für die Umsetzung einer naturnahen Haltung – und werden daher im vorliegenden Buch zur Ausgangsbasis der ökologischen Betrachtungen.

Die jahreszeitliche Aktivität untergliedert sich nach den genannten Untersuchungen in fünf verschiedene Phasen: Während das zeitige Frühjahr von März bis April als Posthibernationsphase bezeichnet wird und vom Erwachen aus der Winterruhe geprägt ist, steht der anschließende Frühling von Mai bis Juni im Zeichen der Fortpflanzung und des Anfressens von Energiereserven. Die trockenheißen Sommermonate Juli und August sind gekennzeichnet durch harte Böden sowie eine dürre Vegetation und gehen mit einer aufgrund der hohen Temperaturen eingeschränkten Aktivität einher. Im Herbst, von September bis November, erfolgt mit dem Einsetzen von Regenfällen der Schlupf der Jungtiere. Diese Jahreszeit gilt aufgrund des nahenden Winters bereits als Prähibernationsphase, d. h. als Vorbereitung der Winterruhe, die sich von Dezember bis Februar anschließt.

Die Aktivität der Schildkröten ist im Zeitraum von April bis Mai am größten, geringer im Verlauf des Sommers und am niedrigsten während des Herbstes. HAILEY & WILLEMSEN (2000) beobachteten in Griechenland an *T. hermanni boettgeri*, dass im selben Biotop im April pro Zeiteinheit dreimal mehr Tiere angetroffen werden als im Herbst.

Die beschriebene jahreszeitliche Gliederung trifft aber nicht nur auf Südfrankreich und die hier lebenden *T. h. hermanni* zu. Sie kann vielmehr im Wesentlichen auch auf die anderen europäischen Landschildkröten und deren europäisches Verbreitungsareal übertragen werden. Dabei sind die Unterschiede zwischen den nördlichen Arealrändern und den im Süden lebenden Populationen oftmals größer als zwischen den verschiedenen Arten. So kann es in Abhängigkeit von Breitengrad und Höhenlage des Gebietes, in dem eine Population lebt, sowie von den sich daraus ergebenden Klimaunterschieden zu Abweichungen bzw. Verschiebungen des Musters kommen. Das Klima hat logischerweise einen direkten Einfluss beispielsweise auf die Dauer der Winterruhe, folglich auch auf den Beginn der Fortpflanzungszeit, die Eiablageperiode usw.

Die Lebensbedingungen nordafrikanischer Landschildkröten unterscheiden sich erheblich von denen europäischer Arten. Im Bild *T. graeca soussensis* im Lebensraum in Marokko. Foto: S. Arth

Phasen des Schildkrötenjahres von *Testudo h. hermanni* in Südfrankreich

Phase	Zeitraum	Tageslichtdauer in Stunden (Min.–Max.)	Zahl genutzter Stunden	Mittlere Aktivitätsdauer in Stunden	Anteil inaktiver Tage in %	Mittlere Umgebungstemperatur in °C
Posthibernation	März–April	11,15–13,00	11	1,8	47,6	11,0
Frühjahrsphase	Mai–Juni	13,00–15,18	13	4,8	5,3	20,1
Sommerphase	Juli–August	15,18–13,13	13	2,4	6,3	26,4
Prähibernation	September–Oktober	13,13–10,18	8–11	2,5	20,6	16,1
	November	10,18–9,12	8	0,4	72,6	9,1
Hibernation	Dezember–Februar	–	–	–	–	–
(modifiziert nach CHEYLAN 2001; HUOT-DAUBREMONT & GRENOT 1997)						

Verwirrende Systematik

Die Systematik und Taxonomie der Landschildkröten in Europa, Nordafrika und Vorderasien ist seit langer Zeit umstritten und wird bis zum heutigen Tag ausgesprochen kontrovers diskutiert. Standen in früheren Tagen morphologische Merkmale, also der Körperbau der Tiere, im Vordergrund, so wenden sich heute viele Wissenschaftler insbesondere genetischen Untersuchungsmöglichkeiten zu. Dennoch ist man auch heute in der Systematik der Landschildkröten der Gattung *Testudo* weit entfernt von einem zufriedenstellenden Konzept, das sämtliche Fragen beantwortet.

Die meisten Schildkrötenhalter interessieren sich herzlich wenig für den wissenschaftlichen Disput um Systematik und Namensgebung, solange sie zumindest wissen, welche Landschildkröten sie selbst halten und wie sie diese am besten pflegen sollten. Dass dies nicht immer einfach ist, davon wissen zumindest jene zu berichten, die sich mit Maurischen Landschildkröten beschäftigen oder mit Griechischen Landschildkröten, die aus dem ehemaligen Jugoslawien stammen. Zumal sich zahlreiche Landschildkröten bereits seit Jahrzehnten in Familienbesitz befinden und deren tatsächlicher geografischer Ursprung oftmals im Dunklen liegt.

Vor dem Hintergrund, dass sich die verschiedenen Arten und Unterarten der Gattung *Testudo* miteinander kreuzen und folglich Bastarde entstehen können, sollte zumindest die klare Identifikation und Zuordnung der eigenen Tiere ein wichtiges Anliegen für jeden Schildkrötenhalter sein. Spätestens wenn zu einer bereits bestehenden Gruppe weitere Tiere hinzugefügt werden sollen, muss der Pfleger wissen, nach welcher Art bzw. Unterart er suchen muss, was zumindest eine oberflächliche Beschäftigung mit der Systematik erforderlich macht. Bei der Beschäftigung gerade mit älterer Literatur steht man vor demselben Problem, denn die heute gültigen Namen haben sich verschiedentlich geändert, und so mussten sich diejenigen, die sich bereits seit langer Zeit mit Landschildkröten beschäftigen, mehrfach an neue Namen gewöhnen.

Für eine ausführliche Darstellung der Beschreibungshistorie seien interessierte Leser auf die hervorragende Übersicht und Darstellung von PIEH & PHILIPPEN (2007) verwiesen.

Die Systematik der Landschildkröten der Gattung *Testudo* wird immer noch kontrovers diskutiert. Hier eine Maurische Landschildkröte (*T. g. ibera*) aus dem Nordosten Griechenlands.
Foto: M. Wirth

Die Validität der Dalmatinischen Landschildkröte (*T. h.
hercegovinensis*) ist umstritten Foto: B. Trapp

Griechische Landschildkröte, *Testudo hermanni*, allgemein

Der Erstbeschreiber der Griechischen Landschildkröte, der deutsche Mediziner und Na-
turwissenschaftler Johann Friedrich GMELIN,
hat bei der wissenschaftlichen Beschreibung
dieser Art im Jahr 1789 keine Terra typica angegeben. Es fehlte folglich der genaue Ursprungsort des Exemplars, nach dem er die
Beschreibung vorgenommen hat, eine Begutachtung des Tieres durch spätere Forscherge-
nerationen war aber nicht möglich, da es als
verschollen galt. Als Heinz WERMUTH im Jahr
1952 erkannte, dass die Griechische Landschildkröte in zwei Unterarten aufzuspalten
sei, vermutete er den Ursprung des Typus-
exemplars von GMELIN im Osten des Verbreitungsgebietes und bezeichnete die dortigen

T. h. hermanni in Sizilien
Foto: B. Trapp

Tiere folglich als Nominatform *Testudo hermanni hermanni*, die im Westen des Verbreitungsgebietes hingegen als Unterart *Testudo hermanni robertmertensi*. Diese Namensgebung war mehr als dreißig Jahre gültig, bis Roger BOUR im Jahr 1987 schließlich das verschollen geglaubte Typusexemplar von GMELIN wiederentdeckte, dieses als Vertreter der Westrasse erkannte und dessen Ursprungsort als das Departement Var in Südfrankreich festlegte. Was folgte, war die verwirrende, aber letztlich erforderliche Umbenennung der als eigentliche Nominatform identifizierten Westrasse der Griechischen Landschildkröten von *Testudo hermanni robertmertensi* in *Testudo hermanni hermanni*. Die fortan als Unterart geltende Ostrasse erhielt hingegen die Bezeichnung *Testudo hermanni boettgeri* nach einem von MOJSISOVICS (1889) beschriebenen Typusexemplar aus Rumänien.

Auch die Nomenklatur rund um die Dalmatinische Landschildkröte ist nicht ganz einfach, wurde diese doch zunächst im Jahr 1899 von dem Wiener Zoologen Franz WERNER anhand eines Exemplars aus Bosnien-Herzegowina als „*Testudo graeca* var. *hercegovinensis*", also als eine der Maurischen Landschildkröte ähnliche Variante, beschrieben. Dies liegt daran, dass in der damaligen Zeit die Griechische Landschildkröte oftmals fälschlich als *T. graeca* bestimmt wurde. So hatte Werner beinahe, aber eben doch nicht ins Schwarze getroffen. Seine Beschreibung fand kaum Beachtung und geriet bereits nach kurzer Zeit in Vergessenheit. Erst im Jahr 2002 wurde sie wieder ins Licht der Öffentlichkeit gerückt, als PERÄLÄ (2002b) die Dalmatinische Landschildkröte im Rahmen seiner Beschäftigung mit der Gattung *Testudo* revalidierte.

Das Ergebnis des ganzen Hin und Her: Derzeit stufen die einen die Griechische Landschildkröte als eine einzige Art mit drei verschiedenen Unterarten ein, *T. h. hermanni* (Westliche Griechische Landschildkröte), *T. h. boettgeri* (Griechische Landschildkröte) und *T. h. hercegovinensis* (Dalmatinische Landschildkröte). Andere hingegen betrachten die drei Formen als eigenständige Arten (z. B. PERÄLÄ 2002b, 2004; BOUR 2004 a, b). Um es noch ein wenig komplizierter zu machen, wurde von LAPPARENT et al. (2006a, b) für diese Artengruppe der Gattungsname *Eurotestudo* vorgeschlagen, der aber sehr kontrovers diskutiert und bereits nach kurzer Zeit überwiegend abgelehnt wurde. Daher kann es also sein, dass der Schildkrötenliebhaber und Nicht-Wissenschaftler, der sich mit wissenschaftlichen Veröffentlichungen zur Griechischen Landschildkröte in Griechenland befasst, in Publikationen der letzten Jahrzehnte beispielsweise auf die Bezeichnungen *Testudo h. hermanni*, *T. h. boettgeri*, *T. boettgeri* oder *Eurotestudo boettgeri* für ein und dieselben Tiere stößt!

Bis auf Basis umfassender Untersuchungen ausreichend Informationen für eine endgültige Revision der Paläarktischen Landschildkröten (*Testudo*; LINNAEUS, 1758) vorliegen, wird wohl noch eine Weile vergehen. Bis dahin seien „Normalsterbliche" auf die hervorragende Übersicht von PIEH & PHILIPPEN (2007) verwiesen, die der konservativen Systematik folgen. Eine Entscheidung, der ich mich anschließen möchte, und daher die Griechische Landschildkröte im Rahmen dieses Buches als eine Art mit drei verschiedenen Unterarten (*T. h. boettgeri*, *T. h. hercegovinensis* und *T. h. hermanni*) führe.

Die Verbreitung der Griechischen Landschildkröte erstreckt sich über weite Teile des mediterranen Europas, ist dabei aber lückenhaft. Das Vorkommen umfasst Teile der nordöstlichen Küstenregion Spaniens, das südöstliche Frankreich, Mallorca, Menorca, Korsika, Sardinien, Sizilien, die Küstenniederungen Italiens, sowie Küstenregionen in Kroatien, Bosnien-Herzegowina und Montenegro, das zentrale und südliche Serbien, den Südwesten Rumäniens, große Teile Bulgariens, Mazedonien, den Großteil Albaniens, das Griechische Festland und Inseln von Korfu bis Zakynthos sowie Teile der europäischen Türkei (CHEYLAN 2001; VAN DIJK et al. 2004a).

Die Unterscheidung der drei Unterarten der Griechischen Landschildkröte ist nicht immer einfach, da alle drei Formen hinsichtlich ihrer Färbung und Zeichnung, aber auch der Panzerform und anderer morphologi-

Das Vorhandensein eines Schwanzendnagels gilt als Artmerkmal der Griechischen Landschildkröte Foto: P. Fritz

scher Merkmale eine ausgesprochen hohe Variabilität zeigen. Ebenso unsicher als Merkmal ist auch die maximale Adultgröße, da diese in Abhängigkeit vom Lebensraum variieren kann. Dies wird unterstrichen durch die Untersuchungen von SACCHI et al. (2007), die die für Säugetiere aufgestellte Bergmann-Regel auf ihre mögliche Gültigkeit hin an *T. h. hermanni* aus sechs verschiedenen italienischen Populationen untersucht haben. Diese Regel besagt, dass innerhalb des Verbreitungsareals einer Art die Körpergröße der Individuen mit zunehmendem Breitengrad bzw. abnehmender Umgebungstemperatur steigt. Im Rahmen der Studie erwiesen sich Schildkröten beider Geschlechter aus Norditalien als 10–20 % größer als die aus Süditalien stammenden Tiere. Ferner wurde gezeigt, dass der Carapax der Schildkröten aus Norditalien höher und so bei gleicher Länge das Körpervolumen größer ist als bei Tieren der südlichen Populationen. Analog hierzu fanden WILLEMSEN & HAILEY (1999a) auch bei Untersuchungen an *T. h. boettgeri* verschiedener griechischer Populationen eine Korrelation von Breitengrad und Höhenlage zu Körpergröße. Dabei wurden die größten Tiere in höheren Lagen des nördlichen Griechenlands gefunden, folglich also den faktisch kühlsten Biotopen. Einen guten Überblick über die regionale Variabilität der Carapaxlänge (CL) gibt CHEYLAN (2001) in tabellarischer Form.

Bei der Beobachtung von Landschildkröten in ihrem natürlichen Lebensraum ist die Zuordnung der Tiere zu einer der Unterarten kein Problem. Es genügt in der Regel ein Blick in die Verbreitungskarten, um zu wissen, welche Form man vor sich hat. Schwieriger wird es hingegen bei in menschlicher Obhut gehaltenen Exemplaren, deren Ursprungsort nicht bekannt ist. Hier hilft nur eine detaillierte Untersuchung der betroffenen Tiere auf die „typischen" Unterscheidungsmerkmale hin, denn wenngleich aufgrund der hohen Variabilität zumeist keines der Merkmale für sich allein betrachtet für eine sichere Bestimmung ausreicht, so ermöglicht deren Kombination aber in den meisten Fällen doch eine relativ sichere Zuordnung.

Ich möchte daher im vorliegenden Buch auf eine detaillierte Beschreibung der morphologischen Merkmale der Unterarten der Griechischen Landschildkröte verzichten, und nur einige wenige Merkmale anführen. Denn wenngleich die morphologischen Unterschiede und die wissenschaftliche Diskussion um deren Verlässlichkeit auch für dahin gehend interessierte Schildkrötenliebhaber sicherlich hoch spannend sind, so interessieren sich doch die meisten Halter nur wenig für derartige systematische und taxonomische Fragestellungen.

Auch die maximale Adultgröße variiert in Abhängigkeit vom Lebensraum
Foto: B. Trapp

Griechische Landschildkröte, *Testudo hermanni boettgeri*

Die östliche Unterart der Griechischen Landschildkröte ist nach wie vor die beliebteste
und am häufigsten gezüchtete europäische
Landschildkröte.

T. h. boettgeri im griechischen
Thessalien Foto: B. Trapp

Griechische Landschildkröte
im natürlichen Habitat in
Thessalien (Griechenland)
Foto: M. Wirth

Beschreibung

Die Panzerfärbung und -zeichnung von *T. h. boettgeri* variiert erheblich innerhalb des Verbreitungsgebietes, so beispielsweise bereits zwischen unterschiedlichen Populationen Griechenlands. Die Grundfarbe des Panzers reicht von gelben, ockerfarbenen, braunen oder grünlichen bis hin zu orangefarbenen Tönen. Die Zeichnung ist in der Regel kontrastreich gelb-schwarz. Die Intensität der Zeichnung, aber auch das Verhältnis der hellen zu den dunklen Zeichnungselementen kann sehr unterschiedlich ausfallen. Gewöhnlich zeigen die Tiere aber einen Schwarzanteil von weniger als 50 % (CHEYLAN 2001). Wie bei vielen Schildkrötenarten, so kann auch bei *T. h. boettgeri* die Färbung bei sehr alten Tieren verblassen. Im Allgemeinen ist die Grundfärbung von *T. h. boettgeri* deutlich dunkler als die von *T. h. hermanni* aus dem westlichen Mittelmeergebiet.

In Extremfällen können auch fast rein schwarze Exemplare auftreten; so entdeckte SOFSKY (1982) in der Umgebung von Edessa in Nord-Griechenland ausgesprochen dunkle Schildkröten mit fast schwarzer Panzerfärbung und gelber Fleckenzeichnung hinter den Augen auf beiden Kopfseiten. Auch von der Peloponnes-Halbinsel sind auffallend dunkel gefärbte Populationen von *T. h. boettgeri* bekannt, die zudem besonders kleinwüchsig sind und daher von der Größe her eher an *T. h. hermanni* erinnern (WILLEMSEN & HAILEY 1999a). Im umgekehrten Fall kommen auch fast vollkommen gelbe Individuen vor (WILLEMSEN 1995), bei denen der Anteil der schwarzen Zeichnungselemente sehr stark reduziert ist. ARTNER & ARTNER (1997) haben eine sehr helle Population mit teilweise einfarbig gelben Panzern aus küstennahen Trockengebieten im Nordosten Griechenlands beschrieben, wobei die hier lebenden Tiere mit bis zu 15,5 cm Länge als vergleichsweise kleinwüchsig anzu-

sprechen sind. Der Bauchpanzer zeigt auf heller Grundfarbe dunkle Zeichnungselemente, wobei die schwarzen Flecken zumeist diffus ausgebildet und normalerweise voneinander isoliert sind. Sie können gelegentlich aber auch zu Längsbändern zusammen-fließen, ein Merkmal, das ei-gentlich charakteristisch für *T. h. hermanni* ist. Die Va-riabilität der Plastronzeich-nung ist bei *T. h. boettgeri* deutlich größer als bei der westlichen Unterart, bei der fast alle Individuen dunkle Längsbänder als Muster zei-gen. In Extremfällen kann auch der Bauchpanzer voll-kommen schwarz sein, so bei-spielsweise an bestimmten Stel-len auf der Peloponnes-Halbinsel (WILLEMSEN & HAILEY 1999a, b). VETTER (2006) beschreibt die Plastronfärbung von *T. h. boettgeri* als variabel mit einem Nord-Süd-Gefälle innerhalb des Verbreitungs-gebietes, wobei nach Süden hin der Anteil dunkler Zeichnungselemen-te deutlich

Bei manchen Exem-plaren von *T. h. boettgeri* ist der Bauchpanzer fast voll-kommen schwarz gefärbt
Foto: P. Fritz

Jungtier aus dem Westen der Peloponnes-Halbinsel
Foto: B. Trapp

Hohe Zeichnungsvariabilität: Kontrastreich gefärbte *T. h. boettgeri* aus einem Biotop bei Lagkadas, nahe Thessaloniki Foto: M. Wirth

Fast zeichnungsloses Exemplar aus demselben Lebensraum wie das Tier im obenstehenden Bild Foto: M. Wirth

zunimmt, bleibt aber Originalquellen für diese Angaben schuldig. Die Färbung frisch geschlüpfter Jungtiere ist zumeist kontrastärmer als die adulter Exemplare. Ab dem 2. Lebensjahr verändern sich Färbung und Zeichnung und werden denen erwachsener Schildkröten zunehmend ähnlicher.

Die hohe Variabilität von *T. h. boettgeri* bezieht sich aber nicht nur auf ihre Färbung und Zeichnung, sondern auch ihre Größenverhältnisse. In der Literatur wird für diese Schildkröten meist eine Adultgröße von ca. maximal 30 cm genannt (z. B. KIRSCHE 1997). BESHKOV (1997) gibt für einen Fundpunkt in Bulgarien, direkt nördlich der griechischen Grenze, ein auf 35,7 cm gerader Panzerlänge geschätztes Exemplar und ein exakt vermessenes Museumsexemplar von 31,4 cm Länge an. Diese Werte werden in Griechenland von einigen Populationen teilweise deutlich überschritten, während in anderen Gebieten die Schildkröten deutlich kleiner bleiben und als kleinwüchsig zu betrachten sind.

WILLEMSEN & HAILEY (1999a) haben die Variabilität von Größe und Gewicht von *T. h. boettgeri* in 17 griechischen Populationen untersucht. Die Länge bei männlichen Schildkröten variierte dabei um das 1,5-fache zwischen den kleinsten Tieren aus Kalamata (Peloponnes) mit durchschnittlich 13,2 cm und den größten Tieren in Deskati im nördlichen Zentral-Griechenland mit durchschnittlich 19,5 cm. Das mittlere Gewicht der Männchen schwankte noch stärker; so übertrafen die Tiere der schwersten Population mit 1,36 kg die der leichtesten Population (0,47 kg) um den Faktor 2,9. Ähnliche Werte ergaben sich auch für die Weibchen, bei denen die Durchschnittsgröße in Abhängigkeit von der Population zwischen 15,3 cm und 21,4 cm betrug, was einer Variation um das 1,4-fache entspricht. Das durchschnittliche Gewicht der Weibchen variierte um den Faktor 2,4 zwischen 0,77 kg und 1,78 kg. Bei diesen Angaben sollte man aber bedenken, dass im Vergleich zur Länge das Gewicht einen schlechten Maßstab darstellt, da das Körpergewicht auch innerhalb kurzer Zeitspannen in Abhängigkeit von Magen- und Darminhalt, der physischen Verfassung oder dem Vorhandensein von Gelegen im Körper variieren kann.

Verbreitung

Das Verbreitungsgebiet der Griechischen Landschildkröte erstreckt sich im Bereich des östlichen Mittelmeerraumes von Montenegro, Albanien, dem östlichen Teil Serbiens und Mazedonien im Westen bis nach Bulgarien, Rumänien und der Türkei im Osten. In Griechenland ist *T. h. boettgeri* insbesondere auf dem Festland und der Peloponnes weit verbreitet. Vorkommen im Bereich der griechischen Inselwelt wurde für diese Art bisher von den Inseln Korfu, Kefalonia, Zakynthos, Provati und Euböa beschrieben (WERNER 1938; MERTENS 1961; STEMMLER 1968; KATTINGER 1972; KEYMAR 1986, 1988).

Morgendliches Sonnenbad eines adulten Weibchens in einem Flussdelta im Norden Griechenlands Foto: M. Wirth

Nach WETTSTEIN (1953) fehlt die Griechische Landschildkröte auf den Ägäischen Inseln einschließlich der Kykladen. Immer wieder wird von Einzelfunden auf weiteren griechischen Inseln berichtet, diese sind jedoch mit großer Wahrscheinlichkeit auf aus menschlicher Obhut entwichene oder ausgesetzte Individuen zurückzuführen. In Westmazedonien wird die maximale vertikale Ausbreitung dieser Art bei Nea Kotili mit einer Höhe von 1.400 m ü. NN erreicht (BOUSBOURAS & BOURKADIS 1997), auf der Peloponnes in 1.500 m ü. NN (WILLEMSEN & HAILEY 1989). TRAPP (2007) nennt für den Olymp sogar eine vertikale Grenze von 1.800 m ü. NN.

Testudo h. boettgeri ist ausgesprochen anpassungsfähig und besiedelt sowohl trockene wie auch feuchte Lebensräume Foto: B. Trapp

Lebensraum

Die Beschreibung des Lebensraums in Griechenland ist prinzipiell auch übertragbar auf die anderen Länder des Verbreitungsgebiets. Die Landschaftsformen Griechenlands sind sehr vielseitig und erstrecken sich von Meereshöhe bis zum 2.917 m hohen Berg Mytikas im Gebirge des Olymps. Das typische Bild, das man bei einem Besuch Griechenlands in den Küstengebieten vorfindet, wirkt wie ein ursprüngliches, ungestörtes Miteinander von Mensch und Natur, ist aber doch Ausdruck jahrtausendelanger Kultivierung und Prägung des Landes durch den Menschen. Unabhängig von seinem insgesamt me-

Bei vielen alten Tieren ist die
Panzeroberseite nahezu glatt
Foto: M. Wirth

diterranen Charakter hat das Land mit 77,9 %
einen sehr hohen Gebirgsanteil und wird daher
als Gebirgsland eingestuft. Entsprechend diesem
Relief werden verschiedene Höhenzonierungen
der Vegetation unterschieden. Die Mediterrane
Stufe ist charakterisiert durch das Vorkommen
von Schirmpinie, Aleppokiefer, Steineiche, Ölbaum, Zypresse und Manna-Esche, während
sich die oberhalb daran anschließende Supra-
mediterrane Vegetationszone durch Leitpflanzen
wie Hopfenbuche, Edelkastanie und Flaumeiche
auszeichnet. Die Pflanzengesellschaften der einzelnen Vegetationszonen unterscheiden sich
deutlich voneinander, nämlich u. a. in Abhängigkeit vom jeweiligen Boden, der Windein-
wirkung, Sonneneinstrahlung und Niederschlagsmenge. Die Pflanzenwelt Griechenlands
zählt mit beinahe 6.000 verschiedenen Pflanzenarten neben der Spaniens zu den arten-
reichsten in Europa und zeichnet sich darüber
hinaus noch durch einen hohen Anteil ende-

mischer, also nur hier
wachsender, Spezies aus (KAUTZKY 1999).

Es wird angenommen, dass *T. h. boettgeri*
in Griechenland ursprünglich ein Bewohner
der mediterranen Eichenwälder war, sich nach
der Abholzung der Wälder aber an eine Vielzahl
unterschiedlicher anderer Habitattypen anzupassen vermochte (STUBBS et al. 1981; WILLEMSEN
& HAILEY 1989; ARTNER & ARTNER 1997). Auch
heute noch werden, so vorhanden, Wälder von
der Griechischen Landschildkröte besiedelt.
Dabei reicht das Spektrum von sonnendurchfluteten, lichten Steineichenwäldern über Kie-
fern- und Pinienwälder mit geringem Unterwuchs
bis hin zu feuchten Auwäldern mit dichtem
Unterholz. Andere Habitate umfassen beispielsweise extensiv genutzte landwirtschaftliche
Flächen, Küstendünen im Strandbereich, Vieh-
weiden, Wiesen, Bahndämme, Flussauen und
Olivenhaine. Vielerorts überwiegen heute, mit
den Vegetationsgemeinschaften der Macchia

und Phrygana, Degradationsformen der ursprünglichen Wälder, die aus kleinen Bäumen, Büschen und Sträuchern bestehend, eine fast undurchdringliche Vegetation bilden. Auch hier reicht die Ausprägung der Vegetationsdichte, abhängig von der verfügbaren Wassermenge, von üppig bis licht und schütter. Die Macchia ist u. a. durch Stein- und Kermeseiche, Mastix, Judas- und Erdbeerbaum charakterisiert. Der Unterwuchs aus Ginster, Brandkraut, Erika, Zistrosen, Wolfsmilch, Stechwinde und Klettenkrapp ist vielerorts so dicht, dass dem Menschen ein Eindringen kaum möglich ist, den Schildkröten so aber gute Lebensbedingungen geboten sind. An felsigen und trockenen Standorten überwiegt die Phrygana, die der westmediterranen Garrigue entsprechende Zwergstrauchgemeinschaft des östlichen Mittelmeerraumes. Diese Zwergstrauchvegetation zeichnet sich durch dornige Pflanzenarten aus, wie Dornbibernelle, Dorniger Ginster und Dornbusch-Wolfsmilch, aber auch zahlreiche Kräuter wie Thymian, Rosmarin und Lavendel sowie verschiedene Zwiebelpflanzen.

Obwohl *T. h. boettgeri* in Griechenland weit verbreitet ist, so ist die Populationsdichte nicht durchgängig oder weithin gleichermaßen hoch, sondern variiert in Abhängigkeit vom jeweiligen Habitattyp. Zumeist sind es ganz spezielle, häufig sogar nur recht kleinräumige Flächen, in denen die Art eine hohe Individuendichte erreicht (WILLEMSEN & HAILEY 1989). *Testudo h. boettgeri* lebt insbesondere in trockenen bis halbfeuchten Bereichen der Küsten- und Hügelgebiete, besiedelt aber nicht mehr den subalpinen Bereich. WILLEMSEN & HAILEY (1989) haben viele unterschiedliche Populationen von *Testudo h. boettgeri* in Griechenland untersucht und konnten dabei einen sehr guten Einblick in ihre Habitatspräferenzen gewinnen. Bevorzugt werden von dieser Schildkrötenspezies zumeist flache Gebiete ohne übermäßige Hangneigung, insbesondere auch in der Umgebung von stehenden und fließenden Gewässern. Eine Grundvoraussetzung für die Ausbildung stabiler Populationen ist neben einem hinreichenden Nah-

rungs- und Feuchtigkeitsangebot sowie geeigneten Eiablageplätzen insbesondere auch ein ausreichendes Angebot an Versteck- und Schattenplätzen. Vor allem dichte Büsche und Hecken am Rand offener Flächen wie Weiden oder Wiesen werden von den Schildkröten gern während der Mittagshitze aufgesucht bzw. während der Nacht als Versteckplätze genutzt. Nach WILLEMSEN & HAILEY (1989) finden sich starke Populationen der Griechischen Landschildkröte im nördlichen und zentralen Griechenland vor allem in den Küstenebenen, Gebüsch- und Waldbeständen sowie in Kulturebenen. Im südlichen Griechenland ist *T. h. boettgeri* sehr stark auf landwirtschaftlich genutzte Flächen angewiesen. Außerhalb dieser Gebiete wird sie fast vollständig von der Breitrandschildkröte abgelöst (WILLEMSEN & HAILEY 1989).

Biologie und Haltung

Wie bereits eingangs erläutert, liegen zur Freilandbiologie, aber auch zur Haltung und Nachzucht insbesondere von *Testudo h. boettgeri* und *T. h. hermanni* viele wissenschaftliche Studien bzw. umfassende Informationen vor. Da diese zentraler Gegenstand in den Kapiteln zu den einzelnen Jahrsabschnitten sind und folglich im Herzstück dieses Buches aufgegriffen werden, verzichte ich an dieser Stelle auf eine gesonderte Darstellung.

Weitere Informationen

Informationen zur Biologie von *T. h. boettgeri*
CHEYLAN (2001), HAILEY & LOUMBOURDIS (1988, 1990), HAILEY (1991), HAILEY et al. (1984), HAILEY & WILLEMSEN (2000), IVANCHEV (2007a, 2007b), MEEK (1985, 1989), MEEK & INSKEEP (1981), STUBBS & SWINGLAND (1985), STUBBS et al. (1985), SWINGLAND & STUBBS (1985), WINDOLF (1982), WIRTH et al. (2009a, b).

Weiterführende Informationen zur Haltung und Nachzucht von *T. h. boettgeri*
ARTNER et al. (2000), EHRENGART (1971), FRITZ & PFAU (2002), HOLFERT & HOLFERT (1999), KIRSCHE (1967), ROGNER (2007a).

Dalmatinische Landschildkröte, *Testudo hermanni hercegovinensis*

Wie bereits angedeutet, wird die Validität der Dalmatinischen Landschildkröte kontrovers diskutiert bzw. abgelehnt (z. B. FRITZ et al. 2006). Beispielsweise betrachtet SCHWEIGER (2009) die aus Dalmatien stammenden Landschildkröten lediglich als Lokalform von *T. h. boettgeri*. Als Begründung für seine Einschätzung führt er die postglaziale Besiedlung der adriatischen Küstenregion durch Landschildkröten vor etwa 8.000–10.000 Jahren an, eine seiner Meinung nach zu kurze Zeitspanne für die Ausbildung eigenständiger (Unter-) Arten. Auch VETTER (2011) führt die Griechische Landschildkröte nur noch als eine Art mit zwei Unterarten, *T. h. hermanni* und *T. h. boettgeri*, und ordnet die Dalmatinische Landschildkröte zu *T. h. boettgeri*.

Namensgebend für die deutsche Bezeichnung von *T. h. hercegovinensis* ist der Verbreitungsschwerpunkt der Schildkröten im kroatischen Dalmatien Foto: M. Wirth

Beschreibung

Die Dalmatinische Landschildkröte ist eine mittelgroße Form, bei der weibliche Exemplare im Regelfall eine Adultgröße von 16–19 cm erreichen, Männchen hingegen nur 14–16 cm. Dennoch können auch Vertreter von *T. h. hercegovinensis* eine beachtliche Größe erreichen, wie der Fund eines Weibchens mit 26 cm Panzerlänge in der Umgebung von Ploče durch SCHWEIGER (2006) belegt. Mit einer im Normalfall gelblichen bis grün-gelblichen Grundfärbung ähnelt die Dalmatinische Landschildkröte der *Testudo h. boettgeri*.

Die Schildkröten sind kontrastreich gelbschwarz gezeichnet, wobei die dunklen Zeichnungselemente oftmals ein mehr oder weniger symmetrisches Muster bilden. Die kontrastreiche Zeichnung verblasst bei adulten Tieren und erscheint bei alten Exemplaren häufig

verwaschen. Die Grundfärbung des Rückenpanzers reicht von Strohgelb bis Olivgrün mit allen nur erdenklichen Zwischenstufen. Meist wirkt die gelbe Färbung aber nicht so intensiv wie etwa bei *T. h. hermanni*, sondern geht eher ins Grünliche. Viele Tiere zeigen auf der Kopfoberseite hinter den Augen ebenfalls eine gelbgrünliche Färbung.

Das sicherste Merkmal der Dalmatinischen Landschildkröte ist nach PERÄLÄ (2002b) das Fehlen der sogenannten Inguinal- oder Achselschilde. Die Verlässlichkeit dieses Merkmals wird heute aber kritisch hinterfragt, da die Inguinalschilde nicht nur bei *T. h. hercegovinensis* sowohl einseitig wie auch beidseitig vorkommen können, sondern gelegentlich auch bei *T. h. boettgeri* fehlen. Dies bestätigen z. B. die Angaben von WEGEHAUPT (in VETTER 2006), der 33 Landschildkröten in Kroatien untersuchte, von denen bei 61 % die Inguinalschilde fehlten, während 14 %

Die Dalmatinische Landschildkröte ist in lichten Wäldern heute stellenweise wieder häufig Foto: B. Trapp

Das Fehlen der Inguinal- oder Achselschilde gilt als verlässlichstes Merkmal der Dalmatinischen Landschildkröte. Die Inguinalschilde können aber nicht nur bei *T. h. hercegovinensis* sowohl einseitig wie auch beidseitig vorkommen, sondern gelegentlich auch bei *T. h. boettgeri* fehlen
Foto: P. Fritz

Adultes Weibchen beim Sonnenbad in der Macchia
Foto: M. Wirth

diese einseitig und 25 % beidseitig aufwiesen. Auch von 18 im Südwesten von Bosnien und Herzegowina von MASCORT (2010) untersuchten Dalmatinischen Landschildkröten besaßen 61 % keine Inguinalschilde, 22 % hatten ein Schild, und 17 % hatten Schilde auf beiden Seiten.

Trotzdem betont SCHWEIGER (2009), dass er das Fehlen der Inguinalschilde als eines der wichtigsten Merkmale der in Dalmatien lebenden Landschildkröten betrachtet. Wie variabel und wie wenig zuverlässig hingegen nach seiner Erfahrung andere Merkmale wie z. B. Größe, Färbung und Zeichnung von Plastron und Carapax, das Verhältnis der Nahtlängen zwischen den Schenkel- und Brustschilden sowie die Ausprägung eines Subokularflecks sind, zeigen sehr deutlich seine Ausführungen, in denen er Ausprägung und Variabilität der genannten Merkmale über das gesamte Verbreitungsgebiet hinweg vorstellt. Sein fundiertes Fazit reicht

dabei von „bedingt verwertbar" bis zu „absolut unbrauchbar".

Verbreitung

Die deutsche Bezeichnung bezieht sich auf den Verbreitungsschwerpunkt der Schildkröten, denn die Dalmatinische Landschildkröte besiedelt die ostadriatische Küstenregion mit einem Zentrum in Dalmatien. Gleichermaßen eine geografische wie eine historische Region, umfasst Dalmatien das zentrale Gebiet der kroatischen Adriaküste, das zu Füßen des mächtigen Velebit-Gebirges liegt.

Das geschlossene Verbreitungsareal von *T. h. hercegovinensis* beginnt auf dem Festland etwa auf der Höhe von Starigrad-Paklenica. Es erstreckt sich bis zum südlichen Ende der Kotorbucht im Süden über eine Nord-Süd-Ausdehnung von etwa 500 km (SCHWEIGER 2006). Aufgrund des sehr bergigen Hinterlandes mit den Bergketten Kapela und Velebit sowie

Mehrjähriges Jungtier der Dalmatinischen Landschildkröte Foto: B. Trapp

Küstenlebensraum von *T. h. hercegovinensis* an der nördlichen Arealgrenze bei Rovinj (Istrien) Foto: M. Wirth

den Dinaren, ist die Verbreitung der Dalmatinischen Landschildkröte aber auf ein küstennahes Gebiet beschränkt. Dieser schmale Tieflandstreifen ist an vielen Stellen nur wenige Kilometer breit, denn die Ausläufer der Berge verhindern eine weitere Ausbreitung der Landschildkröten ins Landesinnere. Nur in einigen wenigen Regionen, wie beispielsweise südlich der Stadt Zadar und im Neretva-Delta, dringen sie auch weiter in das Landesinnere vor. So gelangt *T. h. hercegovinensis* z. B. entlang dem Fluss Neretva flussaufwärts bis Mostar, und damit etwa 45 km ins Landesinnere.

Die vertikale Verbreitungsgrenze der Art liegt bei etwa 500 m ü. NN

(BLANCK & ESSER 2004). Vor allem die Nordgrenze der Ausbreitung ist unklar. So sind individuenarme Randpopulationen beispielsweise aus Istrien und von verschiedenen Inseln

Typisches Biotop in den Karstlandschaften südlich der Stadt Zadar Foto: M. Wirth

Die Dalmatinische Land-
schildkröte kann ausgesprochen kontrastreich gefärbt
und gezeichnet sein
Foto: B. Trapp

der Kvarner Region bekannt. Es handelt sich hierbei aber nicht um flächendeckende Vorkommen, und wie so oft bei der Beobachtung von Einzelexemplaren entlang der nördlichen Arealgrenze stellt sich oftmals die Frage, ob es sich tatsächlich um Vertreter einer kleinen, natürlichen (autochthonen) Population handelt oder nicht vielmehr um aus menschlicher Obhut entlaufene oder ausgesetzte Tiere. Ich selbst konnte vereinzelte Exemplare der Dalmatinischen Landschildkröte in der Nähe der Stadt Rovinj beobachten, wobei die Fundpunkte im direkten Strandbereich der ostadriatischen Küste lagen bzw. in den sich landeinwärts daran anschließenden Macchien- und Waldbereichen. Dieses Vorkommen war bereits HENLE (1980) aufgefallen und wurde auch von FRITZ (in CHEYLAN 2001) bestätigt. Die Populationsdichten sind nach eigenen Beobachtungen allerdings ausgesprochen niedrig. Besonders erfreulich waren die über Jahre wiederkehrenden Begegnungen mit dem-

selben adulten Weibchen, das immer wieder an der praktisch gleichen Stelle angetroffen wurde.

Die Ausbreitung der Dalmatinischen Landschildkröte wird durch die Landschaft sowie die vertikale und horizontale Lage der betreffenden Standorte im Zusammenhang mit deren klimatischen Verhältnissen bestimmt. Das Verbreitungsmuster von *T. h. hercegovinensis* ist daher rasch erklärt: Während im Landesinneren bzw. im Nordosten Kroatiens kontinentales Klima vorherrscht, ist das Klima an der adriatischen Küste wesentlich wärmer und feuchter und bietet ein mediterranes Klima. Die Sommer sind sonnig und trocken mit Temperaturen um 27 °C, während die Winter regenreich und mit Temperaturen um 7–10 °C mild sind. Die hohen Gebirgszügen, die sich entlang der Küste ziehen, schirmen die Küstenregion von den kalten Nordwinden ab, sodass der Frühling früh beginnt und der Herbst lange dauert.

Auf den Kvarner Inseln Cres und Krk existieren ebenfalls noch kleine Populationen der

Die Schildkröten kommen in dem äußerst steinigen Lebensraum hervorragend zurecht und bezwingen selbst steile Geröllhalden
Foto: M. Wirth

Dalmatinischen Landschildkröte (SEHNAL & SCHUSTER 1999; TOTH et al. 2006; SCHWEIGER 2009). Diese Lebensräume in der Kvarner Bucht liegen aber nahe der nördlichen Arealgrenze und bieten in klimatischer Hinsicht gerade noch eine ausreichende Lebensgrundlage für reproduzierende Populationen. Nach Angaben SCHWEIGERS (2009) leben die Schildkröten auf Krk in einem kleinen Gebiet im Inselinneren, das sich durch extreme Klimabedingungen auszeichnet. So werden hier einerseits im Winter Tiefsttemperaturen von bis zu -15 °C erreicht, andererseits gehört das Areal im Sommer aufgrund seiner windgeschützten Lage zu den wärmsten Stellen der Insel.

Auf der Insel Pag, der südlichsten Insel der Kvarner-Region, und auf dem Festland südlich der Stadt Zadar sind die Temperaturen bereits deutlich milder. Zwar werden auch hier Temperaturen unter dem Gefrierpunkt verzeichnet, allerdings in deutlich geringerem Ausmaß. Auch auf Pag ist *Testudo h. hercegovinensis*, entgegen anders lautenden Angaben, nicht selten, ihre Populationsdichte ist dabei aber stark vom jeweiligen Biotop abhängig. Erscheint Pag vom nahen Festland her betrachtet wie eine unnahbare Steinwüste und erinnert eher an Nordafrika als an ein südeuropäisches Land, so erwarten den Besucher auf der Westseite der Insel immergrüne Wälder und eine herrliche Macchienvegetation. Und eben auch Landschildkröten. Wandert man auf den Hängen, die sich unter uralten Olivenbäumen bis zum Meer erstrecken, so begegnen einem die Schildkröten auf den Wiesenflächen, die sich zwischen den Felsen erstrecken, und in den Büschen.

Lebensraum

Die adriatische Küste ist stark verkarstet und bringt in vielen Bereichen nur eine kümmerliche Vegetation hervor. Das Landschaftsbild in Dalmatien ist typisch für eine Karstlandschaft, vielerorts tritt der blanke Fels zutage und der

Boden ist übersät mit kleinen und großen blassgrauen Steinen und Felsen. Insbesondere an den Hanglagen prägen ausgedehnte Felsflächen die Landschaft. Wie bereits geschildert, erstreckt sich südlich von Zadar das von mediterranem Klima geprägte Flachland deutlich weiter ins Hinterland. Klimatisch begünstigt, wird dieses Gebiet aber nicht nur von der Dalmatinischen Landschildkröte sehr geschätzt, sondern auch landwirtschaftlich genutzt. Glücklicherweise überwiegt dabei kleinflächiger Anbau z. B. für Tomaten, Melonen oder Kartoffeln, anstelle der in anderen mediterranen Ländern vorherrschenden weitläufigen Monokulturen. So zeigt sich die Landschaft entlang der dalmatinischen Küste als bunter Flickenteppich, in dem Landwirtschaft, natürliche Macchien- und Phryganavegetation, Felder und Wälder einander abwechseln.

Die Dalmatinische Landschildkröte besiedelt eine Vielzahl unterschiedlicher Biotope. So werden Wiesen, Weiden, Olivenhaine, die Randbereiche von Ackerflächen, felsige Hügel, Dorfränder, Gärten und viele andere Lebensräume bewohnt. Gemeinsames Merkmal dieser Schildkrötenbiotope ist das Vorhandensein von einerseits Freiflächen zur Thermoregulation und andererseits ausreichend Versteckplätzen, die Schutz vor einer möglichen Überhitzung

Wilde Müllkippen sind in Dalmatien kein seltener Anblick. Die Schildkröten nutzen den Zivilisationsmüll als Versteckplätze.
Fotos: H.P. Mattern & M. Wirth

Auf Pag, einer Insel im Süden der Kvarner Bucht, variiert die Populationsdichte erheblich in Abhängigkeit vom jeweiligen Habitat
Foto: M. Wirth

bieten. Hierbei ist eine reichlich entwickelte Strauchschicht eine wichtige Voraussetzung für die Ausbildung einer hohen Populationsdichte. Die Schildkröten nutzen trockene bis mäßig feuchte Habitate mit sehr unterschiedlich ausgeprägter Vegetationsdecke. Auch in Kroatien sind insbesondere die mediterranen Strauchheiden, die in Abhängigkeit von der Vegetationszusammensetzung als Macchie oder Phrygana bezeichnet werden, hervorragende Schildkrötenbiotope. Die natürliche Macchienvegetation ist, den ostmediterranen Verhältnissen entsprechend, z. B. von Stechwachholder (*Juniperus oxycedrus*), Mastixstrauch (*Pistacia lentiscus*), Ginster (*Genista*), Christusdorn (*Paliurus spina-christi*), Brombeere (*Rubus fruticosus*), Efeu (*Hedera helix*), Stechwinde (*Smilax spec.*), Odermennig (*Agrimonia eupatoria*), Johannesbrotbaum (*Ceratonia siliqua*), Feigenbaum (*Ficus carica*) und Mittelmeerzypressen (*Cupressus sempervirens*) geprägt. Diese Pflanzengemeinschaft bildet eine Strauchschicht von 1–3 m Höhe. Während manche dieser Gebüschflächen undurchdringlich scheinen und geschlossene Flächen bilden, so überwiegt im Wesentlichen ein Landschaftsbild, in dem sich Freiflächen und kleine Gebüschinseln abwechseln. Die Freiflächen zwischen den Hecken und Büschen sind mit einer Vielzahl von Gräsern und Kräutern bewachsen. Nach Art vieler Landschildkröten ist auch die Dalmatinische Landschildkröte nur selten auf vollkommen offenen Flächen zu finden. Vielmehr halten sich die meisten Individuen in unmittelbarer Nähe von Gebüschen, ihren Versteckplätzen, auf. Neben den Macchienbüschen werden auch Hohlräume unter größeren Felsbrocken, Totholz oder dem allerorts anzutreffenden Zivilisationsmüll als Versteckplätze genutzt. So fand ich Schildkröten aller Altersstufen beim Umwenden von Plastikplanen, Blechen, ausrangierten Herden, Kühlschränken oder unter alten Autos. Auch die Hohlräume am Fuß der

Schlüpfling von *T. h. herce-govinensis* aus Zentraldalma-tien Foto: B. Trapp

überall anzutreffen-den Natursteinmauern zur Begrenzung von Feldern, Weiden oder Gärten werden gern von den Schildkröten aufgesucht.

Von persönlichen Hinweisen SCHWEIGERS ge-leitet, war auch mein Eindruck in den Lebens-räumen von *T. h. hercegovinensis*, dass diese Schildkröten ihre höchste Populationsdichte in lichter Macchienvegetation, auf Wiesenflächen mit Buschbestand und an Waldrändern bzw. an Feuerschneisen erreichen.

Aber auch lichte Wälder mit einem Baum-bestand etwa aus Kiefern (z. B. Aleppo-Kiefer, *Pinus halepensis*, oder See-Kiefer, *P. pinaster*) oder Eichen (Flaumeiche, *Quercus pubescens*, Kermes-Eiche, *Q. coccifera*, und Steineiche, *Q. ilex*) werden von *T. h. hercegovinensis* bewohnt. Südlich von Zadar finden sich ausgedehnte Kiefernwälder, in denen die Dalmatinische Land-schildkröte eine hohe Populationsdichte bildet und wo die Tiere insbesondere entlang von Wegen und Feuerschneisen bzw. am Waldrand anzutreffen sind. SCHWEIGER (2006) beobachtete im Verbreitungsareal eine von Norden nach Süden hin zunehmende Präferenz von *T. h. hercegovinensis* für stärker beschattete Habitate.

In den karstigen Lebensräumen ist Oberflä-chenwasser ein kostbares Gut. Daher halten sich die Schildkröten gern auch in unmittelbarer Nähe von Gewässern auf. Ich konnte sie am Rand von Seen und Überschwemmungsflächen, Bachläufen, Wasserreservoirs und Viehtränken beobachten. SCHWEIGER (2006) fand die Tiere im Krka-Nationalpark, entlang dem Fluss Krka und bei Ploče im Bereich der Neretva-Mündung, auf feuchten Wiesen. Er beschreibt einen aus ökologischer Sicht sehr interessanten Lebensraum in unmittelbarer Nähe der Krka-Wasserfälle.

Hier leben die Schildkröten in einer aufgrund des beständigen Sprühnebels sehr dichten Vegetation, und ein Tier wurde sogar im Wasser des Uferbereichs beim Fressen von Sumpfpflanzen beobachtet.

Auch im Kulturland, wie z. B. Felder und Olivenhaine, ist die Dalmatinische Landschildkröte häufig anzutreffen. Hier hält sie sich gern im Randbereich der landwirtschaftlich genutzten Flächen auf. Sie nutzt hier einerseits die Möglichkeiten eines erweiterten Nahrungsspektrums, andererseits profitiert sie von den Versteckmöglichkeiten in den Brombeerhecken und Büschen des angrenzenden Brachlandes.

Biologie

Viele Angaben zur Fortpflanzungsbiologie der Dalmatinischen Landschildkröte wurden bei der Haltung in menschlicher Obhut ermittelt; Daten aus der Natur liegen nur vereinzelt vor. Die Paarungszeit von *T. h. hercegovinensis* beginnt nach BLANCK & ESSER (2004) ein bis zwei Wochen nach der Winterruhe im März. Die Paarungsaktivitäten sind in dieser Zeit am stärksten ausgeprägt, können aber praktisch über die gesamte Aktivitätsperiode hinweg beobachtet werden. SCHWEIGER (2006) beobachtete im Raum Zadar-Sibenik den Beginn der Aktivitätsphase etwa Ende März, Paarungsaktivitäten Mitte Mai und das Ausheben von Nistgruben von Mitte Juni bis Anfang Juli. Die Eiablage erfolgt in Abhängigkeit von der Temperatur von Mitte Mai bis in den Juli hinein. Die Gelegegröße variiert, beträgt oftmals aber nur 2–5 Eier.

Haltung

Mit großer Wahrscheinlichkeit leben auch heute noch viele Dalmatinische Landschildkröten, von ihren Haltern als solche unerkannt, inmitten Gruppen von *T. h. boettgeri*. Im Allgemeinen unterscheiden sich die Ansprüche der Dalmatinischen Landschildkröte nicht von denen der beiden anderen Unterarten. Aus diesem Grund können aus meiner Sicht viele Aspekte, die über die Haltung von *T. h. hermanni*, insbesondere aber *T. h. boettgeri*, bekannt sind, ohne Weiteres auch auf *T. h. hercegovinensis* übertragen werden.

EGER (2005, 2006) fielen aber einige Unterschiede auf, die ich gern wiedergeben möchte. Bemerkenswert ist, dass *T. h. hercegovinensis* anscheinend kühlere Witterungsbedingungen toleriert als die beiden anderen Formen der Griechischen Landschildkröte und dabei auch noch aktiv ist. Demgemäß verbringt die Dalmatinische Landschildkröte bei EGER weniger Zeit in den beheizten Frühbeeten, als beispielsweise die wärmeliebenden *T. h. hermanni*. Eine weitere Auffälligkeit besteht bei der Überwinterung, denn *T. h. hercegovinensis* sucht die Winterquartiere früher auf, sodass sich sowohl die Vorbereitungsphase im Herbst als auch die Aufwachphase im Frühjahr über einen längeren Zeitraum erstreckt. So erfordert die Vorbereitung auf die Hibernation bei der von EGER praktizierten kombinierten Freiland-Frühbeet-Haltung mindestens zwei Monate, und der Zeitraum bis zur vollständigen Aktivität nach dem Ende der Überwinterung kann sich bis zu vier Wochen hinziehen. Die Überwinterung dauert demgemäß von Ende Oktober bis Mitte März. Es stellt sich die Frage, ob möglicherweise das vergleichsweise weiter nördlich gelegene Verbreitungsareal der Dalmatinischen Landschildkröte für das frühe Einwintern und die lange Hibernationsphase verantwortlich sind.

Hinsichtlich Balz- und Paarungsverhalten sowie des tageszeitlichen Aktivitätsmusters konnte EGER keine Unterschiede feststellen. Die Gelege von *T. h. hercegovinensis* umfassen nach EGER (2006) meist 3–5 Eier, wobei die Weibchen der Dalmatinischen Landschildkröte nach seiner Erfahrung zu den ersten Tieren gehören, die im Frühjahr zur Eiablage schreiten. VINKE & VINKE (2004b) zählten durchschnittlich drei Eier (1–5) pro Gelege, bei BLANCK & ESSER (2004) enthielten Erstgelege meist 2–3, seltener 4–6 Eier. Zweit- und Drittgelege scheinen bei der Dalmatinischen Landschildkröte nicht zwingend die Regel zu sein, denn während EGER (2006) von durchschnittlich zwei Gelegen berichtet, verzeichneten BLANCK & ESSER (2004)

Jungtiere entfernen sich nur selten von ihrem Versteck-platz, um ihr Sonnenbad zu genießen Foto: M. Wirth

seltener Zweit- oder gar Drittgelege, bei denen zudem die Eizahl nur noch 1–2 Eier/Gelege betrug.

Bei der Inkubation hat sich ein im Vergleich zu anderen mediterranen Landschildkröten deutlich niedrigerer Temperaturbereich bewährt, um einerseits einen hohen Anteil weiblicher Schlüpflinge zu erzielen, andererseits aber den Prozentsatz von Jungtieren mit Anomalien, wie sie gerade bei hohen Bruttemperaturen auftreten,

möglichst niedrig zu halten. Nach den Erfahrungen von EGER (2006) bzw. VINKE & VINKE (2006b), sollte daher die Inkubation bei Temperaturen von 30,5–31,5 °C erfolgen. Diese Autoren beobachteten bei Temperaturen von mehr als 32 °C sowohl mehr Schildanomalien wie auch schwere Schädigungen z. B. in Form von Blindheit oder Mauldeformationen. VINKE & VINKE (2006b) interpretieren die niedrigere, als optimal ermittelte Bruttemperatur ebenfalls als weitere mögliche Konsequenz des weiter nördlich gelegenen Verbreitungsgebietes dieser Landschildkrötenform.

Bei EGER (2006) schlüpften *T. h. hercegovinensis*, wie Jungtiere anderer Unterarten, nach 52 bis 62 Tagen, bei VINKE & VINKE (2006b) nach ca. 59, im Extremfall sogar erst nach 76 Tagen. Die Daten zur Größe bzw. zur Masse der Jungtiere beim Schlupf variieren erheblich. So nennt HERZ (2005) ein Schlupfgewicht von 6–7 g, BLANCK & ESSER (2004) 12 g und EGER (2006) 12–16 g. Im Freiland erfolgt der Schlupf der Jungtiere im Herbst, oftmals nach dem Einsetzen der ersten Regenfälle. So traf MEEK (1985) in Kroatien Ende September auf frisch geschlüpfte Jungtiere.

Weitere Informationen

Informationen zur Biologie von *T. h. hercegovinensis*
PERÄLÄ (2002b, 2004), BLANCK & ESSER (2004), MEEK (1989), PHILIPPEN (2006), SCHWEIGER (2006, 2009), MASCORT (2010), WIRTH (2010 a, b).

Weiterführende Informationen zur Haltung und Nachzucht von *T. h. hercegovinensis*
HERZ (2005), EGER (2005, 2006), MÜLLER & SCHWEIGER (2006), VINKE & VINKE (2004b), ROGNER (2007a).

Westliche Griechische Landschildkröte, *Testudo hermanni hermanni*

Die westliche Unterart der Griechischen Landschildkröte ist aufgrund ihrer kontrastreichen Färbung und Zeichnung sowie ihrer Größe bei Schildkrötenhaltern besonders begehrt.

Testudo h. hermanni im Lebensraum auf Sizilien
Foto: B. Trapp

In Spanien existieren überwiegend nur noch individuenarme Reliktpopulationen der Griechischen Landschildkröte. Das Bild zeigt ein Weibchen aus Katalonien im Nordosten Spaniens Foto: B. Trapp

Beschreibung

Testudo h. hermanni gilt als kleinwüchsige bis mittelgroße Form, demgemäß können die Größenunterschiede zwischen Populationen aus verschiedenen Regionen des Verbreitungsgebietes beträchtlich sein. Als Maximalwert wird für Weibchen der Nominatform eine Größe von 25 cm angeführt, während männliche Tiere maximal 19,6 cm erreichen (VETTER 2006). Das Gewicht weiblicher Schildkröten beträgt bis zu 1,5 kg.

Die Panzerfärbung und Zeichnung von *T. h. hermanni* ist variabel, in der Regel sind die Tiere aber sehr kontrastreich gefärbt. Die gelben Farbtöne reichen von Zitronen- bis Goldgelb. Dunkle Zeichnungselemente bilden ein mehr oder weniger symmetrisches Muster, und umfassen häufig mehr als 50 % des Gesamtanteils. Als typische Merkmale von *T. h. hermanni* gelten u. a. ein hellgelber Wangenfleck, eine schlüsselloch-förmige Zeichnung auf dem 5. Wirbelschild sowie die zu zwei durchgängigen Bändern verschmolzenen schwarzen Zeichnungselemente des Plastrons. Darüber hinaus ist die Mittelnaht zwischen den Brustschilden (Interpectoralnaht) kürzer als die Mittelnaht zwischen den Schenkelschilden (Interfemoralnaht).

Verbreitung

Testudo h. hermanni besiedelt den westmediterranen Raum und ist in Spanien, in Südfrankreich sowie in Italien beheimatet. Dabei werden sowohl Festland- wie auch Inselbiotope besiedelt. In vielen Regionen innerhalb dieses Verbreitungsgebietes existieren heute aber keine flächendeckenden Vorkommen mehr, sondern nur noch individuenarme Reliktpopulationen. Insbesondere in Spanien und Frankreich spitzt sich durch Habitatzerstörung und Waldbrände die Situation immer weiter zu, während Korsika, Sardinien und insbesondere das italienische

T. h. hermanni mit einem hohen Anteil schwarzer Zeichnungselemente aus der Umgebung von Punta Ala im Süden der Toskana Foto: M. Wirth

Festland noch deutlich größere Schildkrötenbestände beheimaten.

Das spanische Verbreitungsgebiet erstreckte sich noch bis zur Mitte des 19. Jahrhunderts über einen 300 km langen Streifen entlang der katalanischen Küste, dagegen existieren heute nur noch wenige Fundpunkte, z. B. im Bereich der Ebro-Mündung und in der katalanischen Provinz Girona im äußersten Osten der Pyrenäen (CHEYLAN 2001; VETTER 2006). Ob die Westliche Griechische Landschildkröte ursprünglich auch auf den kleineren Baleareninseln Ibiza und Formentera beheimatet war, ist nicht abschließend geklärt, natürliche Vorkommen scheinen aber nicht mehr zu existieren. Anders hingegen auf Mallorca, wo *T. h. hermanni* neben einigen kleinen Arealen im Osten der Insel, heute zwei Schwerpunktvorkommen im Nordosten der Insel zwischen der Bucht von Alcúdia und Puerto Colom in einem Gebiet von ca. 250 km² bzw. im Süden beidseits des Kap Blanc in einem Areal von etwa 180 km² hat (VETTER 2006). Auf Menorca finden sich die Schildkröten in spärlicher Dichte vorwiegend an der Nordküste bei Alayarens sowie an der Südküste zwischen Es Canutells und Santa Galdana (ESTEBAN et al. 1994). In Frankreich konzentriert sich das Vorkommen auf das Mauren- bzw. Estérel-Gebirgsmassiv im Département Var sowie auf Korsika. Nach BALLASINA (1995a, b) leben 98 % der noch existierenden *T. h. hermanni* auf italienischem Staatsgebiet, einen Überblick über die italienische Verbreitung geben beispielsweise BALLASINA (1995a), CHEYLAN (2001) und MAZZOTTI (2006) sowie die hierin zitierten Autoren. Demnach finden sich die größten Festlandspopulationen an der westlichen, tyrrhenischen Küste in den Provinzen Toskana, Latium und Kalabrien sowie auf der Adriaseite des Stiefels in Apulien. Neben dem Nordwesten Sardiniens und den östlichen Regionen Siziliens

Weibliche Griechische Landschildkröte im Maurenmassiv
(Département Var, Südfrankreich) Foto: M. Wirth

umfasst das Verbrei-
tungsgebiet auch
zahlreiche kleine Inseln (siehe z. B. BORRI et al.
1988, CORTI et al. 1999). CHEYLAN (2001) führt
für den Apennin eine vertikale Besiedlung von
Meereshöhe bis 400–500 m Höhe, im Süden
Italiens bis Höhenlagen von 800 m an. Ebenfalls
mit Ausnahme Süditaliens werden zumeist küstennahe Biotope bis ca. 50 km ins Landesinnere
genutzt (FRISENDA & BALLASINA 1990; CHEYLAN
2001).

Biologie und Haltung

Wie bereits eingangs erläutert, liegen zur Freilandbiologie, aber auch zur Haltung und Nachzucht insbesondere von *Testudo h. boettgeri*
und *T. h. hermanni* viele wissenschaftliche
Studien bzw. umfassende Informationen vor.
Da diese zentraler Gegenstand in den Kapiteln
zu den einzelnen Jahresabschnitten sind und

folglich im Herzstück dieses Buches aufgegriffen
werden, verzichte ich an dieser Stelle auf eine
gesonderte Darstellung.

Weitere Informationen

Informationen zur Biologie von *T. h. hermanni*
BOSSUTO et al. (2000), CALZOLAI & CHELAZZI (1991),
CARBONE (1988), CARRETERO et al. (1995), CHELAZZI &
CALZOLAI (1986), CHELAZZI & FRANCISCI (1979), CHEYLAN
(1981, 2001), HAILEY et al. (1984), HOUT-DAUBRE-
MOUNT & GRENOT (1997), LÓPEZ-JURADO et al. (1979),
MAZZOTTI et al. (2002), MAZZOTTI & VALLINI (1996,
2000), NOUGARÈDE (1998), PAGLIONE & CARBONE
(1990), PULFORD et al. (1984), WIRTH & MATZANKE
(2007a, b).

**Weiterführende Informationen zur Haltung und
Nachzucht von *T. h. hermanni*:**
EGER (2005, 2006), WEGEHAUPT (2006)

Imposante Erscheinung:
stattliches Männchen der
Breitrandschildkröte aus dem
Nordosten Sardiniens
Foto: B. Trapp

Breitrandschildkröte, *Testudo marginata*

Die Breitrandschildkröte ist die Außergewöhn-
lichste und für viele Schildkrötenliebhaber
auch die Schönste der Europäischen Landschildkröten. Ihre Größe und Masse, die oftmals
pechschwarze Färbung und die großen, aus-
drucksstarken Augen hinterlassen beim Betrachter einen bleibenden Eindruck.

Beschreibung

Die Breitrandschildkröte ist die größte europäische Landschildkröte. Erwachsene Tiere erreichen im Normalfall Carapaxlängen von 30–35 cm, das Gewicht dieser imposanten Schildkröten kann dann bis zu 5 kg betragen. Die Breitrandschildkröte ist die einzige europäische Landschildkröte, bei der Männchen regelmäßig größer werden als Weibchen. Welche gewaltigen Maße *T. marginata* in Ausnahmefällen erreichen kann, hat PHILIPPEN (2008b) gezeigt. So hat ein ehemals im Centro Carapax im italienischen Massa Marittima (Toskana) in menschlicher Obhut lebendes Exemplar seinen Namen „Il Gigante" mehr als verdient: Mit einer Gesamtlänge von nachweislich 55,4 cm und einem Gewicht von geschätzten 15 kg verweist diese Breitrandschildkröte sämtliche bis dato beschriebenen Rekordtiere dieser Art klar auf die hinteren Ränge!

Nicht nur ihre Größe ist charakteristisch für die Breitrandschildkröte, sondern auch ihre Panzerform: Sie ist deutlich lang gestreckt und wirkt von der Seite betrachtet eher flach als hoch gewölbt. Die relativen Panzermaße ergeben so ein Verhältnis von 2,5 : 1,5 : 1 (Länge : Breite : Höhe). Junge Breitrandschildkröten ähneln in der Form zunächst noch den Jungtieren anderer Europäischer Landschildkröten, ja wirken sogar noch etwas höher gewölbt als diese. Erst im Lauf der Individualentwicklung bildet sich dann die artcharakteristische Panzerform der adulten Tiere aus. Insbesondere bei männlichen *T. marginata* aus Griechenland sind die hinteren Randschilde sehr stark ausgeprägt. Weit ausladend, aufgebogen und deutlich gesägt, ist diese besondere Form der Marginalia die Grundlage für die deutschsprachige Namensgebung. Die Panzerform und die aufgebogenen Randschilde erwecken beim Betrachter den Eindruck eines

T. marginata besiedelt erfolgreich auch extrem steile und felsige Biotope Foto: M. Wirth

massiven Feuerwehrhelms aus längst vergangenen Tagen.

Die ausgeprägten Randschilde zeigen aber nur geschlechtsreife Männchen, die darüber hinaus oftmals auch eine gewisse Taillierung des Panzers erkennen lassen. Dabei gibt es aber regionale Unterschiede, denn Tiere aus Sardinien zeigen abweichend zu griechischen Exemplaren zumeist nur eine schwach ausgeprägte Taille, und auch die Marginalia sind bei ihnen oftmals deutlich schwächer ausgeprägt (MAYER 1992; FRITZ et al. 1995).

Junge Breitrandschildkröten tragen auf gelbem bis bräunlich gelbem Grund

Die Panzerform der Breitrandschildkröte ist eher lang gestreckt, die Zeichnung des Bauchpanzers mit dreieckigen, dunklen Flecken auf hornfarbenem Untergrund gilt als artcharakteristisch
Fotos: M. Wirth

Beeindruckendes Porträt einer
Testudo marginata aus Thes-
salien (Griechenland)
Foto: B. Trapp

eine sehr kontrast-
reiche Zeichnung aus
schwarzen oder braunen Flecken. Dieses Muster
verschwindet während des Heranwachsens und
reduziert sich nach und nach auf wenige ver-
bleibende helle Elemente auf den Wirbel- und
Rippenschilden. Die Grundfärbung adulter Breitrandschildkröten reicht dann von Dunkelbraun
bis Schwarz. Im Zuge eines Altersmelanismus
können aber auch die letzten hellen Zeichnungselemente noch verschwinden und einer
einheitlich schwarzen Färbung weichen. Die
Zeichnung des Bauchpanzers ist sehr charakteristisch, und so tragen Breitrandschildkröten
auf dem hornfarbenen Plastron arttypisch drei-
eckige, dunkle Flecken.

Verbreitung

Das natürliche Verbreitungsgebiet von *T. marginata* beschränkt sich auf die südliche Balkanhalbinsel mit Teilen Albaniens und einem Verbreitungsschwerpunkt in Griechenland. Albanien
wird von der Breitrandschildkröte nur im Südwesten der südlichsten Gebirgszüge erreicht,
die Nordgrenze liegt hier etwa bei Sarande.

Im Nordosten Griechenlands liegt die Verbreitungsgrenze etwa bei Véria, Vergina und
Katerini. Aus dem Inneren Griechenlands liegen
aufgrund der gebirgigen Topografie und der
landwirtschaftlich stark genutzten Ebenen nur
wenige Nachweise vor. Im Süden reicht das
Areal bis zur Südküste der Provinzen Lakonien
und Messenien. Zudem werden auch einige
dem griechischen Festland nahe liegende Ägä-
isinseln wie Euböa, Skyros, Salamis, Pelagos,
Valaxa, Poros, Spetsopoula, Spetsai und Psili
Ammos besiedelt.

Auch Sardinien beherbergt starke Populationen der Breitrandschildkröte, deren Existenz
aber auf menschliches Einwirken zurückzuführen

Die standorttreuen Schildkröten nutzen immer wieder dieselben Wege, sodass im Laufe der Zeit charakteristische Trampelpfade entstehen
Foto: B. Trapp

In Griechenland ist die Breitrandschildkröte insbesondere in der Zwergstrauchvegetation der Phrygana häufig anzutreffen
Foto: B. Trapp

ist, wobei der Zeitpunkt der Einbürgerung im Dunkeln liegt. Auf Sardinien ist die Verbreitung auf den Nordosten der Insel und einige vorgelagerte Inseln beschränkt und entspricht grob der als Gallura bezeichneten Region (BRINGSØE et al. 2001; CARPANETO 2006).

Im Regelfall erstreckt sich die vertikale Verbreitung der Breitrandschildkröte von Meeresniveau bis in Höhenlagen von 800 m ü. NN. Auf der Peloponnes werden fast alle Bergregionen mit Ausnahme der südlichsten Mani-Halbinsel bewohnt. Dass *T. marginata* aber auch Habitate oberhalb dieser normalen Verbreitung nutzen kann, zeigen Funde beispielsweise in Höhenlagen von 1.100–1.200 m ü. NN im östlichen Taygetos-Gebirge (BRINGSØE 1986) oder am Westabfall des Taygetos in 1.300 m ü. NN (MÜLLER 1908; BOUR 1995). ORUCI (2010) fand die Breitrand-schildkröte in Albanien bis in eine Höhe von 1.100 m ü. NN in den Bergen von Gjirokastra, bzw. 1.200–1.300 m ü. NN im Bergland von Saranda und Delvina.

Lebensraum

Die Breitrandschildkröte ist ein Habitatgeneralist und bewohnt eine Vielzahl unterschiedlicher Biotope. Dabei variiert die Populationsdichte aber in Abhängigkeit vom Habitat. Der bevorzugte Lebensraum der Breitrandschildkröte liegt zumeist in sehr unwegsamem Gelände. Sie besiedelt erfolgreich auch extrem steile Biotope, in denen dem Menschen ohne Zuhilfenahme der Hände kaum ein Fortkommen möglich ist. In Griechenland ist die Breitrandschildkröte insbesondere in der Phrygana häufig, und zahlreiche Autoren berichten von einer engen

Das Vorkommen der Breit-
randschildkröte im Nordosten
Sardiniens sowie auf einigen
vorgelagerten Inseln ist auf
eine Einbürgerung durch den
Menschen zurückzuführen
Foto: B. Trapp

Adultes Männchen mit vernarbten Verletzungen und extrem stark ausgeprägten hinteren Randschilden im Lebensraum in Griechenland
Foto: P. Fritz

Weibliche *T. marginata* vom Berg Ossa (Ostthessalien, Griechenland) Foto: M. Wirth

ist gekennzeichnet durch eine klare Dominanz kleiner, oftmals dorniger Sträucher mit ledrigen und meist dicht grau behaarten Blättern. Die Zwergstrauchgesellschaft wird von Sträuchern und Kräutern wie Dornbusch-Wolfsmilch (*Euphorbia acanthothamnos*), Behaarter Dornginster (*Calicotome villosa*), Dorniger Ginster (*Genista acanthoclada*), Dornige Bibernelle (*Sarcopoterium spinosum*), Salbei (*Salvia pomifera*), Strauchnessel (*Phlomis fruticosa*), Quirlblättrige Heide (*Erica manipuliflora*) und verschiedenen Zistrosen (*Cistus* spp.*)* geprägt. Hinzu kommen verschiedene Baumarten mit strauchförmigem Wachstum wie Kermeseiche (*Quercus coccifera*), Flaumeiche (*Q. pubescens*) oder Steineiche (*Q. ilex*).

Bindung der Breitrandschildkröte an diese Vegetationsform (ARTNER 1996, 1998; ARTNER & ARTNER 1997; BOUR 1995; DINKEL 1979; HERZ 1994). Die Pflanzengemeinschaft

Ein typisches Breitrandschildkrötenbiotop liegt in felszerklüftetem Terrain und ist mit mehr oder weniger dichter Vegetation bedeckt.

Derartige Lebensräume sind in Höhenlagen von Meeresniveau bis 600–800 m ü. NN in Griechenland vergleichsweise häufig. *Testudo marginata* nutzt sehr gern die in ihrem Lebensraum auf natürliche Weise entstandenen Versteckmöglichkeiten in Form von Höhlen, beispielsweise in Hängen oder unter großen Felsblöcken. Hierbei zeigt die Breitrandschildkröte eine hohe Standorttreue, und in aufeinanderfolgenden Jahren lassen sich oftmals dieselben Individuen in den jeweiligen Höhlen beobachten. Manche Höhlen werden über Schildkrötengenerationen hinweg und so im Laufe der Zeit von vielen Individuen genutzt (BOUR 1995). Viele Höhlen reichen tief in den Boden hinein und werden auf diese Weise zu einem sicheren Rückzugsort, selbst angesichts verheerender Buschbrände. TRAPP (pers. Mittlg.) kennt verschiedene solcher Höhlen bereits seit vielen Jahren und berichtete, dass manche von ihnen eine größere Anzahl adulter Breitrandschildkröten beherbergen und im Zentrum eines Wegnetzes uralter Schildkrötenpfade liegen.

Testudo marginata ist oftmals auch in der Nähe von Gewässern wie Bachläufen, Quellen, Teichen oder Viehtränken anzutreffen. Innerhalb eines Lebensraums bevorzugen insbesondere Jungtiere feuchtere Mikrohabitate. Sofern verfügbar, werden offene Wasserflächen gern zur Deckung des Trinkbedürfnisses aufgesucht. So ist die Breitrandschildkröte beispielsweise im Delta des Flusses Acheloos im Südwesten des griechischen Festlandes oder im Doppeldelta der Flüsse Louros und Arachtos in Westgriechenland häufig anzutreffen (BUTTLER et al. 1982; KORDGES 1984). Bevorzugt werden aber auch hier Abschnitte mit Hartlaubgesellschaften in Form von Macchia oder Phrygana. In Strandbiotopen in unmittelbarer Meeresnähe, wie z. B. im Bereich des Strofilia-Küstengebietes der Peloponnes-Halbinsel, ist die Breit-

Außergewöhnlich helle Breitrandschildkröte in einem Olivenhain in Messinien (Peloponnes, Griechenland)
Foto: B. Trapp

Eine Breitrandschildkröte in ihrem Versteck in der niedrigen Vegetation Foto: M. Wirth

Lebensraum. Nicht nur hier, sondern auch bei Loutra Killini gelangen mir häufig Beobachtungen im Strandbereich, und auch ARTNER (1998) traf bei Igoumenitsa auf eine Population in einem Strandlebensraum. Ähnlich anpassungsfähig zeigt sich *T. marginata* auf Sardinien, wo die Schildkröten ebenfalls eine Vielzahl unterschiedlicher Lebensräume erfolgreich zu nutzen wissen. Aber auch hier bevorzugt die Breitrandschildkröte mit Felsen durchzogene Hügellandschaften, dringt aber ebenso bis in den Strandbereich der Küste vor.

randschildkröte ebenfalls anzutreffen. In diesem Gebiet wechseln Sandstrand, Dünen, Lagunen, Küstenwald mit Schirmpinien und Aleppokiefern, Salzmarschen und Süßwasserseen einander ab und bilden einen sehr abwechslungsreichen

Die dunkle Panzer- und Weichteilfärbung bietet *T. marginata*, verglichen mit anderen europäischen Landschildkröten, einen entscheidenden Vorteil bei der Thermoregulation Foto: M. Wirth

Offene Wiesenflächen und Weiden dienen der Breitrandschildkröte als weiterer Lebensraum. Kulturland wie Olivenhaine, Weiden oder sogar Ackerland wird ebenfalls besiedelt, allerdings ist die Breitrandschildkröte hier im direkten Vergleich zur Griechischen Landschildkröte zumeist deutlich individuenärmer vertreten. *Testudo marginata* schreckt die Nähe des Menschen nicht direkt, aber sie ist in dessen unmittelbarer Nachbarschaft zumeist seltener anzutreffen als die Griechische Landschildkröte. Dennoch sind sogar aus dem dicht besiedelten Stadtbereich der griechischen Hauptstadt Athen Populationen der Breitrandschildkröte gut bekannt (z. B. DIMITROPOULUS & GAETHLICH 1986; KANDOLF 1995). In Athen kann die Breitrandschildkröte beispielsweise im Bereich zahlreicher archäologischer Ausgrabungsstätten, in öffentlichen Parkanlagen oder Gärten wie der Akropolis, dem Philopappos-Monument, dem Kerameikos, dem Stadtberg Lykabettus oder der Römischen Agora beobachtet werden. HERZ (1994) beschreibt ein Vorkommen bei Athen, wo er die stattliche Zahl von 63 Exemplaren auf einer Fläche von nur 1,2 km² beobachten konnte.

Biologie

Die Breitrandschildkröte ist hervorragend an ein Leben in hügeligem bzw. bergigem Gelände angepasst. Die lang gezogene und relativ flache Panzerform ermöglicht ihr auch in steilem und mit Gebüsch bestandenem Gelände eine gute und sichere Fortbewegung. Sie ist vergleichsweise standorttreu und kann bei wiederholten Besuchen oftmals in unmittelbarer Umgebung des letzten Zusammentreffens regelmäßig beobachtet werden (HERZ 1994; VINKE & VINKE 2006c). Auch die in

geeigneten Biotopen zahlreich vorhandenen Trampelpfade sind beredtes Zeugnis der Standorttreue, und oftmals lässt sich die betreffende Schildkröte beim Marsch entlang ihren gewohnten Wegen beobachten. Einer möglichen Gefahr versucht sich die Breitrandschildkröte durch Flucht und Verstecken zu entziehen. Sie reagiert dabei bereits auf Bewegungen, wenn eine Distanz von etwa 15–20 m unterschritten wird. Ist ihr eine Flucht nicht möglich, werden Kopf und Gliedmaßen rasch in den Panzer zurückgezogen. Wer es nicht kennt, ist oftmals überrascht, wie laut eine erwachsene Breitrandschildkröte dabei zischen und fauchen kann.

Im Normalfall besiedelt die Breitrandschildkröte trockenere Lebensräume als die Griechische Landschildkröte (WILLEMSEN 1991). Aufgrund ihrer dunklen Panzer- und Weichteilfärbung hat *T. marginata*, verglichen mit anderen europäischen Landschildkröten, einen ent-

Schlüpfling der Breitrandschildkröte aus der Olymp-Region an der Ostküste Griechenlands in Makedonien
Foto: B. Trapp

Kontrastreich gefärbte *T. marginata* aus einem Strandlebensraum auf der Westseite der Peloponnes (Griechenland) Foto: B. Trapp

scheidenden Vorteil bei der Thermoregulation, da sie die Sonneneinstrahlung besser nutzen und folglich rascher ihre Vorzugstemperatur erreichen kann. Wenngleich diese Vorzugstemperatur in einem ähnlichen Bereich wie bei *T. hermanni* und *T. graeca* zu liegen scheint, so werden bei *T. marginata* im Freiland aber oftmals höhere Körpertemperaturen gemessen (WILLEMSEN 1991). Eine weitere Besonderheit der Breitrandschildkröte ist ihre Fähigkeit, auch bei einer vergleichsweise niedrigen Körpertemperatur aktiv zu sein. Eine solche scheinbare Kältetoleranz beobachteten PANAGIOTA & VALAKOS (1992) an Breitrandschildkröten, die im Süden Griechenlands gemeinsam mit Griechischen Landschildkröten in einem Freigehege gehalten wurden. Während sich Letztere während des Winters im Bodengrund vergraben hatten, verharrte *T. marginata* inaktiv an der Oberfläche, um an warmen Tagen aktiv zu werden. Wenngleich die Forscher in Bezug

auf die Körpertemperaturen keine signifikanten Unterschiede zwischen den beiden Arten ermitteln konnten, so war aber die Bandbreite der gemessenen Werte bei *T. marginata* (8,0–34,7 °C) größer als bei *T. hermanni boettgeri* (14,7–33,3 °C). Auch in Italien gehaltene Breitrandschildkröten zeigten sich WILLEMSEN im zeitigen Frühjahr trotz niedriger Körpertemperaturen aktiv (WILLEMSEN & HAILEY 2002).

Testudo marginata ist eurythermer als die Griechische Landschildkröte und toleriert dementsprechend sowohl höhere als auch niedrigere Temperaturen als diese. Nach ROGNER (2007), verlassen Breitrandschildkröten ihre Höhlen, wenn die Außentemperaturen etwa 15 °C übersteigen, verharren bei niedrigen Temperaturen aber in unmittelbarer Nähe des Eingangsbereichs und widmen sich dort der Thermoregulation. Erst wenn die Temperaturen über 20 °C betragen, entfernen sich die Schildkröten auch weiter von den Höhlen und begeben sich auf Nahrungssuche. WILLEMSEN (1991) ermittelte bei *T. marginata* im Freiland höhere Körpertemperaturen als bei *T. hermanni boettgeri*. Die Breitrandschildkröte zeigte dabei eine um drei Grad höhere Körpertemperatur als die Griechische Landschildkröte. Aus dieser Flexibilität heraus hat die Breitrandschildkröte ökologische Vorteile z. B. im südlichen Griechenland. So ist *T. hermanni boettgeri* hier auf relativ kühle und feuchte Lebensräume beschränkt, während die Breitrandschildkröte auch sehr trockene und heiße Gebiete besiedeln kann. Die Breitrandschildkröte nutzt generell eher offenere und sonnenexponiertere Habitate als die Griechische Landschildkröte. Beim morgendlichen Sonnenbad richten sich die Schildkröten gern nach Süden aus, um eine möglichst große Körperoberfläche dem Sonnenlicht entgegenzustrecken. Dabei kommen der Breitrandschildkröte auch die dunkle Panzerfärbung und ihre Körpergröße zugute, die auch bei kurzer Sonnenscheindauer die Absorption von relativ viel Sonnenenergie ermöglichen. Gleichzeitig kann der massigere Körper die aufgenommene Wärme lange speichern. Die Breitrandschildkröte erreicht daher schneller und einfacher die für ein aktives Verhalten erforderliche Körpertemperatur als die Griechische Landschildkröte. Die Dauer von Sonnenbädern ist dementsprechend kürzer. Andererseits macht es der in der Regel kargere und trockenere Lebensraum der Breitrandschildkröte erforderlich, dass die Schildkröten mehr Zeit für die Nahrungssuche und -aufnahme aufwenden. Aus diesem Grund verbringt *Testudo marginata* im Vergleich zur Griechischen Landschildkröte täglich etwa die doppelte Zeit mit der Nahrungsaufnahme, aber nur die halbe Dauer mit Sonnenbaden. So sind die Unterschiede im Zeitbudget der beiden Arten auf den jeweiligen Lebensraum und die darauf abgestimmten Verhaltensweisen zurückzuführen.

Breitrandschildkröte beim Sonnenbad Foto: M. Wirth

Das „*weissingeri*-Dilemma"

Bis heute werden bei der Breitrandschildkröte keine Unterarten abgegrenzt, die Art gilt dementsprechend als monotypisch (FRITZ et al. 2005; RHODIN et al. 2010). Dennoch wurden und werden immer wieder Stimmen laut, die auf die Besonderheiten von Breitrandschildkröten in bestimmten Regionen hinweisen. Dabei ist es den *T. marginata* nicht gerade gut bekommen, regional zu etwas angeblich Besonderen gemacht zu werden, ein Problem, das ich als „*weissingeri*-Dilemma" bezeichne und erläutern möchte.

Bereits Anfang der 1980er-Jahre waren einigen Griechenlandreisenden in einem abgegrenzten Gebiet im Süden der Peloponnes-Halbinsel besonders kleinwüchsige Breitrandschildkröten aufgefallen. Eine spätere Untersuchung der Tiere durch BOUR (1995) ergab für sie eine durchschnittliche Carapaxlänge von 21 cm, und weniger als 5 % der untersuchten Tiere überschritten eine Länge von 24 cm. Zudem ist ihre Panzerfärbung und -zeichnung nicht klar und kontrastreich, sondern eher stumpf und verwaschen. Bei Männchen sind sowohl die Marginalia als auch die Taillierung des Panzers schwächer ausgebildet, sie

ähneln damit eher „normalen" weiblichen griechischen Breitrandschildkröten. Auf Grundlage dieser morphologischen Merkmale, wurden die Tiere aus dem westlichen Taygetos-Gebirge von BOUR (1995) als eigenständige Art *Testudo weissingeri*, die „Zwerg-Breitrandschildkröte", wissenschaftlich beschrieben. Die Gültigkeit dieser Beschreibung wurde aber aufgrund der geringen Unterschiede zu „normalen" Breitrandschildkröten rasch und kontrovers diskutiert. Die Bandbreite der Beurteilungen reichte dabei vom Artstatus über Unterartniveau bis hin zu einer ökologisch bedingten Hungerform (PIEH & PHILIPPEN 2007). Licht ins Dunkle brachten die genetischen Untersuchungen von VAN DER KUYL et al. (2002) und FRITZ et al. (2005), die keine nennenswerten Unterschiede zwischen den kleinen und den großen Breitrandschildkröten ergaben. Die geringfügigen Abweichungen wurden von FRITZ et al. (2005) als das Ergebnis einer Anpassung an umweltbedingte Einflüsse interpretiert, die beiden Formen entsprechend synonymisiert. Die „Zwerg-Breitrandschildkröten" sind damit, zumindest aus genetischer Sicht, ganz normale Breitrandschildkröten!

Das Kind war zu diesem Zeitpunkt aber bereits in den Brunnen gefallen, denn der Goldrausch hatte schon begonnen: Durch die Beschreibung von BOUR (1995) zu einer eigenständigen Art und damit zu etwas anscheinend ganz Besonderem gemacht, litt die Population im westlichen Taygetos in ihrem kleinen Verbreitungsareal von nur etwa 50 km Länge und 2–5 km Breite spürbar. Das Dilemma, dass Beschreibungen neuer Arten bei Sammlern Begehrlichkeiten wecken und in der Folge zu einer Ausplünderung der Ty-

Lebensraum von *T. marginata* bei Kardamili im westlichen Taygetos Foto: B. Trapp

pus-Lokalität führen, ist leider nichts Neues. So verwandeln sich bei kommerziell attraktiven Arten die wissenschaftlichen Artikel in Schatzkarten für den internationalen Tierhandel. Detaillierte Fundortangaben für die von BOUR beschriebenen Breitrandschildkröten fanden rasch ein reges Interesse bei Schildkrötenliebhabern, und im selben Maß, wie diese Tiere schlagartig eine weite Verbreitung in menschlicher Obhut fanden, schwanden im Taygetos die natürlichen Bestände. So tauchten in Anzeigenjournalen, auf Börsen und in den Preislisten von Tierhandlungen plötzlich Jungtiere dieser Lokalform neben den „normalen" Breitrandschildkröten auf, nur zu einem deutlich höheren Preis. TRAPP (pers. Mittlg.) begegneten bei Exkursionen in dem Gebiet mehrfach Personengruppen, die sich mit glänzenden Augen nach Hinweisen auf Fundorte bei ihm erkundigen wollten. In ungestörten Populationen werden die geringe Fortpflanzungsrate der Breitrandschildkröte und der späte Eintritt der Geschlechtsreife durch die lange Lebensdauer und eine niedrige Sterberate ausgeglichen. Dieses Gleichgewicht gerät aber dann aus den Fugen, wenn der Mensch in der Gleichung auftritt. So geht durch eine Veränderung, Umwandlung oder Zerstörung der natürlichen Habitate die Lebensgrundlage der Schildkröten verloren. In einer solchermaßen bereits vorbelasteten Population kann schon der Verlust weniger, insbesondere weiblicher adulter Schildkröten das Überleben der Population gefährden. Der illegale und überaus bedauerliche Raubbau hat, zusätzlich zu den bereits von BOUR (1995) beobachteten regionalen Zerstörungen von Schwerpunktvorkommen für Siedlungsbau oder die Anlage von Olivenhainen, die Situation für *T. marginata* im Taygetos weiter verschlechtert.

Nach Ansicht einiger Autoren unterscheiden sich auch die sardischen Breitrandschildkröten in verschiedenen Merkmalen von Exemplaren aus Griechenland. So werden sardische Individuen nach MAYER (1992) und FRITZ et al. (1995) angeblich größer als griechische und zeigen bei vergleichbarer Körpergröße ein höheres Gewicht. Die hinteren Marginalschilde sollen weniger stark abgeflacht und keine ausgeprägte Zackenbildung zeigen. Die Gültigkeit dieser Merkmale wird aber kritisch betrachtet und von verschiedenen Autoren angezweifelt (z. B. VINKE & VINKE 2003; FRITZ et al. 2005). Da die von MAYER (1992) angestrebte Beschreibung als *T. marginata* „sarda" aber ohnehin ohne wissenschaftliche Bearbeitung erfolgte, entbehrt diese jeglicher Grundlage und verschwand rasch wieder in der Versenkung. Vermutlich zum Wohl der Schildkröten, denn den sardischen Populationen ist so der große Ansturm und letztlich ein unfreiwilliger Umzug in andere Gefilde erspart geblieben ...

Haltung

Im Unterschied zur Griechischen Landschildkröten wurden über die Haltung und Nachzucht der Breitrandschildkröte in menschlicher Obhut bisher nur vergleichsweise wenige Daten

Frisch geschlüpfte *T. marginata* von der Westseite der Peloponnes-Halbinsel
Foto: B. Trapp

auf einer systematischen Grundlage erhoben. Eine erfreuliche Ausnahme ist die Diplomarbeit von RIENER (2009). Gegenstand der Arbeit war eine in einem Freilandgehege in Österreich gehaltene Gruppe von Breitrandschildkröten mit drei geschlechtsreifen Weibchen, deren Fortpflanzungsbiologie über einen Zeitraum von 12 Jahren analysiert und ausgewertet wurde. Die hierbei erzielten Ergebnisse sind in dieser Form einmalig und werden daher im Folgenden auszugsweise wiedergegeben.

In menschlicher Obhut produzieren weibliche Breitrandschildkröten pro Jahr im Regelfall zwei, gelegentlich auch drei Gelege. Es kann aber auch sein, dass manche Weibchen nur ein einzelnes Gelege absetzen oder, in sehr seltenen Fällen, auch in einem Jahr überhaupt nicht zur Fortpflanzung schreiten (ARTNER 1998; RIENER 2009). Der zeitliche Abstand zwischen zwei Gelegen beträgt im Normalfall ca. 25 Tage, kann gelegentlich aber auch nur 15 oder bis zu 34 Tage betragen (RIENER 2009; HEIMANN 1989).

Die Gelegegröße ist variabel und beträgt zumeist 5–8 Eier. Als höchste Eizahl wurde von RIENER (2009) 13 Eier registriert; von NÖLLERT (1987) und RUDLOFF (1990) werden 15 Eier und von EENDEBAK (1995b) sogar 16 Eier angegeben. Bei MAXA (pers. Mittlg.) produziert ein Weibchen nicht nur gelegentlich, sondern vielmehr regelmäßig Gelege mit 14 Eiern. Im Regelfall geht die Eizahl bei aufeinanderfolgenden Gelegen zurück, sodass die Erstgelege oftmals, aber nicht zwangsläufig, mehr Eier enthalten als Zweit- oder Drittgelege. In seiner statistischen Auswertung der Fortpflanzungsdaten ermittelte RIENER (2009) für Erstgelege durchschnittlich 8,3 Eier, für Zweitgelege 7,7 Eier und für Drittgelege 5,6 Eier. Bezogen auf die Gesamtzahl der von den Tieren pro Jahr abgesetzten Eier haben die Erstgelege einen Anteil von etwas mehr als 50 % an der Gesamtlegeleistung, das Zweitgelege von 41 % und das Drittgelege von knapp 9 %. Die drei von RIENER (2009) untersuchten Weibchen haben in zwölf Jahren zusammen 73 Gelege hervorgebracht, die größte Zahl der Gelege ging dabei auf ein Weibchen zurück, das es in diesem Zeitraum auf 26 Eiablagen brachte. Wie unterschiedlich dabei die absolute Legeleistung sein kann, zeigt, dass die drei Weibchen jeweils 234, 179 bzw. 148 Eier produziert haben. Die sich daraus ergebende jährliche Eiproduktion für einzelne Weibchen wurde mit durchschnittlich 15,5 Eiern bei einem Maximum von 27 Eiern ermittelt. Dieser Wert liegt etwas über dem von HAILEY & LOUMBOURDIS (1988) für *T. marginata* im Freiland ermittelten Durchschnittswert von 14,4 Eiern pro Weibchen und Jahr, was aber nicht weiter verwunderlich ist, da Landschildkröten in menschlicher Obhut aufgrund des deutlich besseren Nahrungs- und Wasserangebots zumeist fruchtbarer sind als im natürlichen Lebensraum.

Viele Halter berichten, dass bei ihren Landschildkröten eine gewisse Synchronisation der Eiablagen mehrerer Weibchen auftreten kann, so auch bei der Breitrandschildkröte. Ob hierfür ausschließlich besonders günstige Witterungsbedingungen verantwortlich zu machen sind, denen ja alle in einem Gehege gehaltenen Weibchen gleichermaßen ausgesetzt sind, oder die Eiablagen eventuell einer gegenseitigen Stimulation unterliegen, ist bis dato ungeklärt. Faszinierend sind in diesem Zusammenhang aber in jedem Fall die Angaben von RIENER (2009) für die Breitrandschildkröte, nach denen immerhin 27 von 73 Gelegen (und damit 37 % aller Eiablagen) entweder am selben Tag wie ein anderes Gelege oder am folgenden Tag abgesetzt werden.

Eine ausführliche Zusammenstellung von Inkubationsbedingungen, die sich bei verschiedenen Züchtern für *T. marginata* bewährt haben, liefert ROGNER (2007b). Die durchschnittliche Schlupfquote beispielsweise bei RIENER (2009) lag bei beachtlichen 88 % und die Befruchtungsrate für zwei Weibchen bei fast 100 %, dabei werden aber keine detaillierten Angaben zu den Inkubationsbedingungen gemacht.

Das Lebensalter und das Körpergewicht des Muttertiers hat nach RIENER (2009) keinen besonderen Einfluss auf die Größe der Eier und damit indirekt auch nicht auf die Größe der

Schlüpflinge, schlägt sich aber in der Anzahl der Eier in einem Gelege nieder. Demgemäß legen größere Weibchen zwar keine größeren Eier, produzieren aber mehr Eier als kleinere Weibchen. Lediglich ganz junge Weibchen scheinen nach HAILEY & LOUMBOURDIS (1988) kleinere Eier zu legen. Abweichend zu den Eiern der anderen europäischen *Testudo*-Arten, sind die Eier der Breitrandschildkröte in der Regel fast kugelförmig und erinnern an einen Tischtennisball. NÖLLERT (1990) nennt Eimaße, die von 27 x 29 mm bis 34,5 x 36 mm schwanken, und damit eine Spanne, in die auch die Angaben von HAILEY & LOUMBOURDIS (1988) für das Freiland fallen. Den Größenschwankungen der Eiern entsprechend variiert auch das Eigewicht und kann zwischen 12–21 g betragen (HAILEY & LOUMBOURDIS 1988; NÖLLERT 1990; HEIMANN 1993). EENDEBAK ermittelte für 134 Eier einer Breitrandschildkrötengruppe in menschlicher Obhut ein Durchschnittsgewicht von 13,1 g (in BRINGSØE et al. 2001).

Wie die Größe der Eier, so schwankt auch die Größe der Jungtiere beim Schlupf und reicht von 29 bis 40 mm Panzerlänge (RUDLOFF 1990; ARTNER 1988). Während RIENER (2009) das Gewicht der jungen Breitrandschildkröten beim Schlupf mit durchschnittlich 10–12 g (7–15) angibt, nennen RUDLOFF (1990) und ARTNER (1998) 9–17 g bzw. 12–19 g.

Weitere Informationen

Informationen zur Biologie von *T. marginata*
ARTNER (1996, 2000), BOUR (1996), BRINGSØE et al. (2001), HAILEY & LOUMBOURDIS (1988), HERZ (1994), HINE (1982), ROGNER (2007), VINKE & VINKE (2006c), WEGEHAUPT (2004), WIRTH (2010c).

Weiterführende Informationen zur Haltung und Nachzucht von *T. marginata*
ARTNER (1998), DINKEL (1974a, 1974b), HEIMANN (1989), HERZ (2007), HINE (1982), KLEINER (1983), KLEINER & KLEINER (1988), MÄHN (2004), MÄHN & GRAF (2000), REINHARDT & REINHARDT (2005), VINKE & VINKE (2003, 2006c), RIENER (2009), ROGNER (2007).

Maurische Landschildkröte, *Testudo graeca*, allgemein

Die Maurische Landschildkröte hat von allen in der westlichen Paläarktis lebenden Schildkrötenspezies die größte Ausbreitung. Ihr Verbreitungsgebiet erstreckt sich rund ums Mittelmeer, nach FRITZ et al. (2009) von Afrika, Europa und Asien über drei Kontinente und vom östlichsten Iran bis zur marokkanischen Atlantikküste über 6.500 km in ost-westlicher bzw. vom rumänischen Donaudelta bis zur libyschen Kyrenaika 1.600 km in nordsüdlicher Richtung.

Die Maurische Landschildkröte hat ein riesiges Verbreitungsareal. Das Bild zeigt eine *Testudo g. graeca* aus der Provinz Murcia im Südosten Spaniens. Foto: B. Trapp

Die Systematik der Maurischen Landschildkröte ist in vielerlei Hinsicht umstritten und Gegenstand endloser Diskussionen bzw. fortgesetzter Abspaltung, Umgruppierung und Neubeschreibung. Während manche Forscher und Autoren einer traditionellen Sichtweise folgen und *Testudo graeca* als eine einzige Art mit zahlreichen Unterarten einstufen, betrachten andere die verschiedenen Formen des *T.-graeca*-Komplexes als eigenständige Arten. Was für die meisten Landschildkrötenliebhaber dabei unter dem Strich übrig bleibt, ist zumeist heillose Verwirrung angesichts der Vielzahl der derzeit diskutierten Unterarten bzw. in Artstatus erhobenen Formen. Einen guten Überblick über die verschiedenen Auffassungen und Interpretationen sowie den taxonomischen Hintergrund der Diskussion gibt in kurzer Form VETTER (2011). Umfassendere Informationen liefern einmal mehr die Ausführungen von PIEH & PHILIPPEN (2007), die letztlich in ihren Ausführungen dem Unterarten-Konzept folgen, deren Quintessenz ich im Folgenden kurz wiedergeben möchte.

Als Unterarten der Maurischen Landschildkröte werden von ihnen für Nordafrika die sechs, teils umstrittenen Subspezies *T. graeca graeca* LINNAEUS, 1758; *T. g. cyrenaica* PIEH & PERÄLÄ, 2002; *T. g. lamberti* PIEH & PERÄLÄ, 2004; *T. g. marokkensis* PIEH & PERÄLÄ, 2004; *T. g. nabeulensis* (HIGHFIELD, 1990) und *T. g. soussensis* PIEH, 2001 angeführt. Als Unterarten der Maurischen Landschildkröte mit nicht-afrikanischem Verbreitungsgebiet werden von PIEH & PHILIPPEN (2007) die elf Unterarten *T. g. ibera* PALLAS, 1814; *T. g. terrestris* FORSSKÅL, 1775; *T. g. zarudnyi* NIKOLSKIJ, 1896; *T. g. buxtoni* BOULENGER, 1920; *T. g. floweri* BODENHEIMER, 1935; *T. g. nikolskii* CHKHIKVADZE & TUNIYEV, 1986; *T. g. anamurensis* WEISSINGER, 1987; *T. g. armeniaca*, CHKHIKVADZE & BAKRADZE, 1991; *T. g. antakyensis* PERÄLÄ, 1996; *T. g. pallasi* CHKHIKVADZE & BAKRADZE, 2002 und *T. g. perses* PERÄLÄ, 2002 genannt, deren Validität aber ebenfalls teilweise umstritten ist.

Das Vorkommen von *T. graeca* auf Mallorca ist auf eine Fläche von ca. 100 km² im Westen der Baleareninsel beschränkt Foto: H.-D. Philippen

Auch die Maurische Land-
schildkröte zeigt eine ausgesprochen hohe Färbungs- und
Zeichnungsvariabilität, selbst
innerhalb derselben Populationen. Hier eine *T. g. ibera*
aus Thrakien. Foto: M. Wirth

Die verschiede-
nen Formen der
Maurischen Land-
schildkröte variieren in Bezug auf ihre Größe
sowie auch im Hinblick auf Färbung und Zeichnung erheblich, selbst innerhalb desselben Taxons. Im Allgemeinen bleiben die Tiere der
westlichen Formen aber kleiner als die östlichen
Vertreter dieser Schildkrötenart. Auch wenn es
Ausnahmen gibt, so gelten dennoch ein unge-
teilter Schwanzschild (Subracaudalschild), das
Fehlen eines Hornendnagels an der Schwanzspitze sowie bestimmte Merkmale der Kopf-
und Vorderbeinbeschuppung als charakteristische
Merkmale von *Testudo graeca*.

Ein Merkmal, das allen Formen von *T.
graeca* gemeinsam ist, sind die ausgeprägten
Tuberkelschuppen, die nahe der Schwanzwurzel
auf der Oberseite beider Oberschenkel liegen.
Insbesondere bei *T. g. ibera* sind diese Schuppen

sehr stark ausgeprägt und können beinahe
klauenartig verlängert sein. Die Schenkelsporen
können bei der Maurischen Landschildkröte
gelegentlich auch fehlen, wie PERÄLÄ (2002a)
zeigen konnte, aber auch bei der Breitrandschildkröte (*Testudo marginata*) auftreten. In
der südlichen Dobrudscha wurden im Lebensraum von *T. g. ibera* von SOS et al. (2008) aber
auch Exemplare von *T. h. boettgeri* entdeckt,
die ebenfalls Tuberkelschuppen tragen und die
nach Ansicht der Autoren möglicherweise ein
Indiz für eine natürliche Hybridisierung der
beiden Arten sein könnten.

Aufgrund der großen Variabilität der Maurischen Landschildkröte, selbst innerhalb ein-
und derselben Population, ist es auch für Wissenschaftler praktisch unmöglich, Maurische
Landschildkröten anhand von Färbung und
Zeichnung einem Herkunftsgebiet zuzuordnen.
Dennoch sollten gerade Pfleger Maurischer

Landschildkröten versuchen, sich bei Tieren unbekannter geografischer Herkunft Klarheit zu verschaffen. Wenngleich es zunächst einmal vollkommen nebensächlich ist, wie die gehaltenen Tiere wissenschaftlich zu bezeichnen sind, entscheidet die Herkunft über die Ansprüche der Schildkröten und damit die Anforderungen an adäquate und artgerechte Haltungsbedingungen. Die Bandbreite der Lebensbedingungen der Maurischen Landschildkröte reicht nämlich von kühlen Laubmischwäldern im Hügelland über sonnendurchflutete Küstendünen bis hin zu trocken-heißen Verhältnissen in Steppen- und Halbwüsten-Biotopen. Daher halten manche Formen eine ausgeprägte Winterruhe, während andere eine solche überhaupt nicht kennen und stattdessen, aufgrund sommerheißer Bedingungen in ihrem Lebensraum, eine Trockenruhe abhalten, um lebensfeindliche Hitzeperioden unbeschadet zu überstehen.

Nach aktuellen wissenschaftlichen Erkenntnissen, die zu einem Großteil auf genetischen Untersuchungen beruhen, leben im europäischen Mittelmeerraum drei verschiedene Formen der Maurischen Landschildkröte, von denen zwei in Westeuropa und eine in Osteuropa anzutreffen sind. Von all den verschiedenen Formen haben nur *Testudo g. graeca*, *T. g. nabeulensis* sowie *T. graeca ibera* ein europäisches Verbreitungsgebiet und werden folglich im vorliegenden Buch berücksichtigt, wenngleich auch andere Unterarten in kleinen Stückzahlen in unseren Breiten erfolgreich gehalten und teilweise auch nachgezogen werden. Weil die klimatischen Verhältnisse und die Lebensbedingungen der ehemals aus Nordafrika stammenden europäischen Populationen im Süden Spaniens (*T. g. graeca*) oder im Südwesten Sardiniens (*T. g. nabeulensis*) nur in eingeschränktem Maße und mit hohem technischen Aufwand realisiert werden können, eignen sich diese Tiere nur sehr bedingt für eine kombinierte Freiland- und Innenhaltung. Ihre Pflege sollte daher Spezialisten vorbehalten bleiben. *Testudo g. ibera* hingegen gedeiht unter den in diesem Buch geschilderten Bedingungen auch in unseren Breiten hervorragend und hat daher zu Recht eine weite Verbreitung in den Freilandanlagen von Liebhabern gefunden.

Wenngleich die Tuberkelschuppen auf den Schenkeloberseiten als charakteristisches Merkmal von *T. graeca* gelten, können diese gelegentlich auch fehlen. Zudem treten sie in seltenen Fällen auch bei *T. marginata* und *T. h. boettgeri* auf.
Foto: B. Trapp

Maurische Landschildkröten, *Testudo graeca graeca* & *T. graeca nabeulensis*

Die auf dem spanischen Festland beheimateten Tiere werden zur Nominatform *Testudo g. graeca* gezählt, wobei aufgrund genetischer Übereinstimmungen ein Ursprung in Nordafrika vermutet wird (ÁLVAREZ et al. 2000; FRITZ et al. 2007, 2009). GRACIA et al. (2011) gehen davon aus, dass die Besiedlung zumindest des Südosten Spaniens aber nicht auf menschliches Einwirken zurückgeht, sondern vielmehr das Ergebnis einer natürlichen Besiedlung ist.

Auch die auf Sardinien lebenden Maurischen Landschildkröten gehen nach den Untersuchungen von VAMBERGER et al. (2011) auf einen nordafrikanischen Ursprung zurück und sind auf Tiere aus Tunesien bzw. das angrenzende Algerien zurückzuführen. Sie müssen daher zur Unterart *T. graeca nabeulensis* gezählt werden.

Die Maurischen Landschildkröten auf dem spanischen Festland zählen zur Nominatform *Testudo g. graeca*
Foto: B. Trapp

Beschreibung

Die Nominatform der Maurischen Landschildkröte *T. g. graeca* ist mittelgroß und wirkt nach PIEH & PHILIPPEN (2007) im Vergleich zu anderen Formen dieser Art eher klein und zierlich. Die Panzerform erscheint dabei eher langgestreckt und hochgewölbt als kompakt oder rundlich. Viele *T. g. graeca* sind ausgesprochen attraktiv gefärbt. Die gelbliche Grundfärbung variiert dabei zwischen einem kräftigen und leuchtenden Gelb bis zu einem blassen Ocker. Der Anteil der schwarzen Zeichnungselemente ist ebenfalls variabel, ergibt in Verbindung mit der Grundfarbe aber zumeist ein kontrastreiches Erscheinungsbild. Auch der Kopf und die großen Schuppen an den Vorderbeinen können sehr kontrastreich gelb-schwarz gefärbt sein. Bei sehr alten Exemplaren kann die Zeichnung verblassen, sodass die Tiere dann entweder einheitlich dunkel (PIEH & PHILIPPEN 2007) oder einfarbig gelb erscheinen können (BUSKIRK et al. 2001), was auch als Altersmelanismus bzw. Altersflavinismus bezeichnet wird.

Die Tunesische Landschildkröte *T. g. nabeulensis* gilt als kleinste Form der Maurischen Landschildkröte. Nach PIEH & PHILIPPEN (2007) ist der Panzer insbesondere der weiblichen Tiere außerordentlich hochrückig. Die Färbung und Zeichnung dieser Unterart ähnelt stark der Nominatform und zeigt sich ebenfalls oftmals sehr kontrastreich. Auf dem fünften Wirbelschild zeigen viele Exemplare eine Zeichnung, die dem Umriss einer Tarantel ähnelt.

Verbreitung

Nach PIEH & PHILIPPEN (2007) beginnt das nordafrikanische Verbreitungsgebiet der Nominatform westlich des Mittleren Atlas in Marokko und zieht sich bis in das östliche Algerien. Während die östlichen Ausläufer des Rifgebirges und der

Für die Maurischen Landschildkröten auf Sardinien wird ein nordafrikanischer Ursprung aus Tunesien bzw. Algerien vermutet, sie werden daher der Unterart *T. graeca nabeulensis* zugeordnet
Foto: B. Trapp

Wie die nordafrikanischen Tiere der Nominatform sind auch die in der spanischen Provinz Murcia lebenden *T. g. graeca* ausgesprochen attraktiv gefärbt Foto: B. Trapp

Mittlere Atlas die Ausbreitung nach Westen begrenzen, ist die östliche Verbreitungsgrenze noch unklar. Im Süden bildet die Sahara die Arealgrenze, nicht nur für die Nominatform, sondern vielmehr generell für die Maurische Landschildkröte.

Die Populationen der Maurischen Landschildkröte auf dem spanischen Festland verteilen sich über zwei verschiedene Verbreitungsgebiete, eines im Südwesten und eines im Südosten des Landes. Die Lebensräume im Südwesten liegen in den Provinzen Murcia und Almería und erstrecken sich nach ANDREU (2002) über eine Gesamtfläche von ca. 2.700 km². In Almería lebt *T. graeca* im Norden der Provinz von der Sierra de la Cabrera und der Sierra de Bédar bis Vélez-Rubio (LÓPEZ-JURADO et al. 1979). In Murcia erstreckt sich das Verbreitungsareal über ein Areal von 1.487 km², das 17 Populationen der Maurischen Landschildkröte beheimatet, von denen wiederum lediglich fünf eine relevante Größe haben: Torrecilla, Cabezo de la Jara, Cuenca Neogena de Lorca, Almenara und Carrasquilla (GIMÉNEZ et al. 1996, 2004). Im Südwesten des Landes lebt *T. graeca* im Nationalpark Coto de Doñana im Südosten der Provinz Huelva in einem Gebiet, das eine Fläche von ca. 70 km² bedeckt (ANDREU 2002; ANDREU & LÓPEZ-JURADO 1997).

Auf der Baleareninsel Mallorca ist das Vorkommen auf eine Fläche von ca. 100 km² im Westen beschränkt, das im Wesentlichen die Gemeinden Calvià, Andratx, Puigpunyent und Palma de Mallorca umfasst (AGUILAR 1990; LÓPEZ-JURADO et al. 1979). Auf der Insel Formentera hingegen, auf der die Art ehemals nachgewiesen wurde, scheint *T. graeca* zwischenzeitlich ausgestorben zu sein (DÍAZ-PANIAGUA & ANDREU 2009; PINYA 2011).

Das nordafrikanische Verbreitungsgebiet der Tunesischen Landschildkröte *T. g. nabeulensis* erstreckt sich über Tunesien und lokale Vorkommen in Teilen Algeriens und im Westen von Libyen (PIEH & PERÄLÄ 2002). In Europa besiedelt diese Unterart nach aktuellem Kenntnisstand nur den Südwesten Sardiniens und einige der Küste vorgelagerte Inseln (CORTI et al. 2004, 2007).

Lebensraum

Im westlichen Mittelmeerraum liegt der Verbreitungsschwerpunkt der Maurischen Landschildkröte in Nordafrika, während in Europa nur einige wenige isolierte Vorkommen im südlichen Spanien und auf verschiedenen Mittelmeerinseln bekannt sind. In Nordafrika zeigt *T. g. graeca* eine ausgesprochen hohe Anpassungsfähigkeit und besiedelt Lebensräume von Meereshöhe bis in Höhenlagen von 2.090 m ü. NN im Hohen Atlas von Marokko, wobei die jährliche Niederschlagsmenge von 116 mm (El Feidh, Algerien) bis zu 1.093 mm (Tabarka, Tunesien) reichen kann (ANADÓN et al. 2012). Wie die Arbeit von ANADÓN et al. (2012) gezeigt hat, entscheidet dabei insbesondere die Niederschlagsmenge über die potenzielle Ausbreitung der Maurischen Landschildkröte. Das ist eine spannende Erkenntnis, gingen doch andere Theorien bis dahin eher von einem limitierenden Einfluss der Temperaturbedingungen aus (LAMBERT 1983; ANADÓN et al. 2007). In einem weiteren Schritt haben die Autoren das in Nordafrika ermittelte Klimaspektrum, das *T. g. graeca* eine Lebensgrundlage bietet, auf Europa übertragen. Dabei zeigte sich, dass die klimatischen Bedingungen in Europa vielerorts nicht für ein Vorkommen der Maurischen Landschildkröte ausreichen, darunter selbst südlich gelegene Regionen Italiens, der Norden des Balkans oder Korsikas. Andere hingegen entsprechen in Nordafrika ermittelten klimatischen Anforderungen von *T. g.*

graeca, z. B. im Süden Spaniens oder des Balkans sowie auf Sardinien und Sizilien. Die Verbreitung der Maurischen Landschildkröte, wie sich sie heute präsentiert - sei sie nun auf natürliche Weise entstanden oder teilweise auf eine Einführung durch den Menschen zurückzuführen –, deckt sich damit sehr gut mit der ökologischen Toleranz der Art in Nordafrika.

Die auf dem spanischen Festland und auf Mallorca heimischen Populationen von *T. g. graeca* leben unter vorteilhaften Bedingungen: warme Sommer wechseln sich ab mit milden Wintern, und nach sommertrockenen Bedingungen nehmen im Herbst und Winter die Regenfälle zu. Die Niederschlagsmenge ist dabei recht variabel und erreicht beispielsweise im Südosten Spaniens etwa 200–400 mm jährlich, auf Mallorca fallen hingegen in den Schildkrötenlebensräumen bis zu 700 mm Niederschlag (BUSKIRK et al. 2001). Die vertikale Ausbreitung der Maurischen Landschildkröte reicht auf dem spanischen Festland von Meereshöhe bis in Höhenlagen von ca. 800 m ü. NN (ANDREU 1987).

Ein typischer und inzwischen geschützter Lebensraum von *T. g. graeca* liegt im Südosten des spanischen Verbreitungsgebietes in der Sierra de la Carrasquilla im biologi-

Arider Lebensraum von *Testudo g. graeca* im Naturpark Cabo De Gata (Provinz Almería) im Südosten Spaniens
Foto: B. Trapp

Jungtier der Maurischen
Landschildkröte aus der Provinz Murcia Foto: B. Trapp

schen Reservat Las
Cumbres de la Galera,
das sich durch ein semiarides Mittelmeerklima
mit einer durchschnittlichen Jahresnieder-
schlagsmenge von 290 mm und einer Jahresdurchschnittstemperatur von 18–19 °C auszeichnet. Das Vegetationsbild ist geprägt von
Macchie, die beispielsweise Ruten-Wundklee
(*Anthyllis cytisoides*), Thymian (*Thymus* spp.),
Beifuß (*Artemisia* spp.), Rosmarin (*Rosmarinus*
spp.) und Halfagras (*Stipa tenacissima*) umfasst.
Die Schildkröten bevorzugen hier Stellen, an
denen die Vegetationsbedeckung weder zu dicht
noch zu licht ist und damit sowohl das Sonnenbaden für eine optimale Thermoregulation
wie auch das Aufsuchen von Schattenplätzen
bei übermäßiger Sonneneinstrahlung und Hitze
ermöglicht. Auch das Vorhandensein einer gewissen Grasbedeckung scheint nach ANADÓN et
al. (2006) eine wichtige Voraussetzung für das
Vorkommen der Maurischen Landschildkröte
in Murcia zu sein, sie sollte aber nicht zu üppig
bzw. zu hoch ausfallen.

Weitere Informationen

**Informationen zur Biologie von *T. g. graeca* &
T. g. nabeulensis in Europa**
Die Populationen der Maurischen Landschildkröte
im Nationalpark Coto de Doñana waren Gegenstand zahlreicher, sehr umfangreicher Studien u.
a. zur Ökologie, Lebensweise und Fortpflanzungsbiologie von *T. g. graeca* in Spanien (u. a. ANDREU
1987, 2002; ANDREU & VILLAMOR 1986; ANDREU &
LÓPEZ-JURADO 1997; ANDREU et al. 2000, 2004; DÍAZ-
PANIAGUA et al. 1995, 1996, 1997a, b, 2001, 2002,
2006; KELLER et al. 1997, 1998).
Die sardische Population von *T. g. nabeulensis* und
deren Lebensweise wurde bisher nur in wenigen
Arbeiten beschrieben. Informationen hierzu finden
sich beispielsweise bei CORTI et al. (2004, 2007),
FRITZ et al. (1995) sowie WEGEHAUPT (2004).

**Weiterführende Informationen zur Haltung und
Nachzucht von *T. g. graeca* & *T. g. nabeulensis***
BULSING (2000, 2002), HERZ (2012), HUFER (2002),
HUFER & BÜDDEFELD (2000), JOST (2001a, b, 2006,
2011), JOST et al. (2007), ROGNER (2002, 2006).

Maurische Landschildkröte, *Testudo graeca ibera*

Über lange Zeit hinweg wurden alle Maurischen Landschildkröten des osteuropäischen, nordöstlichen und türkischen Verbreitungsgebietes zur Unterart *Testudo graeca ibera* gezählt. Inzwischen wurden hier verschiedene geografisch voneinander getrennte und morphologisch abweichende Schildkrötenformen beschrieben, deren Gültigkeit aber kontrovers diskutiert wird. Für weitere Informationen und einen guten Einstieg in die Thematik sei der interessierte Leser auf die Ausführungen von PIEH & PHILIPPEN (2007) verwiesen, die detaillierte Angaben zum derzeitigen Kenntnisstand liefern.

Biotop der Maurischen Landschildkröte in Thrakien. Die Aufnahme ist Ende April entstanden. Foto: B. Trapp

Beschreibung

Testudo g. ibera ist nach der Breitrandschildkröte die zweitgrößte Form der Gattung *Testudo*. Das spektakulärste frei lebende Exemplar wurde von BESHKOV (1997) mit einer Panzerlänge von 38,9 cm und einem Gewicht von 5.860 g beschrieben. Sogar noch etwas schwerer war ein im September 2008 von SOLER et al. (2009) im rumänischen Macin-Mountains-Nationalpark entdecktes Tier, das bei einer Panzerlänge von 32,5 cm beachtliche 5.980 g auf die Waage brachte.

Testudo g. ibera sind Landschildkröten mit einem beeindruckenden Erscheinungsbild: Ausdrucksstarke Augen in einem wuchtigen Schädel, kräftige und stark beschuppte Vorderbeine sowie der massive und bullig wirkende Panzer hinterlassen beim Betrachter einen bleibenden Eindruck. Der Panzer ist bei *Testudo g. ibera* eher rundlich oder oval geformt und wirkt aufgrund eines weniger stark gewölbten Rückenpanzers flacher als bei vielen

anderen Formen der Maurischen Landschildkröte. Bei alten Tieren können die hinteren Randschilde (Marginalia) ausladend und stark ausgezogen sein und damit auf den ersten Blick an Breitrandschildkröten erinnern (SOLER et al. 2009).

Die Färbung von *T. g. ibera* ist ausgesprochen variabel, wobei bereits innerhalb einer einzigen Population eine hohe Variabilität beobachtet werden kann. Die Grundfarbe des Panzers ist im Regelfall eher dunkel. Neben dunklen, fast vollständig schwarzen Tieren treten aber auch sehr helle Exemplare auf, die vorrangig ockerfarbene oder braune Farbtöne zeigen. Wenngleich viele Individuen überwiegend einheitlich gefärbt sind, gibt es auch ausgesprochen kontrastreich gefärbte Tiere. Von mir im Nordosten Griechenlands beobachtete *T. g. ibera* wiesen zumeist eine recht kontrastreiche Färbung auf, dunkle Tiere haben wir hingegen nur wenige entdecken können.

Der Bauchpanzer kann einfarbig schwarz sein, ist bei vielen Exemplaren aber auch hell

Prächtig gefärbte *Testudo g. ibera* in einem Habitat im Hügelland des nordöstlichen Griechenlands Foto: M. Wirth

gefärbt und zeigt ein im Regelfall zufällig erscheinendes Muster aus dunklen Zeichnungselementen. Insbesondere bei alten Tieren kann die Zeichnung des Plastrons undeutlich werden und dann verwaschen wirken.

Die Färbung junger *T. g. ibera* ist deutlich heller und die Zeichnung kontrastreicher als bei geschlechtsreifen und insbesondere alten Tieren. Jungtiere ähneln dabei gelegentlich sogar denen der Nominatform *T. g. graeca*.

Altes Exemplar im Lebensraum auf der Insel Samos (Griechenland) Foto: B. Trapp

Verbreitung

Das Verbreitungsgebiet von *T. g. ibera* umfasst nach Pieh & Philippen (2007) das südöstliche Europa (östlicher Balkan, südlich und östlich der Donau) und das südwestliche Asien, das sich von Kleinasien und Transkaukasien ostwärts bis Persien und südlich bis zum türkisch-syrischen Grenzgebiet und in den nördlichen Irak erstreckt. Es werden Landstriche von Meereshöhe bis in Höhenlagen von 1.300 m ü. NN (Bulgarien) bzw. 1.700–2.000 m ü. NN in der östlichen Türkei nahe des Vansees besiedelt (Soler et al. 2009).

Die nördliche Verbreitungsgrenze liegt in der Dobrudscha, einer Landschaft die sich zwischen dem Unterlauf der Donau und dem Schwarzen Meer erstreckt und die das Grenzgebiet zwischen Südostrumänien und Nordostbulgarien bildet. Nach Angaben von Soler et al. (2009) bildet dabei die Donau die nördliche Ausbreitungsgrenze.

Das griechische Verbreitungsareal

Juvenile *T. g. ibera* im Lebensraum auf der Insel Samos (Griechenland) Foto: B. Trapp

In Griechenland bevorzugt *T. g. ibera* oftmals wärmere und trockenere Biotope als *T. h. boettgeri*. Das Bild zeigt ein Weibchen im Flussbett des Evros (Thrakien).
Foto: M. Wirth

reicht von der türkischen bzw. bulgarischen Grenze beginnend bis zur Chalkidiki-Halbinsel im Westen (STUBBS 1989a), während die isolierte Population bei Alyki westlich des Axios-Deltas nach WRIGHT et al. (1988) möglicherweise auf eine natürliche Verdriftung auf dem Seeweg zurückzuführen sein könnte. Über das griechische Festland hinaus wurde *T. g. ibera* auch von Inseln in der nördlichen Ägäis wie z. B. Thasos, Samothraki und Limnos, aber auch von Samos und Kos nahe der türkischen Küste beschrieben (WETTSTEIN 1953; PHILIPPEN 2008c).

Lebensraum

Zur Freilandbiologie der Maurischen Landschildkröte im nordöstlichen Griechenland liegen verschiedene Studien vor, z. B. von STUBBS et al. (1981), WRIGHT et al. (1988), WILLEMSEN & HAILEY (1989). Zudem wurden ökologische Untersuchungen auch an Populationen in Alyki und Epanomi durchgeführt (HAILEY & LOUMBOURDIS 1988), wo die Lebensräume der Maurischen Landschildkröte insbesondere aus offenen Küstendünenhabitaten bestehen, die mit Gewöhnlichem Strandhafer (*Ammophila arenaria*) und Filzblumen (*Otanthus maritimus*) bewachsen sind.

Der Lebenszyklus von *T. g. ibera* entspricht dem der anderen *Testudo*-Arten. Im Unterschied zur Griechischen Landschildkröte ist die Maurische Landschildkröte offenbar wärmebedürftiger und besiedelt zumindest in Griechenland im Allgemeinen trockenere Biotope. Während die Breitrandschildkröte mit einem breiten Temperaturbereich zurechtkommt, diesbezüglich also einen großen Toleranzbereich aufweist und folglich als euryök zu bezeichnen ist, benötigt *T. g. ibera* anscheinend höhere Temperaturen für ein aktives Verhalten (WILLEMSEN & HAILEY 2002). Wenngleich *T. g. ibera* im Osten Griechenlands und in Rumänien die Lebensräume mit *T. h. boettgeri* teilt und folglich ähnlichen klimatischen

Bedingungen unterworfen ist, ist es etwa im türkischen Teil des Verbreitungsgebietes erheblich wärmer. Am nördlichen Arealrand sind die Schildkröten aufgrund der geografischen Lage und einem kontinentalen Klima mit sehr kalten Wintern und sehr warmen Sommern konfrontiert. Die Temperaturen können hier im Winter auf Werte von bis zu -25 °C fallen.

Biologie

In Epanomi betrug die Gelegegröße von *T. g. ibera* durchschnittlich 4,5 (3–7) Eier. Angesichts einer mittleren Anzahl von 2,8 Gelegen pro Jahr erreicht die Maurische Landschildkröte damit eine jährliche Eiproduktion von durchschnittlich 10,6 (6–18) Eiern (HAILEY & LOUMBOURDIS 1988). Nach SOLER et al. (2009) schlüpfen junge *T. g. ibera* bei Inkubationstemperaturen von 28–30 °C nach etwa 68 Tagen. Unmittelbar nach dem Schlupf messen die Jungtiere durchschnittlich 37,7 x 34,4 mm und wiegen 15,4 g.

Wenngleich sympatrische Vorkommen der Maurischen mit der Griechischen Landschildkröte in verschiedenen Ländern und Regionen bekannt sind, so gibt es keine verlässlichen Hinweise auf gemeinsame Vorkommen dieser Art mit der Breitrandschildkröte. In Regionen, in denen *T. g. ibera* und *T. h. boettgeri* gemeinsam vorkommen, gehen sich laut Literaturangaben beide Arten eher aus dem Weg und nutzen unterschiedliche Mikrohabitate.

Gemeinsam mit Freunden konnte ich selbst verschiedene sympatrische Vorkommen beider Spezies im Nordosten Griechenlands bis an die Grenze zur Türkei besuchen und dabei einen anderen Eindruck gewinnen. Wir fanden Maurische Landschildkröten in vielen unterschiedlichen Biotopen und teilweise in großer Stückzahl auf Wiesen, in der Macchie, in lichten Wäldern, im Kulturland und entlang von Flussufern. Wenngleich wir beide Arten an keinem Fundpunkt in ausgewogenen Verhältnissen beobachten konnten und in der Regel eine Art deutlich häufiger anzutreffen war als die jeweils andere, so konnten wir dabei aber kein klares Muster identifizieren. Wir fanden *T. g. ibera* sogar in dichten, feuchtkühlen Mischwäldern im Hügelland und damit in Lebensräumen, in denen man, wenn überhaupt, eher *T. h. boettgeri* erwarten würde. Nach STUBBS et al. (1981) und WRIGHT et al. (1988) nutzt *T. g. ibera*, je weiter man in östliche Richtung kommt und umso seltener *T. h. boettgeri* wird, in vermehrtem Umfang die sonst eher von der Griechischen Landschildkröte genutzten Biotope wie Weideflächen, mit Gebüsch bestandene Hügel sowie immergrüne und laubabwerfende Wälder.

Auch in manchen Regionen Rumäniens teilt sich die Maurische Landschildkröte den Lebensraum mit der Griechischen Landschildkröte (z. B. IVANCHEV 2007a). Nach SOLER et al. (2009) ist *T. h. boettgeri* hier aber nur an wenigen

T. g. ibera auf der Insel Lesbos in der nördlichen Ägäis (Griechenland) Foto: B. Trapp

Maurische Landschildkröten können ausgesprochen bullig wirken Foto: B. Trapp

Mehrjähriges Jungtier in der Umgebung von Loutros (Thrakien, Griechenland)
Foto: M. Wirth

Beeindruckendes Porträt einer adulten *T. g. ibera*
Foto: B. Trapp

Stellen präsent, z. B. bei Orsova nahe der serbischen Grenze, die als Typuslokalität für diese Form angegeben wird. Ein anderer gemeinsamer Lebensraum liegt südlich der Dobrudscha im Canaraua Fetii Nature Reserve.

Haltung

Testudo g. ibera ist die in Mitteleuropa am häufigsten gehaltene Form der Maurischen Landschildkröte. Aufgrund ihrer Herkunft und den sich daraus ableitenden klimatischen Ansprüchen ist *T. g. ibera* die für die Freilandhaltung geeignetste Unterart und bereitet dem Halter nur in seltenen Fällen echte Probleme. Da aber Maurische Landschildkröten ausgesprochen wärmeliebend und -bedürftig sind, sollte gerade bei dieser Art verstärkt darauf geachtet werden, dass abends alle Tiere das beheizte Schutzhaus aufsuchen. Im Freien übernachtende Tiere zeigen oftmals rasch eine „Schnupfnase", was sich bei einer Nachtruhe unter geschützten Bedingungen problemlos vermeiden lässt.

Im Unterschied zur Griechischen Landschildkröte und zur Breitrandschildkröte, die im Normalfall ein moderates Balz- und Werbeverhalten zeigen, sind männliche Maurische Landschildkröten geradezu „balzwütig" und äußerst beharrlich in ihren Bemühungen um die Gunst der Weibchen. Aufgrund des aggressiven Paarungsverhaltens muss man bei

T. graeca, selbst angesichts großzügig bemessener und reich strukturierter Gehege, die Geschlechter phasenweise trennen, um so den Weibchen Ruhepausen zu ermöglichen.

Die Balz beginnt bei *T. graeca* zumeist mit seitlichen Rammstößen, gefolgt von oftmals wilden Verfolgungsjagden kreuz und quer durch das Gehege. Dabei versucht das Männchen, das Weibchen durch ständige Bisse in Kopf und Gliedmaßen zum Anhalten zu veranlassen. Ist ihm das gelungen, reitet das Männchen auf und versucht zu kopulieren, was dann von kräftigen, hohen Piepslauten begleitet wird.

Unter Haltungsbedingungen erfolgen die Eiablagen zumeist von Ende Mai bis in den Juli hinein. Im Regelfall setzen die Weibchen zwei Gelege pro Eiablagesaison mit einem Abstand von 3–4 Wochen ab, seltener auch nur ein einziges Gelege. Nach HEIMANN (1990) sind die Eier von *T. g. ibera* im Mittel 37,5 mm x 28 mm groß und haben ein durchschnittliches Gewicht von 17,1 g. Bei Inkubationstemperaturen

Weitere Informationen

Informationen zur Biologie von *T. g. ibera*
BUSKIRK et al. (2001), HAILEY & LOUMBOURDIS (1988), IFTIME & IFTIME (2012), IVANCHEV (2007b), SOLER et al. (2009), STUBBS et al. (1981), WILLEMSEN & HAILEY (1989, 2002), WRIGHT et al. (1988).

Weiterführende Informationen zur Haltung und Nachzucht von *T. g. ibera*
Über die Haltung von *T. g. ibera* liegen deutlich weniger Berichte vor als beispielsweise für *T. hermanni* oder *T. marginata*. Weiterführende Quellen sind z. B. BERNDT (1988), COUTARD (2007), HEIMANN (1990), HERZ (2012), LÖFFLER (1973), MÜLLER (2000), STEMMLER-GYGER (1963), TIPPMANN (2000), TROMMER (2009), ZWARTEPOORTE (1996, 2000).

von 26–30 °C schlüpfen die Jungtiere nach ca. 68–78 Tagen (HEIMANN 1990) und bei 30 °C und einer Luftfeuchtigkeit von 80 % nach ca. 63 Tagen (ZWARTEPOORTE 2000).

Außergewöhnliche *T. g. ibera* aus dem Nordosten Griechenlands Foto: M. Wirth

Im natürlichen Lebensraum

Klimatische Bedingungen in den natürlichen Lebensräumen

Die Ausbreitung der europäischen Landschildkröten wird im Wesentlichen durch die klimatischen Bedingungen beschränkt, wobei die Temperatur und die Anzahl der Sonnenstunden die maßgeblich limitierenden Faktoren darstellen. Das Auftreten der Schildkröten ist daher im Wesentlichen auf Regionen beschränkt, in denen ein Mittelmeer- oder Winterregenklima herrscht. Von der Griechischen Landschildkröte sind aber auch einige Populationen aus Regionen z. B. in Griechenland, Bulgarien, Rumänien und Serbien bekannt, die bereits in kühl-gemäßigten Klimaten leben und wo die Art folglich an ihre ökologische Grenzen stößt (CHEYLAN 2001).

Das Mittelmeerklima ist geprägt von trocken-heißen Sommern mit vielen Sonnenstunden sowie regenreichen, milden Wintern. Aus diesem Grund wird der Klimatyp auch als Winterregenklima, die

Im Winter kann auch in Schildkrötenlebensräumen Schnee fallen, wie hier im Februar im Norden Griechenlands Foto: B. Trapp

Region dementsprechend als winterfeuchte Subtropen bezeichnet. Diese Klimazone erstreckt sich über den größten Teil des westlichen Mittelmeerraumes sowie im Osten über Dalmatien, Montenegro, Albanien und den Südosten Griechenlands. Während die jährliche Niederschlagsmenge z. B. im westlichen Mittelmeerraum unter 800 mm liegt, so beträgt sie an der dalmatinischen Küste zwischen 1.200 und 1.400 mm. Die mittlere jährliche Sonnenscheindauer variiert zwischen 2.000 und 2.500 Stunden. Zum Vergleich beträgt im größten Teil Deutschlands die jährliche Niederschlagsmenge zwischen 600 und 800 mm, kann aber am Alpenrand auch bei 1.500–2.000 mm liegen, und die durchschnittliche jährliche Sonnenscheindauer liegt hier in Abhängigkeit vom jeweiligen Ort zwischen 1300 und 1900 Stunden (Mittelwert: 1550 Stunden) pro Jahr.

Die Wintertemperaturen des Mittelmeerklimas liegen auf Meereshöhe zumeist im Bereich von etwa 2–6 °C, obwohl auch hier Frostperioden auftreten können. Im Verbreitungsareal der Griechischen Landschildkröte im westlichen Mittelmeerraum und an der östlichen Adriaküste sinken die Durchschnittstemperaturen im Januar nicht unter 5 °C und betragen im Juli zwischen 22,5 und 25 °C. Dagegen werden auf dem mittleren Balkan etwa in Mazedonien, Nordbulgarien und Serbien im Januar durchschnittlich mindestens -2,5 °C, im Juli 20–27,5 °C erreicht (CHEYLAN 2001).

Die dem Mittelmeerklima entsprechende Ökozone wird aufgrund ihrer charakteristischen Vegetation als Mediterrane Hartlaubzone bezeichnet. Als

Zeigerpflanze für diese Klimaregion gilt der Oliven- oder Ölbaum (*Olea europaea*), dessen Ansprüche weitgehend mit den Klimabedingungen des Mittelmeerraums übereinstimmen. Nach der Olivenbaum-Definition verläuft die Nordgrenze des Mittelmeerklimas von der portugiesischen Atlantikküste etwa durch die Mitte Spaniens, dann mit 50–200 km Abstand an der Mittelmeerküste Spaniens und Frankreichs (im Rhônetal liegt bei Montélimar der nördlichste Punkt der Ölbaumgrenze) entlang. Von hier verläuft die Grenze ungefähr entlang des Südrands der Alpen in Richtung Osten. Während die Ausbreitung des Olivenbaums im Norden, beziehungsweise in Höhenlagen, durch winterliche Temperaturen begrenzt wird, sind im Süden zumeist zu geringe Niederschlagsmengen der limitierende Faktor.

Die Ausbreitung der europäischen Landschildkröten ist auf Regionen beschränkt, in denen Mittelmeerklima herrscht. Der Oliven- oder Ölbaum (*Olea europaea*) gilt als Zeigerpflanze für diese Klimaregion. Foto: M. Wirth

Schildkrötenlebensräume im Mittelmeergebiet

Grob skizziert ergibt sich folgende geografische Verbreitung der europäischen Landschildkröten: Spanien und Balearen: *Testudo g. graeca, T. h. hermanni*; Frankreich, Korsika und Italien: *T. h. hermanni*; Sardinien: *T. g. nabeulensis, T. h. hermanni, T. marginata*; Kroatien: *T. hermanni hercegovinensis*; Montenegro und Albanien: *T. h. boettgeri, T. marginata*; Griechenland: *Testudo g. ibera, T. hermanni boettgeri* und *T. marginata*. Das bedeutet aber nicht, dass diese Arten in den jeweiligen Ländern überall anzutreffen wären. Aufgrund des bergigen Charakters vieler Mittelmeerländer sind das Mittelmeerklima und damit auch die Verbreitung der Landschildkröten oftmals auf geringere Höhenlagen und küstennahe Bereiche beschränkt, wie z. B. im Fall von *T. hermanni hercegovinensis* in Dalmatien. Auch *T. h. hermanni* ist in Italien mit Ausnahme des Südens selten mehr als 50 km im Landesinneren zu finden (FRISENDA & BALLASINA 1990). Weite Bereiche des zentralen Griechenlands zählen ebenfalls bereits zu den kühl-gemäßigten Klimaten, wo z. B. die Griechische Landschildkröte in klimatischer Hinsicht an ihre ökologische Grenze stößt (CHEYLAN 2001). Im spanischen Murcia limitieren die Niederschlagsmenge und die Gesamtzahl der Frosttage die Verbreitung von *T. g. graeca* (GIMÉNEZ et al. 1997). In wärmebegünstigten Regionen können aber auch beachtliche Höhenlagen besiedelt werden. Auf der griechischen Peloponnes-Halbinsel wurde *T. h. boettgeri* auf Wiesenflächen in Höhenlagen von 1.100–1.300 m ü. NN (CHEYLAN 2001) und in West-Makedonien sogar bis 1.400 m ü. NN angetroffen (BOUSBOURAS & BOURDAKIS 1997). TRAPP (pers. Mittlg.) beobachtete drei Exemplare

Die europäischen Landschildkröten nutzen eine Vielzahl unterschiedlicher Lebensräume, sofern sie dort ihre grundlegenden Ansprüche gedeckt finden. Das Bild zeigt eine *Testudo h. boettgeri* aus einer ausgesprochen individuenreichen Population in einem griechischen Flussdelta.
Foto: M. Wirth

dieser Unterart am Olymp in Höhenlagen von 1.600–1.800 m ü. NN. Die mit einem GPS-Gerät ermittelten Höhenangaben sind verlässlich, TRAPP stellt sich aber die Frage, ob die Tiere hier nicht vielleicht ausgesetzt wurden. *Testudo h. hermanni* soll auf kahlen und steinigen Hängen der Monti Nebrodi in Sizilien sogar bis auf Höhenlagen von 1.400 m. ü. NN vorkommen (STEMMLER 1968; BRUNO 1970). Diese Beispiele sind aber sicherlich als Grenzareale einzustufen, die den Schildkröten in klimatischer Hinsicht gerade noch ausreichende Lebensbedingungen bieten können.

Die europäischen Landschildkröten der Gattung *Testudo* sind Habitatsgeneralisten und besiedeln eine Vielzahl unterschiedlicher Lebensräume, sofern sie dort ihre Grundbedürfnisse gedeckt finden. Zwingend für das Vorkommen ist, neben mediterranem Klima und einem ausreichenden Nahrungs- und Wasserangebot, insbesondere das Vorhandensein von Freiflächen für die Thermoregulation und von Versteckplätzen, die Schutz vor einer möglichen Überhitzung bieten.

Die Lebensräume der Griechischen und der Maurischen Landschildkröte sowie der Breitrandschildkröte ähneln sich aufgrund einer prinzipiell gleichen Lebensweise und daher ähnlichen Ansprüchen in vielerlei Hinsicht, und es lassen sich etliche Über-

In wärmebegünstigten Regionen werden auch Berglagen genutzt, wie hier im Süden Montenegros von *T. h. boettgeri* Foto: M. Wirth

einstimmungen ihrer Biotope beobachten.

Wie bereits angedeutet sind dabei die Unterschiede, die sich für Vertreter derselben Art in verschiedenen Regionen des Verbreitungsgebietes in Anpassung an den jeweiligen Lebensraumtyp ergeben, oftmals größer als zwischen den verschiedenen Arten, wenn sie denn in ähnlichen Habitaten leben. Als Beispiele seien die Unterschiede genannt, die sich zwi-

Die Dalmatinische Landschildkröte ist topografisch bedingt in ihrem Vorkommen auf küstennahe Gebiete beschränkt. Hier ein Lebensraum von *T. h. hercegovinensis* in Zentraldalmatien. Foto: M. Wirth

schen Populationen ergeben, die auf Meereshöhe leben und solchen in Höhenlagen an der vertikalen Ausbreitungsgrenze, oder aber zwischen Tieren am jeweils nördlichen Arealrand und den im Süden lebenden Populationen. Diese Unterschiede in den Lebensräumen erfordern Verhaltensanpassungen der Tiere, die sich beispielsweise auf die Art und Dauer der Überwinterung, das Nahrungsspektrum, die Thermoregulation, den Fortpflanzungszyklus o. Ä. beziehen, und die erforderlich sind, um unter den jeweils vorherrschenden Bedingungen zu überleben und eine fortpflanzungsfähige Population aufrecht zu erhalten. Andererseits unterscheidet sich die Lebensweise der verschiedenen europäischen Landschildkrötenarten in vielerlei Hinsicht voneinander. Es würde aber den Rahmen dieses Buches sprengen, auf all die Unterschiede, Besonderheiten, Extrembeispiele und Ausnahmesituationen einzugehen, daher

bitte ich Sie, die nachstehenden Informationen als verallgemeinerte Zusammenfassung zu verstehen.

Ursprünglich waren die Landschildkröten wohl vor allem in den immergrünen Wäldern beheimatet, die durch eine jahrtausendelange Nutzung durch den Menschen aber größtenteils vernichtet, zumindest aber beeinflusst und verändert wurden. In den meisten Ländern des europäischen Mittelmeerraumes leben die Landschildkröten daher heute insbesondere in Macchie- und Garrigue-Landschaften, aber auch in Restwäldern, Strand- und Dünenbiotopen und selbst in unmittelbarer Nähe des Menschen im Kulturland. Im Folgenden möchte ich diese Lebensräume als typische Heimatbiotope der Schildkröten vorstellen.

Macchie und Garrigue

Das heutige Bild des Mittelmeerraumes ist geprägt von einer jahrtausendelangen Nutzung und Beeinflussung durch den Menschen. Die in

Die ursprünglichen Wälder sind in weiten Teilen des Mittelmeerraums immergrünen Macchia-Strauchgesellschaften gewichen. Diese bieten Landschildkröten aber gute Lebensbedingungen wie in diesem Lebensraum von *T. h. hermanni* im Nordwesten Sardiniens. Foto: B. Trapp

antiken Zeiten weit verbreiteten Hartlaubwälder sind bis auf wenige Reste verschwunden. Ihr Platz wird heute zumeist von degradierten Pflanzengesellschaften eingenommen. Abhängig vom Ausmaß der Degradation wird dabei zwischen einer als Macchie bezeichneten hochwüchsigen und einer niedrigwüchsigen Strauchgesellschaft unterschieden, die im westlichen Mittelmeerraum Garrigue und im ostmediterranen Gebiet Phrygana genannt wird. Die Macchie ist eine im-

Niedrigwüchsige Garrigue-Vegetation im Lebensraum von *T. marginata* in der Gallura im Nordosten von Sardinien Foto: B. Trapp

mergrüne Busch- und Strauchvegetation, die ein dichtes, stellenweise undurchdringliches Gestrüpp von 3–5 m Höhe bildet. Aufgrund des dichten Wuchses kann sich hier zumeist keine ausgeprägte Krautschicht entwickeln. Macchien entstehen durch übermäßige menschliche Nutzung aufgrund von Holzentnahme, Überweidung oder Abbrennen. Sie sind sehr feueranfällig, haben aber ein ausgeprägtes Regenerationsvermögen. Durch fortgesetzte Beweidung der Macchie, z. B. durch Ziegen, entsteht schließlich eine Garrigue. Bei dieser niedrigen Strauchheide wird das Buschwerk kaum höher als einen Meter. Im Schutz der Sträucher können sich hier Kräuter und Gräser ausbreiten. Diese für das Mittelmeergebiet typischen Zwergstrauchgemeinschaften haben sich auf verschiedene Weise an die Sommertrockenheit ihres Lebensraums angepasst. Sei es durch extreme Reduzierung der Blätter wie z. B. beim Thymian, durch das Zusammenrollen oder Abwerfen der Blätter wie bei den Zistrosen oder dass sie gar keine Blätter ausbilden und die Fotosynthese mit den weniger verdunstungsempfindlichen Stängeln betreiben wie der Dornige Ginster.

Macchie und Garrigue (bzw. Phrygana) treten vielerorts nicht als großflächig dominierende Wuchsform auf, sondern wechseln einander zumeist mosaikartig ab oder gehen ineinander über. Die Zusammensetzung der Arten beider Vegetationsformen variiert in Abhängigkeit von den klimatischen Bedingungen, der Nutzung und der Bodenbeschaffenheit. Da die Übergänge zwischen Macchie und Garrigue fließend sind, gibt es natürlich auch Überschneidungen in der Zusammensetzung der charakteristischen Pflanzenarten. Für Angaben zum Artenspektrum einer exemplarischen Macchie möchte ich Sie auf meinen Artikel über die Dalmatinische Landschildkröte verweisen (WIRTH 2010a, b). Um welche Ausprägung einer Strauchheide es sich im Einzelnen auch immer handelt, stets wird man bei einem Besuch dieser Landschaften im Zeitraum von März bis Mai vom aromatischen Duft verschiedenster Kräuter begleitet. Hier blühen dann nicht nur Zistrosen und Ginster, sondern zwischen den Sträuchern sind auch unzählige eher unauffällige Blumenarten zu finden. Kleine Kostbarkeiten, deren Schönheit sich nur offenbart, wenn man sich

Waldlebensräume bieten Schildkröten insbesondere in den heißen Sommermonaten ideale Lebensbedingungen. Dieser Pinienwald im Nordwesten der Peloponnes-Halbinsel ist die Heimat von *T. h. boettgeri* und *T. marginata*.
Foto: B. Trapp

die Mühe macht, genauer hinzuschauen. Sowohl die Macchie als auch die Garrigue bieten den Landschildkröten optimale Lebensbedingungen und gelten heute als das „klassische" Biotop der Tiere. So ist beispielsweise *T. h. hermanni* nach eigenen Beobachtungen im nordwestlichen Sardinien in der offenen Macchia bzw. verbuschten Garrigue sehr häufig. Auch auf Mallorca fand ich, wie auch LÓPEZ-JURANDO et al. (1979), diese Schildkröte vorwiegend in Gebieten mit einer dichten Vegetation in Form hoher Macchie.

Die Populationsdichten in Macchien- und Phrygana-Lebensräumen können ausgesprochen hoch sein. Von *T. h. boettgeri* wurden z. B. in Alyki im Nordosten Griechenlands durchschnittlich 47 Tiere/ha (STUBBS et al. 1981), in Kroatien 80,9 Tiere/ha (MEEK 1989) und in Montenegro 39,2 Exemplaren/ha (MEEK 1985) beobachtet. In diesen Sekundärlebensräumen finden sich die Schildkröten insbesondere in Bereichen, an denen die Vegetation nicht übermäßig dicht ist und wo den Tieren folglich ausreichend Freiflächen für Thermoregulation und Eiablage zur Verfügung stehen.

Wälder, Waldränder und Feuerschneisen

Wie im vorigen Abschnitt geschildert, existieren im Mittelmeerraum heute nur noch an wenigen Stellen Restbestände der ursprünglichen Wälder. An vielen Stellen finden sich aber verschiedene Waldreste oder lichte, angepflanzte Sekundärwälder. Insbesondere in südlich gelegenen und damit warmen Gebieten werden Wälder gern von den Schildkröten besiedelt. Lichte Kiefernwälder werden beispielsweise von *T. h. hermanni* im französischen Massif des Maures (CHEYLAN 1981) und in der Toskana (WIRTH & MATZANKE 2007a, b) oder von *T. hermanni hercegovinensis* in Dalmatien (WIRTH 2010a, b) genutzt. *Testudo h. boettgeri* ist in Griechenland (WIRTH et al. 2009 a, b) und in Bulgarien (NÖLLERT & NÖLLERT 1981) oftmals in Eichenwäldern anzutreffen und lebt in Rumänien in Akazien- und Maulbeerbaumwäldern (CRUCE & RADUCAN 1975, 1976). Wälder bieten in den deutlich wärmeren südlichen Gefilden den Schildkröten besonders in den heißen Sommermonaten Vorteile gegenüber offenen Landstrichen. Sie bilden im Unterschied zu mitteleuropäischen Wäldern meist kein geschlossenes Blätterdach, sodass die Schildkröten auch mitten im Wald ausrei-

chend Freiflächen für Sonnenbäder und genügend Futterpflanzen finden. Andererseits bieten die Wälder in den Sommermonaten Schatten und den Tieren auch in der heißesten Zeit des Jahres die Möglichkeit einer ausgedehnten täglichen Aktivitätsphase. Die Schildkröten haben so – im Vergleich zu ihren Artgenossen, die sich auf den sonnendurchfluteten Macchienflächen viel früher in ihre Schlupfwinkel zurückziehen müssen – deutlich mehr Zeit für die Nahrungsaufnahme.

Strand- und Dünenbiotope

Diese Lebensräume gehören zu den extremsten Biotopen europäischer Landschildkröten. Sonnendurchglüht und trocken, fordern diese Miniwüsten den hier lebenden Schildkröten ein

hohes Maß an Verhaltensanpassungen ab, um überleben zu können. Beispiele für diese erfolgreiche Anpassung sind Populationen von *T. g. nabeulensis* im Südwesten Sardiniens oder von *T. h. boettgeri* und *T. marginata* an

T. h. hermanni lebt in Mittelitalien und Südfrankreich oftmals an Waldrändern und auf Feuerschneisen
Foto: M. Wirth

Im Mittelmeerraum gibt es nur noch an wenigen Stellen ungestörte Strandbiotope. Wenngleich eine ökologische Herausforderung, können Landschildkröten hier hohe Populationsdichten erreichen wie in diesem gemeinsamen Lebensraum von *T. h. boettgeri* und *T. marginata*.
Foto: B. Trapp

der Westküste der griechischen Peloponnes-Halbinsel. Von entscheidender Bedeutung für die Schildkröten ist das zumindest abschnittsweise Vorkommen von Büschen und Sträuchern. Denn nur diese Vegetation bietet den Schildkröten eine hinreichende Lebensgrundlage mit Schatten und einem Grundmaß an Feuchtigkeit in einem Lebensraum mit hoher Sonneneinstrahlung sowie einem Boden, der Niederschläge sofort versickern lässt. Trotz der anscheinend lebensfeindlichen Bedingungen leben auch in Strandbiotopen teilweise beachtliche Landschildkröten-Populationen (z. B. STUBBS et al. 1981), auf gänzlich vegetationsfreien Sandflächen wird man Schildkröten hingegen vergeblich suchen.

Für Landschildkröten geeignete ruhige Strandbereiche sind heute aber selten geworden. Früher nahezu unberührt und naturbelassen,

gehören die sensiblen Sandstrände seit mehreren Jahrzehnten zu den am heftigsten umkämpften Biotopen im Mittelmeerraum: Heerscharen sonnenhungriger Touristen fallen mit Sonnenschirmen und Handtüchern bewaffnet in diese verletzlichen Lebensräume mit ihrer hoch spezialisierten Vegetation ein und machen vielerorts den Schildkröten wie auch anderen Lebewesen den Lebensraum streitig.

In der Nähe des Menschen

Locker mit Büschen oder Hecken bewachsene Wiesen und Weiden sind ebenfalls beliebte Aufenthaltsorte von Schildkröten. Hier stehen den Schildkröten ausreichend Versteckplätze und Stellen für ein ungestörtes Sonnenbad gleichermaßen zur Verfügung. Ein reich gedeckter Tisch mit einer Vielzahl unterschiedlicher Pflanzen ermöglicht den Tieren eine einfache Nahrungsaufnahme direkt vor ihren Schlupfwinkeln. Auch landwirtschaftlich genutzte Gebiete wie

Olivenhaine, Weinberge, Ackerland und Felder werden von den Schildkröten besiedelt. Allerdings halten sie sich auch hier eher in den Randbereichen bzw. den Brachlandabschnitten zwischen den einzelnen Feldern auf, in Monokulturen hingegen sucht man sie vergebens. In den meisten Ländern werden Schildkröten im Bereich landwirtschaftlicher Nutzflächen nicht gern gesehen und leider auch heute noch als vermeintliche Schädlinge von den Bauern erschlagen. Glücklicherweise gibt es in vielen Mittelmeerländern noch einen bunten Mix aus kleinen Feldern, Weiden und Brachland, die den Tieren gute Überlebenschancen bieten. Als Beispiel möchte ich die Verbreitung der Westlichen Griechischen Landschildkröte in Korsika anführen, die hier im Wesentlichen in einer traditionellen Kulturlandschaft anzutreffen ist, die aus einem Mosaik aus mit Hecken und Baumgruppen strukturierter Macchie, Olivenhainen, Brachen und Mahdwiesen besteht (CHEYLAN 2001).

Landschildkröten nutzen den insbesondere in den Balkanländern in der Nähe von Städten und Dörfern herumliegenden Zivilisationsmüll wie dieses Blech als Versteck. Im Bild eine *T. h. hercegovinensis* im Süden Dalmatiens. Fotos: M. Wirth

Landschildkröten einmal selbst in der Natur zu beobachten, ist ein Traum vieler Schildkrötenliebhaber
Foto: B. Trapp

Das Beobachten mediterraner Landschildkröten im natürlichen Lebensraum

Europäische Landschildkröten in ihrem natürlichen Habitat zu beobachten, ist der Wunsch vieler Schildkrötenfreunde. Dies ist mehr als verständlich, denn wer die zu Hause gepflegten Schildkröten in ihrem angestammten Umfeld beobachtet, gewinnt einen nachhaltigen Eindruck von den Lebensumständen der Tiere und lernt dabei aus erster Hand, was es an den eigenen Haltungsbedingungen zu verbessern gibt. Obwohl sich hierzu in vielen Mittelmeerländern auch heute noch die Gelegenheit bietet, bleibt der Wunsch doch oftmals unerfüllt. Bei Vorträgen über Landschildkröten werde ich im Anschluss häufig gefragt, wo und wie denn die Tiere zu finden seien, denn viele der Zuhörer hatten sich erfolglos auf die Suche gemacht. In diesem Kapitel möchte ich Ihnen einige grundlegende Hinweise geben, die Ihnen vielleicht beim nächsten Mal behilflich sein können.

Detaillierte Fundortangaben oder Patentrezepte werden Sie hier vergeblich suchen. Aber hoffentlich können Ihnen ein paar Tipps dabei helfen, europäische Landschildkröten in ihrem natürlichen Biotop zu beobachten. Die Betonung liegt dabei eindringlich auf „beobachten". Bereits das Hochheben einer Schildkröte verursacht bei dem Tier Stress, da der Verlust des Bodenkontaktes automatisch mit einer Gefahrensituation assoziiert wird. Häufig reagieren wild lebende Schildkröten auf diese scheinbare Bedrohung mit der Entleerung ihres wertvollen Wasserspeichers, was insbesondere in den trockenen Sommermonaten zu einer echten Bedrohung für das Tier werden kann. Die vorliegenden Zeilen sind auch nicht dazu gedacht, dem einen oder anderen zu einem neuen Haustier zu verhelfen, sondern sollen Ihnen einfach nur ein ganz besonderes Naturerlebnis ermöglichen. Europäische Landschildkröten unterliegen strengsten Artenschutzbestimmungen, und ihre illegale Aus- bzw. Einfuhr werden mit empfindlichen Strafen geahndet. Bei der Suche nach diesen Tieren gilt daher die grundlegende Regel für Naturbeobachtungen: „Leave nothing but footprints, take nothing but pictures – hinterlasse nichts als Fußspuren, nimm nichts mit, außer Bildern."

Was man bei der Suche nach mediterranen Landschildkröten in jedem Fall benötigt, ist Geduld. Es ist zumeist wenig erfolgreich, eine möglichst große Wegstrecke innerhalb kürzester Zeit zurückzulegen. Vielmehr gilt es, langsam und sorgfältig links und rechts des Weges schauend, das Gelände systematisch mit den Augen abzusuchen. Es braucht allerdings ein wenig Übung, die Tiere zu entdecken, denn ihre kontrastreiche Färbung und Zeichnung ermöglichen den Schildkröten eine optimale Tarnung. Wenn aber der Blick, oft ganz unerwartet, das erste Mal auf eine Schildkröte fällt, platzt meist der Gordische Knoten, und das Auge weiß dann, wonach es Ausschau halten muss.

Auch die Perspektive ist wichtig. Es zahlt sich aus, nicht immer nur aufrecht umherzulaufen. So lohnt es sich, an einer geeigneten Stelle, wie etwa auf der von der Morgensonne beschienenen Seite einer Brombeerhecke oder eines Busches, einfach mal auf die Knie zu gehen und das Ganze aus einem anderen Blickwinkel zu betrachten. Insbesondere Jungtiere sonnen sich gern unter überhängenden Zweigen am Gebüschrand. Hier sind

Nicht nur auf die Augen, sondern auch auf die Ohren kommt es an. In der Paarungszeit weisen die bei der Werbung ausgeführten Rammstöße sowie die bei der Kopulation von den Männchen ausgestoßenen Schreie den Weg. Foto: M. Wirth

sie vor den Blicken von Fressfeinden – oder eines aufrecht stehenden Menschen – sicher und kommen doch in der noch niedrig stehenden Sonne in den Genuss eines ungestörten Sonnenbades. Schlüpflinge und Jungtiere leben deutlich versteckter als adulte Schildkröten. Aufgrund der Vielzahl möglicher Fressfeinde verlassen sie nur selten die schützende Deckung, entfernen sich selten aus der

Das Frühjahr eignet sich besonders gut für die Schildkrötensuche, da die Tiere wie diese *T. h. boettgeri* ausgedehnte Sonnenbäder nehmen und sich lange außerhalb ihrer Verstecke aufhalten. Foto: M. Wirth

unmittelbaren Nähe ihrer Schlupfwinkel und leben oftmals verborgen in der dichten Krautschicht. Man muss schon genau hinsehen, um die kleinen Schildkröten im Randbereich von Hecken zu entdecken. Wenn man einmal herausgefunden hat, an welchen Stellen man suchen muss, findet man auch junge Schildkröten regelmäßig.

Vertrauen Sie bei der Suche aber nicht nur Ihren Augen, sondern auch Ihren Ohren. So erzeugen die Tiere bei der Fortbewegung im Gelände oftmals ein charakteristisches Rascheln im Laub oder im trockenen Gras. Und auch die bei Kommentkämpfen oder der Werbung ausgeführten Rammstöße sowie die bei der Kopulation von den männlichen Schildkröten ausgestoßenen Schreie sind weithin hörbar. Erfahrene Feldherpetologen verlassen sich bei der Schildkrötensuche oft eher auf ihre Ohren als auf ihre Augen.

Bei der Suche nach europäischen Landschildkröten sind festes Schuhwerk und lange Hosen Pflicht. Denn Macchie und Garrigue sind häufig nicht nur dicht, sondern viele Pflanzenarten tragen auch Dornen oder Stacheln. Ein schmerzfreies Vorwärtskommen ohne schützende Kleidung ist hier so gut wie unmöglich. Zudem leben in vielen Schildkrötenhabitaten auch Giftschlangen, wie z. B. in den Balkanländern die Hornotter (*Vipera ammodytes*). In der Toskana ist die Rediviper (*Vipera aspis francisciredi*), eine Un-

Lebensgefahr bei der Schildkrötensuche: Im Lebensraum der Dalmatinischen Landschildkröte finden sich stellenweise immer noch Landminen als Relikte der Jugoslawienkriege in den 1990er-Jahren Foto: B. Trapp

terart der Aspisviper, in den Habitaten der westlichen Unterart der Griechischen Landschildkröte ausgesprochen häufig. Ich traf diese Schlange an mehr als 50 unterschiedlichen Stellen gemeinsam mit den Landschildkröten an. Oftmals sonnen sich Schildkröten und Vipern in unmittelbarer Nähe zueinander, teilweise nur wenige Zentimeter voneinander entfernt, oder sie sind gemeinsam in Schlupfwinkeln anzutreffen. So gilt bei der Schildkrötensuche eine gewisse Vorsicht, und man sollte auch nicht ungeschützt in möglichen Versteckplätzen der Schildkröten, wie z. B. Löcher am Fuß von Legesteinmauern, herumtasten.

In Schildkrötenlebensräumen gibt es oftmals auch Giftschlangen wie diese Europäische Hornotter (*Vipera ammodytes*). Gutes Schuhwerk und adäquate Kleidung sind daher Pflicht. Foto: M. Wirth

Ob die Schildkrötensuche erfolgreich verläuft, ist nicht zuletzt auch abhängig von der richtigen Jahres- und Tageszeit. Die jahreszeitliche Dauer der Aktivitätsperiode in einem Schildkrötenbiotop ist abhängig vom Breitengrad, der Höhenlage und den sich aus diesen Parametern ergebenden klimatischen Bedingungen. Im Frühjahr nimmt die Thermoregulation einen großen Teil des Schildkrötentages ein. Da die Tiere aufgrund der zu diesem Zeitpunkt noch schwachen Sonneneinstrahlung viel Zeit benötigen, um die erforderliche Körpertemperatur zu erreichen, kann man die Schildkröten dann leicht bei ihren ausgedehnten Sonnenbädern beobachten. Im zeitigen Frühjahr und im Spätherbst meiden die Schildkröten die niedrigen Temperaturen in den frühen Morgen- und späten Nachmittagstunden. Aufgrund der steigenden Temperaturen nimmt die Thermoregulation im weiteren Jahresverlauf immer weniger Zeit in Anspruch, folglich muss man die Schildkröten im fortgeschrittenen Frühjahr dann eher bei der Nahrungsaufnahme oder ihren Paarungsaktivitäten bzw. im Schatten und Halbschatten suchen. Im Sommer kommt es aufgrund der hohen Temperaturen und dem Ende der Fortpflanzungsperiode zu einem deutlichen Nachlassen der Aktivität. In dieser Zeit verbringen die Schildkröten viel Zeit in ihren Verstecken oder im Halbschlaf in der schattigen Vegetation. In einigen Regionen legen sie auch eine echte Sommerruhe (Ästivation) ein, um die sommerliche Hitze unversehrt zu überstehen. Jungtiere vertragen Temperaturextreme aufgrund des kleineren Körpers weniger gut als adulte Schildkröten. Sie zeigen daher im Vergleich zu erwachsenen Tieren oftmals eine nur eingeschränkte Aktivität, sowohl was den Jahres- als auch den Tageszyklus betrifft.

Je nach Region und Witterungsbedingungen kommt es nach dem Abklingen der Sommerhitze Anfang bis Ende September zu einem allmählichen Aktivitätsanstieg, der mit den sinkenden und erträglicheren Temperaturen sowie dem Einsetzen von Regenfällen einhergeht. Der größte Teil der Aktivität entfaltet sich dann,

Gelegentlich entdeckt man auch mehrere Tiere beim gemeinsamen Sonnenbad vor der schützenden Vegetation, wie diese beiden *T. h. hermanni* Foto: M. Wirth

wie im Frühjahr, gegen Ende des morgendlichen Aktivitätsanstiegs um die Mittagszeit herum. Pauschal gesagt sind Frühling und Spätsommer bzw. der frühe Herbst nach dem Einsetzen der ersten Regenfälle die für die Naturbeobachtung von Schildkröten geeignetste Zeit. Im Hochsommer trifft man zwar auch auf einige Tiere, muss sich aber deren eingeschränkten Aktivitätszeiten anpassen, da sie nur wenig Zeit außerhalb ihrer Verstecke verbringen. Daher eignet sich die klassische Sommerferienzeit im Hochsommer nur sehr bedingt für die Schildkrötensuche. Zwar wird man auch in dieser Jahreszeit auf das eine oder andere Tier treffen, die Erfolgschancen sind per se aber erheblich geringer als im Frühjahr oder Herbst.

Es kommt also auf das Timing an. Die tageszeitliche Aktivität, und damit auch die richtige Uhrzeit für die Schildkrötensuche, variiert über den Jahresverlauf und ist u. a. abhängig von der Tageslänge. Im Regelfall liegen zwischen Sonnenaufgang und Aktivitätsbeginn der Schildkröten bzw. deren Aktivitätsende und Sonnenuntergang 1–2 Stunden. Die Schildkröten verlassen ihre Nachtquartiere kurz nach Sonnenaufgang und suchen für ihr morgendliches Sonnenbad die Stellen auf, wo die ersten Sonnenstrahlen auf den Boden fallen. Am Tagesende ziehen sich die Schildkröten zurück, wenn der Boden nicht mehr direkt von der Sonne beschienen wird. An besonders heißen Tagen oder in sehr warmen Regionen kann es aber auch sein, dass Schildkröten vereinzelt noch bis in die Dämmerung hinein beobachtet werden können (z. B. Schweiger 1992). Stark verallgemeinert kann man sagen, dass das Aktivitätsmuster der europäischen Landschildkröten im Frühjahr und Herbst einem unimodalen (eingipfeligen) und

Schildkröten sind Frühaufsteher, wer sie beobachten möchte, muss es ihnen gleichtun. Hier eine Maurische Landschildkröte (*T. g. ibera*) in einem ehemaligen Steinbruch in Thrakien (Griechenland). Foto: B. Trapp

im Sommer einem bimodalen (zweigipfeligen) Rhythmus folgt (vgl. Hauptteil dieses Buches). Das bedeutet, dass die Schildkröten im zeitigen Frühjahr und im späten Herbst, wenn die Sonne tief steht und wenig intensiv ist, die kühlen Morgen- und späten Nachmittagsstunden meiden. Die Aktivitäten konzentrieren sich dann auf die warme Mittagszeit.

Im Sommer hingegen erlauben bereits die frühen Morgenstunden aufgrund der starken Sonneneinstrahlung ein rasches Aufheizen. Auch am späten Nachmittag und frühen Abend sind die Tiere noch aktiv, während die Mittagshitze die Schildkröten in den Schatten zwingt, um so eine Überhitzung zu vermeiden (z. B. PHILIPPEN 1986). In Abhängigkeit vom jeweiligen Biotop kann das sommerliche, zweigipfelige Aktivitätsmuster aber auch verschwimmen oder sich ganz auflösen. Dies ist besonders in Waldlebensräumen der Fall, in denen der Schatten der Baumkronen die Sommertemperaturen für die Schildkröten erträglich macht und eine ganztägige Aktivität erlaubt (BANNIKOV 1951; HAILEY et al. 1984; SCHWEIGER 2006; WIRTH et al. 2009a, b).

Auch das richtige Wetter entscheidet über den Erfolg einer Exkursion, denn Schildkröten sind Sonnenkinder. Daher eignen sich insbesondere Tage mit strahlendem Sonnenschein oder mit einem Sonne-Wolken-Mix besonders gut für die Suche. Dabei bestehen aber deutliche Unterschiede im jahreszeitlichen Verlauf. Im Frühjahr und Herbst, also nach bzw. vor der langen Winterruhe, nutzen Schildkröten möglichst jede sich bietende Gelegenheit für ein Sonnenbad. Sonnenschein und warme Tage eignen sich daher besonders in den kühleren Monaten gut für die Schildkrötensuche. Dabei bedeutet aber auch scheinbar ideales Wetter nicht zwangsläufig, dass alle in einem Gebiet lebenden Schildkröten aktiv sind und folglich angetroffen werden können.

An bewölkten Tagen oder bei regnerischem Wetter im Frühjahr und Herbst bleiben viele Schildkröten lange in ihren Verstecken oder verlassen diese gar nicht. Das spärliche Sonnenlicht reicht dann für die erforderliche Betriebstemperatur nicht aus. Ich habe aber auch schon an kühlen und regnerischen Frühlingstagen, an denen ich ganz bestimmt nicht mit Schildkröten gerechnet hätte, einige Tiere im Freien angetroffen. Gerade im Hochsommer werden aber die Tage mit aus menschlicher Sicht suboptimalem, da bewölktem Wetter von den Schildkröten bevorzugt genutzt. Die ersten Regenfälle nach langer Trockenzeit locken viele Schildkröten ins Freie, und auch die frisch geschlüpften Jungtiere verlassen die Nester und laufen im Regen umher. In dieser Zeit bieten Wolken und eventuelle Gewitter eine willkommene Unterbrechung der südeuropäischen Hitze und ermöglichen aktives Verhalten. Damit variiert auch das „ideale Wetter" für die Beobachtung von Schildkröten im Jahresverlauf. Ich vergleiche die Frage nach dem richtigen Wetter gern mit dem Auslastungsgrad von Straßencafés: Ist hier an den ersten schönen Tagen im Frühling und an lauen Herbsttagen kaum ein Sitzplatz frei, so hat man im Hochsommer zumeist freie Wahl, wenn sich viele Menschen lieber im Freibad oder in kühlen Innenräumen aufhalten. Ähnlich verhält es sich wohl auch mit den Schildkröten …

Wie sieht nun aber ein typisches Schildkrötenhabitat aus, und wo soll man mit der Suche beginnen? Die Antwort darauf ist nicht einfach, da man, von wenigen Einschränkungen abgesehen, in vielen verschiedenen Biotopen fündig werden kann. Daher habe ich in diesem Kapitel die meiner Meinung nach wichtigsten Habitattypen kurz beschrieben, die in den meisten südeuropäischen Ländern vorhanden sind. Wenn Sie sich innerhalb des Verbreitungsgebietes einer der Landschildkrötenarten aufhalten und Ihre Exkursionen in diesen Ha-bitattypen unternehmen, sollten Sie zumindest in einem der Biotope fündig werden.

Wo findet man die Schildkröten in diesen Habitaten? Maßgeblich ist es bei der Suche, Bereiche abzulaufen, in denen die Vegetation nicht allzu dicht ist und Freiflächen mit Hecken und Buschbeständen einander abwechseln. Hier findet man die Schildkröten oftmals beim Sonnenbad unmittelbar vor ihren Versteckplätzen, gelegentlich aber auch beim Fressen, der Paarung oder sogar der Eiablage. Teilweise können in geeigneten Habitaten auf nur wenigen Quadratmeter großen Freiflächen inmitten dichter Vegetation sogar mehrere Schildkröten beobachtet werden.

Auch in der Nähe des Menschen findet man Schildkröten zumeist da, wo zwei unterschiedliche Lebensräume aneinandergrenzen. Dazu gehören z. B. die Übergangszonen von Feldern zu mit Gebüsch bestandenem Brachland oder Waldränder, die an Weiden grenzen.

Bei der Schildkrötensuche in Wäldern, sollten Sie mit Ihren Bemühungen am Waldrand beginnen. Gehen Sie an dieser Übergangszone zu angrenzenden Macchien, Feldern oder Wiesen entlang und beobachten Sie sorgfältig die der Sonne zugewandten Bereiche der Büsche. Hier lassen sich oftmals zahlreiche Schildkröten entdecken. Auch Waldlichtungen werden teilweise von einer großen Zahl von Schildkröten bewohnt, die sich hier auf recht engem Raum sammeln. Insbesondere die zur Eingrenzung potenzieller Waldbrände vielerorts angelegten Feuerschneisen gehören zu den Bereichen, in denen ich in einem mir unbekannten Gebiet gern mit der Suche beginne. Im Gegensatz zu großflächigen Macchien- oder Wiesenlandschaften mit vielen geeigneten Stellen, sammeln sich hier die Schildkröten auf Wegstrecken von wenigen Metern Breite, sodass ich oftmals rasch fündig wurde. Die Feuerschneisen werden mit großem Aufwand regelmäßig von nachwachsender Vegetation befreit. Diese Maßnahme kommt auch den hier lebenden Schildkröten zugute, da die Schneisen langfristig vor einer Verbuschung bewahrt werden.

Eine lebensbedrohliche Gefahr, mit der sich auch Schildkrötenfreunde bei einem Besuch der Lebensräume der Dalmatinischen Landschildkröte konfrontiert sehen, sind die dort immer noch stellenweise vorhandenen Landminen. Während der Jugoslawienkriege in den 1990er-Jahren wurden Landminen zur Verteidigung der häufig wechselnden Stellungen, aber auch an strategisch wichtigen Orten wie z. B. Eisenbahnlinien oder Pipelines ausgelegt. Mit einem Totenkopf versehene Schilder warnen heute vor den Minenfeldern, andernorts sind sie durch gelbe Plastikstreifen abgesperrt. An manchen Stellen fehlen jedoch solche Kennzeichen gänzlich. Die Gefährdung durch diese Kriegshinterlassenschaften betrifft nach Angaben der kroatischen Minenräumanstalt CROMAC (Croatian mine action centre) vor allem Wälder, gefolgt von landwirtschaftlichen Nutzflächen und Weideland. Genau die auch von *T. h. hercegovinensi*s genutzten Gebiete. Experten gehen davon aus, dass heute noch zwischen 700.000 und 2,5 Millionen Landminen in Kroatien verstreut liegen. Das Problem dabei ist, dass beim Ausbringen der Minen oft keine Lagepläne der Minenfelder angefertigt wurden. Zudem liegen viele Minen in unwegsamem Gelände, was die Minenräumung aufwendig und schwierig macht. Kroatien hat sich dazu verpflichtet, sämtliche Minen bis zum Jahr 2018 zu räumen. So steht den Dalmatinischen Landschildkröten, die in derzeit vom Menschen ungestörten, aber noch verminten Gebieten leben, eine schwierige Zeit bevor. Es bleibt zu hoffen, dass viele Schildkröten die Räummaßnahmen unbeschadet überstehen werden und die Populationsdichte der Bestände stabil bleibt.

Zusammengefasst gilt: Im Frühjahr sind die Europäischen Landschildkröten am aktivsten und können daher am einfachsten und in größter Anzahl beobachtet werden. Die Tiere verbringen im Frühling

zudem viel Zeit mit ausgiebigen Sonnenbädern und halten sich daher lange außerhalb ihrer Schlupfwinkel auf. Die Monate April und Mai sind deshalb am besten für eine Reise in Schildkrötenbiotope geeignet. Die frühen Morgenstunden empfehlen sich für die Beobachtung, da hier im Regelfall die größte Aktivität erfolgt. Aber auch wenn man zur richtigen Zeit am richtigen Ort ist, gibt es niemals eine Garantie, dass die Suche erfolgreich verläuft. Das ist aber gerade das Spannende an Naturbeobachtungen – alles kann, nichts muss ...

Das richtige Wetter entscheidet: Im Frühjahr und Herbst verlassen an kühlen und bewölkten Tagen nur wenige Tiere ihr Versteck
Foto: B. Trapp

Das A und O der Haltung

Für eine artgerechte Haltung europäischer Landschildkröten ist in unseren Breiten ein beheizbares Schutzhaus zwingend erforderlich
Foto: M. Wirth

türliche Bedürfnisse, denen nur im Rahmen einer Freilandhaltung in einem angemessenen Gehege entsprochen werden kann. Eine Innenhaltung im Terrarium kann aufgrund von Notsituationen kurzfristig vertretbar sein, jedoch ist es deutlich aufwendiger, hier Bedingungen zu schaffen, die den klimatischen Anforderungen und dem Bewegungsdrang der Tiere gerecht werden. Eine dauerhafte Haltung im Inneren eines Wohnhauses ist artgerecht nicht möglich.

Es gibt verschiedene grundlegende Anforderungen, die an die Haltung europäischer Landschildkröten gestellt werden müssen und die aufgrund der Biologie der Tiere keine Einschränkung oder Ausnahmen gestatten. Diese betreffen Schildkröten aller Altersklassen gleichermaßen, vom winzigen Schlüpfling bis zum adulten Tier. Ist es, aus welchem Grund auch immer, nicht möglich, diesen Anforderungen uneingeschränkt zu entsprechen, sollte man aus meiner Sicht auf jeden Fall auf die Haltung dieser Reptilien verzichten. Solche Kardinalsfehler, unmittelbar oder schleichend, können und werden zu schweren Erkrankungen oder gar dem Tod von Schildkröten führen. Im Rahmen dieses Buches gehe ich ausführlich auf sämtliche dieser Punkte ein und erläutere im Detail, was es zu beachten gilt, damit die Schildkröten eine Chance auf ein langes, gesundes und artgerechtes Leben haben. Im Folgenden möchte ich diese Kardinalsfehler nur kurz umreißen, den Leser aber dennoch in eindringlicher Form um deren Beachtung bitten.

Keine Innenhaltung
Aufgrund ihrer mediterranen Herkunft und ihrer Biologie haben europäische Landschildkröten na-

Kein oder unzureichendes Schutzhaus
In der Aktivitätsperiode, und damit in der Zeit vom Verlassen des Winterquartiers im Frühling bis zu dessen Aufsuchen im Herbst, müssen alle Schildkröten jeden Tag die Möglichkeit haben, ihre Vorzugstemperatur durch Sonnenbäder zu erreichen. Dauerhaft zu nasse bzw. zu kalte, da ungeschützte Bedingungen, enden über kurz oder lang tödlich. Aus diesem Grund ist eine artgerechte Haltung von Landschildkröten in unseren Breiten ohne ein adäquates, beheizbares Schutzhaus nicht möglich und folglich abzulehnen.

Falsches Futter
Die richtige und artgerechte Ernährung, sowohl hinsichtlich der Pflanzenkost als auch der erforderlichen Nahrungssupplementierung, etwa mit Kalk, ist unabdingbar und von entscheidender Bedeutung für gesunde Schildkröten. Dies betrifft die ganzjährige Versorgung der Schildkröten und duldet in meinen Augen keinerlei jahreszeitlich bedingten Einschränkungen oder Ausnahmen.

Quarantäne
Neu erworbene Schildkröten sollten, egal woher sie stammen und wie vertrauenswürdig der bisherige

Halter auch immer sein mag, niemals direkt zu einer bestehenden Schildkrötengruppe gesetzt werden. Nur eine mehrmonatige Quarantäne, in der Neuzugänge ausführlich und wiederholt auf ihren Gesundheitszustand hin untersucht werden, bietet letztlich Sicherheit. Zahlreiche Krankheiten, darunter auch rasch und potenziell letal verlaufende wie z. B. Herpesinfektionen, gehen nicht zwangsläufig mit charakteristischen Symptomen einher und können bei einer Vergesellschaftung ohne vorherige Untersuchung sogar zum Tod sämtlicher Schildkröten führen.

Die richtige Ernährung entscheidet ebenfalls über eine dauerhafte Schildkrötengesundheit Foto: M. Wirth

Keine, unzureichende oder falsche Überwinterung

Die Überwinterung ist eine wichtige Ruhephase und damit ein ebenso lebensnotwendiger Teil des Schildkrötenjahres wie das Frühjahr oder der Sommer. Es ist nicht möglich, europäische Landschildkröten ohne Gesundheitsschäden aufzuziehen und zu halten, wenn die Tiere nicht regelmäßig eine hinreichend lange Hibernation unter den richtigen Bedingungen abhalten.

Keine Überbesetzung

Europäische Landschildkröten sollten nicht allein, sondern in einer Gruppe von Artgenossen gehalten werden. In jedem Fall ist aber darauf zu achten, die Freilandanlagen nicht mit zu vielen Schildkröten zu besetzen. Hierbei gilt es aber nicht nur, die Kapazität des zur Verfügung stehenden Freigeländes zu berücksichtigen, das bei guten Wetterbedingungen den Freigang gestattet, sondern auch die Grundfläche des zur Verfügung stehenden Schutzhauses, in dem sich die Tiere in den Übergangszeiten oder bei widriger Witterung zwangsläufig aufhalten müssen. In überbesetzten Gehegen leiden sämtliche Schildkröten dauerhaft unter Stress, der sowohl dominante als auch unterlegene, männliche wie weibliche Tiere betreffen und daher vermieden werden muss.

Sicherheit

Zur Vermeidung von Verlusten sind Vorkehrungen zum Schutz der Schildkröten erforderlich. Dies betrifft eine angemessene Sicherung des Geheges sowie des Schutzhauses gegen Fressfeinde bei Tag, insbesondere aber in der Nacht. Um die Gefahr einer Überhitzung sicher auszuschließen, ist das Anbringen automatischer Fensteröffner im Schutzhaus unerlässlich, da selbst an bewölkten Tagen rasch potenziell tödliche Temperaturen entstehen können. Gleiches gilt, nur eben in umgekehrter Hinsicht, für die Beheizung des Schutzhauses, die mögliche Frostschäden bei Kälteeinbrüchen sicher ausschließt. Aber auch das beste System ist nicht immer fehlerfrei. Ich gehe daher noch einen Schritt weiter und setze immer da, wo es darauf ankommt, auf zwei unabhängige, parallel arbeitende Systeme, etwa bei der Überwachung der Temperaturbedingungen via Funkthermometer, der thermostatgestützten Beheizung, oder auch der automatischen Belüftung.

Ernährung und Fütterung

Schildkrötenernährung

Zielsetzung dieses Kapitels ist es, Ihnen die entscheidenden Grundlagen für eine sichere und artgerechte, weil abwechslungsreiche und naturnahe Ernährung der europäischen Landschildkröten zu vermitteln. Darüber hinaus möchte ich Ihnen einige Tipps mit auf den Weg geben, die sich einfach und ohne Aufwand in der täglichen Fütterungspraxis umsetzen lassen.

Die artgerechte Ernährung von Landschildkröten erfordert eine Kenntnis des Pflegers nicht nur der adäquaten Nahrungszusammensetzung und deren wichtigsten Inhaltsstoffe, sondern auch einiger grundlegender Aspekte der Verdauung. Es gibt zahlreiche Publikationen zur Ernährung europäischer Landschildkröten, die sehr gute Hintergrundinformationen, aber auch praktische Hinweise und Tipps liefern und dementsprechend dem interessierten Leser wärmstens zu empfehlen sind. An erster Stelle sei das hervorragende Buch von DENNERT (2001) angeführt, das sich ausschließlich diesem Thema widmet, aber auch die Artikel beispielsweise von DENNERT (1999a, b, 2002 a, b), BIDMON (2006a), EGGENSCHWILER (1995) und HIGHFIELD (1997, 2002b, 2010), aus denen zahlreiche Informationen in diesem Kapitel stammen.

Wie bereits von HIGHFIELD (2010) zum Ausdruck gebracht wurde, geht es bei der Ernährung

Eine artgerechte Ernährung muss abwechslungsreich und naturnah sein. Das Bild zeigt eine *T. marginata* beim Fressen im natürlichen Lebensraum in Thessalien (Griechenland). Foto: B. Trapp

Europäische Landschildkröten sind typische Weidegänger. Sie durchstreifen wie diese *T. g. ibera* ihren Lebensraum auf der Suche nach Nahrung und fressen dabei von vielen unterschiedlichen Pflanzen.
Foto: M. Wirth

von Landschildkröten in menschlicher Obhut darum, den Tieren ein Nahrungsspektrum anzubieten, dass in seiner Grundform zunächst der Maxime „nicht schädigen" folgt, damit grundlegende und ernste Fehler vermieden werden. Ausgehend von dieser Basis kann das Schema modifiziert, verfeinert und weiterentwickelt werden, z. B. im Hinblick auf regionale Gegebenheiten, aber auch in Bezug auf Artzugehörigkeit, Alter und Geschlecht der gehaltenen Tiere.

Die Ernährungsweise europäischer Landschildkröten

Europäische Landschildkröten ernähren sich vegetarisch und gelten demgemäß als herbivor. Sie werden immer wieder einmal als „Ziegen in Panzern" bezeichnet, ein durchaus treffender Vergleich, der ein gutes Bild von der natürlichen Ernährungsweise der Tiere vermittelt. Wie Ziegen sind auch die europäischen Landschildkröten typische Weidegänger, die ihren Lebensraum auf der Suche nach Nahrung durchstreifen und dabei von einer Vielzahl unterschiedlicher Gewächse fressen. Hierbei beißen sie gewöhnlich immer nur kleine Teile einer Pflanze ab, um sich dann der nächsten Pflanze zuzuwenden. Im Vergleich zu endothermen Tieren, wie Säugetieren und Vögeln, zeichnen sich ektotherme (wechselwarme) Tiere, wie Reptilien, im Allgemeinen durch niedrigere Stoffwechselraten, einen geringeren Energiebedarf und folglich einer vergleichsweise geringeren Nahrungsaufnahme aus. Dennoch müssen aber auch Schildkröten sowohl in quantitativer wie in qualitativer Hinsicht ausreichend Nahrung aufnehmen, damit ihnen genug Energie zur Verfügung steht, z. B. für die Stoffwechselaktivität, das Wachstum und die Fortpflanzung. Aber auch für die Speicherung von Energiereserven, damit die Tiere die langen Ruhephasen im Winter und mögli-

Die Schildkröten sind bei der Verdauung zwingend auf symbiontische Mikroorganismen angewiesen, ohne diese ist eine Verdauung der Pflanzenkost nicht möglich
Foto: M. Wirth

cherweise auch im Sommer überstehen können (LAGARDE et al. 2003).

Die Auswahl von Futterpflanzen erfolgt sowohl über die Augen als auch über den Geruchssinn (KIRSCHE 1967; CHEYLAN 1981). Besonders attraktiv sind farbige Pflanzenteile wie Blüten, etwa in den Farben Gelb, Orange und Rot, aber auch in Rosa, Violett oder Weiß, z. B. von Löwenzahn, Nachtkerzen, Hibiskus, Rosen oder Malven. Diese werden selbst in Form kleinster Teile aus großen Haufen grüner Pflanzen gezielt herausgepickt. Ähnliches gilt bei Früchten, die, wenngleich nur in wirklich geringen Mengen als Nahrung für europäische Landschildkröten geeignet, von den Tieren selektiv ausgewählt und gierig gefressen werden.

Der Verdauungstrakt der Landschildkröten

Der Aufbau ihres Verdauungstrakts spiegelt die Spezialisierung der europäischen Landschild-

kröten auf pflanzliche Kost wider. Anatomisch wie funktionell ist der Verdauungstrakt der Landschildkröten auf die Verwertung relativ gehaltloser, rohstoffreicher Nahrung ausgerichtet, die vorwiegend aus Wildkräutern und Blättern besteht, aber auch Blüten, Samen sowie in geringem Umfang auch Früchte umfasst (BAUR 1999). Nach DENNERT (1999a, b) ähnelt der Schildkrötenmagen in Form, Lage und Ausdehnung etwa dem einkammerigen Magen von Säugetieren. Auch die prinzipielle Gliederung des Darms in Dünn-, Blind- und Dickdarm ist vergleichbar. Die Spezialisierung auf pflanzliche Nahrung zeigt sich daher nicht im grundlegenden Aufbau, sondern insbesondere in der speziellen Ausprägung der einzelnen Abschnitte des Verdauungstrakts. In Relation zu ihrer Körperlänge haben Schildkröten den längsten Darm unter den Reptilien. Die Längenverhältnisse der verschiedenen Darmabschnitte zueinander sind bei Vertretern der Gattung Testudo typisch für Pflanzenfresser mit einem kurzen Dünndarm, aber langem und voluminösem Blind- und

Dickdarm, und unterscheiden sich demgemäß von dem Aufbau bei überwiegend fleischfressenden Schildkrötenarten wie z. B. der Zierschildkröte *Chrysemys picta belli*.

Die Schildkrötenverdauung

Schildkröten mit einer vegetarischen Ernährungsweise bedienen sich der Hilfe zelluloseabbauender Bakterien, um an die in der pflanzlichen Nahrung enthaltenen Nährstoffe zu gelangen. Erst die von diesen Mikroorganismen produzierten Enzyme ermöglichen die Zersetzung von Pflanzenfasern und damit letztlich den Schildkröten deren Verwertung und die Aufnahme deren Inhaltsstoffe. Demgemäß dienen der voluminöse Dick- und Blinddarm bei pflanzenfressenden Schildkröten als Gärkammern, in denen große Mengen der symbiontischen Kleinstlebewesen die Schildkröten bei der Verwertung der Pflanzennahrung unterstützen, man spricht auch von mikrobieller Fermentation.

Die Darmbakterien sind folglich von entscheidender Bedeutung für ein gesundes Schildkrötenleben, denn ohne sie ist bei pflanzenfressenden Schildkröten eine regelgerechte Verdauung praktisch nicht möglich. Die Darmflora muss daher ebenso wie die Schildkröten gehegt und gepflegt werden. Dies ist aber nur auf Basis der richtigen Nahrungszusammensetzung möglich, denn unsachgemäßes Futter schädigt die Darmflora und beeinträchtigt folglich die Schildkrötenverdauung.

Die Art der Futterpflanzen und deren Zusammensetzung, beispielsweise in Bezug auf Faser- und Wassergehalt, sind von entscheidender Bedeutung für die Ver-

weildauer im Darm. Spezielle morphologische Ausprägungen im Verdauungstrakt dienen bei vielen Reptilien mit vegetarischer Ernährung dazu, die Verweildauer des Nahrungsbreis zu verlängern, damit den Pflanzenteilen ein möglichst großer Anteil der wertvollen Inhaltsstoffe entzogen und verwertet werden kann. Die Dauer der Darmpassage ist aber auch von zahlreichen weiteren Faktoren abhängig wie z. B. der Temperatur oder der Frequenz und der Menge der aufgenommenen Nahrung (BJORNDAL 1997). Prinzipiell gilt hierbei: je höher die Temperatur und je größer die Nahrungsmenge im Verdauungstrakt, desto rascher erfolgt die Weiterleitung.

Die Geschwindigkeit und Effizienz, mit der im Verdauungstrakt der Schildkröten die bakterielle Zersetzung des Pflanzenmaterials erfolgt, ist u. a. von dessen Stärkegehalt, besonders aber von der Größe und Länge der Pflanzenfasern abhängig. Auch die wachsartigen Auflagerungen, die viele Pflanzen zum Schutz vor Austrocknung bilden, haben einen Einfluss. Daher werden manche Pflanzen bzw. Pflanzenteile deutlich rascher von den Darmbakterien verdaut als andere.

Sonnenbäder sind von entscheidender Bedeutung für die Verdauungstätigkeit, denn je höher die Körpertemperatur, desto rascher erfolgt die Verdauung und damit die Verwertung der Nahrung
Foto: M. Wirth

HIGHFIELD (2010) weist darauf hin, dass kurze Pflanzenfasern (< 3 mm) aufgrund ihrer im Verhältnis größeren Oberfläche den Darmbakterien eine größere Angriffsfläche bieten. Sie können folglich in vergleichsweise kurzer Zeit verdaut werden und den Schildkröten rasch Energie liefern, die wiederum die Wachstumsrate positiv beeinflusst. Lange Pflanzenfasern (> 10 mm) hingegen, werden langsamer verdaut und haben eine längere Darmpassagezeit. Folglich steht den Tieren bei der Verdauung langer Pflanzenfasern kurzfristig zwar weniger Energie zur Verfügung, diese werden aber über einen längeren Zeitraum hinweg verwertet. Es wird darüber spekuliert, dass sich die Schildkröten diesen Unterschied zunutze machen, indem sie vor Ruhephasen, wie z. B. der Trockenruhe in trockenheißen Regionen, vermehrt lange Pflanzenfasern zu sich nehmen und während der Ästivation von deren langsamer, aber kontinuierlicher Zersetzung profitieren.

Im Freiland schwer zu untersuchen

Während viele Aspekte des Verhaltens der europäischen Landschildkröten sehr gut dokumentiert sind, wurde das Nahrungsspektrum der Tiere im natürlichen Lebensraum bisher nur in vergleichsweise wenigen Studien untersucht. Der Grund hierfür liegt auf der Hand, denn Studien, die die Ernährung von Landschildkröten im natürlichen Lebensraum betreffen, sind außerordentlich schwierig, zeitintensiv und aufwendig in der Durchführung. Wissenschaftler bedienen sich hierbei zweier unterschiedlicher Methoden. So wird entweder die eigentliche Nahrungsaufnahme in Form der direkten Beobachtung dessen, was die Schildkröten fressen, dokumentiert (z. B. LAGARDE et al. 2003; IFTIME & IFTIME 2012), andere Studien hingegen ziehen indirekt über Kotuntersuchungen Rückschlüsse auf die Nahrungsbestandteile (u. a. COBO & ANDREU 1988; EL MOUDEN et al. 2006; DÍAZ-PANIAGUA & ANDREU 2009; MUÑOZ et

Wissenschaftliche Untersuchungen haben wertvolle Informationen zur Schildkrötenernährung im Freiland geliefert. Diese *T. h. boettgeri* frisst im Oktober einen Pilz im natürlichen Lebensraum (Peloponnes, Griechenland).
Foto: B. Trapp

al. 2009). Der Weg über Kotuntersuchungen ist dabei mit einer deutlich höheren Fehlerquote und Unsicherheit behaftet, da nicht alle Pflanzenspezies und -teile gleichermaßen gut verdaut bzw. in Form von Überresten ausgeschieden werden und folglich identifiziert werden können. Deutlich bessere Ergebnisse liefert daher erwartungsgemäß die direkte Beobachtung, sie ist aber bei Reptilien aufgrund der im Vergleich zu Säugetieren deutlich selteneren Nahrungsaufnahme erheblich aufwendiger. In der Studie von NOUGARÈDE (1998) zeigte sich, dass das tatsächliche Nahrungsspektrum in einem Untersuchungsgebiet erst ab etwa 130 unabhängigen Einzelbeobachtungen realistisch abgebildet wird.

Das natürliche Nahrungsspektrum

Gute Übersichten zum Nahrungsspektrum der drei europäischen Landschildkrötenarten liefern in ausführlicher Form und unter Angabe der relevanten Futterpflanzenspezies die Arbeiten von BUSKIRK et al. (2001) zu *Testudo graeca*, BRINGSØE et al. (2001) zu *Testudo marginata* und CHEYLAN (2001) zu *Testudo hermanni*. Der Kenntnisstand variiert dabei aber erheblich zwischen den Arten. Wo entsprechende Daten vorliegen, ergibt sich für die verschiedenen Schildkrötenformen, deren Biotope und unterschiedliche Regionen aber ein ähnliches Bild.

Wie andere Aspekte der Biologie wurde auch die Ernährung insbesondere an den im westlichen Mittelmeerraum lebenden Griechischen Landschildkröten (*T. h. hermanni*) eingehend studiert, so beispielsweise von NOUGARÈDE (1998), SOLER et al. (2007), MAZZOTTI et al. (2007), MUÑOZ et al. (2009) und BUDÓ et al. (2009). Ähnlich sieht es bei der Maurischen Landschildkröte aus, über die vor allem in Spanien (z. B. COBO & ANDREU 1988; ANDREU et al. 2000; DÍAZ-PANIAGUA & ANDREU 2009) und in Nordafrika (z. B. EL MOUDEN et al. 2006; ROUAG et al. 2008) zahlreiche Untersu-

Die Vielfalt des Nahrungsspektrums wird vom jeweiligen Habitat und dessen Pflanzendiversität bestimmt. Das Bild zeigt eine *T. h. boettgeri* aus einer zwergwüchsigen Population im Süden der Peloponnes-Halbinsel.
Foto: B. Trapp

chungen durchgeführt wurden, während für die Ernährung von *T. graeca* in anderen Regionen, wie z. B. im Kaukasus (BANNIKOV et al. 1977) oder in Rumänien (IFTIME & IFTIME 2012), bisher nur wenig Informationen vorliegen. Für die Breitrandschildkröte *T. marginata* stehen

schiedene Gefäßpflanzenarten aus 46 unterschiedlichen Pflanzenfamilien identifiziert werden, die über das Verbreitungsareal hinweg in Italien, Ex-Jugoslawien, auf Korsika und in Südfrankreich zum Nahrungsspektrum dieser Art zählen (CHEYLAN 2001). Ein ähnlich breites

Aufgrund ihres Geschmacks bzw. Nährwerts sind insbesondere Blüten, Früchte oder Samen sehr begehrt. Diese *T. h. boettgeri* nutzt das reiche Nahrungsangebot im Frühling in Nordgriechenland.
Foto: H.P. Mattern

auch in Bezug auf das Nahrungsspektrum und die Nahrungswahl, verglichen mit den anderen europäischen Landschildkröten, nur wenige Informationen zur Verfügung, z. B. in HINE (1982), BUSKIRK (1990) und BOUR (1995).

Die Vielfalt des Nahrungsspektrums wird vom jeweiligen Habitat und dessen Pflanzendiversität bestimmt. Wie groß das Anpassungsvermögen der europäischen Landschildkröten hierbei ist, zeigt sich einmal mehr am Beispiel der Griechischen Landschildkröte. Allein bis zur Jahrtausendwende konnten bereits 132 ver-

Nahrungsspektrum wurde von ANDREU (1987) auch für die im spanischen Doñana-Nationalpark lebenden *T. g. graeca* aufgezeigt, die sich dort von mindestens 86 verschiedenen Pflanzenarten aus 26 Familien ernähren!

Die Anpassungsfähigkeit der Schildkröten zeigen gerade auch die Beobachtungen von NOUGARÈDE (1998), nach denen in einem typischen mediterranen Lebensraum von *T. h. hermanni* auf Korsika aus lichtem Wald und Trockenrasen 61 verschiedene Pflanzenarten und damit die Hälfte aller im Gebiet vorkommenden Gewächse gefressen werden. Im Endeffekt werden dort praktisch alle für die Schildkröten erreichbaren

Pflanzen verzehrt, lediglich aromatische und sehr harte Pflanzenspezies werden verschmäht.

Aber auch in Lebensräumen mit einer deutlich geringeren Auswahl an Nahrungspflanzen kommen die Schildkröten gut zurecht. So ergaben die Untersuchungen von CALZOLAI & CHELAZZI (1991) für *T. h. hermanni* in einem gleichförmigen Macchienlebensraum auf Sandboden an der Küste der Toskana eine Nahrungspalette von nur 27 verschiedenen Pflanzenarten. Ähnlich sehen die Verhältnisse in Rumänien aus, wo für *Testudo g. ibera* ein Nahrungsspektrum aus lediglich 25 verschiedenen Pflanzenspezies ermittelt wurde (IFTIME & IFTIME 2012). Hierzu wurden über einen Zeitraum von zehn Jahren, jeweils von März bis Oktober, mehr als 500 *Testudo g. ibera* in einem Wald-Steppen-Habitat in der rumänischen Dobrudscha bei der Nahrungsaufnahme beobachtet. Die lichten Wälder des Untersuchungsgebiet bestehen hauptsächlich aus Eichen und Hainbuchen mit einem Unterbewuchs aus Hartriegel (*Cornus* spp.), Weißdorn (*Crataegus* spp.) und Hunds-Rosen (*Rosa canina*). Die Steppenabschnitte hingegen werden von Federgräser (*Stipa* spp.) dominiert. Eine besondere Vorliebe zeigen die rumänischen *T. g. ibera* für junge Blätter, insbesondere von Scharbockskraut (*Ficaria*), Löwenzahn (*Taraxacum*), Hornklee (*Lotus*), Klee (*Trifolium*), Schneckenklee (*Medicago*), Erdbeeren (*Fragaria*), Vogelknöterich (*Polygonum*), Süßgräser (*Poaceae*), Gänsedisteln (*Sonchus*), Schafkraut (*Teucrium*). Früchte, z. B. der Kornelkirsche (*Cornus mas*) oder Birnen (*Pyrus* spp.) werden ebenfalls gelegentlich gefressen. Die Ergebnisse von IFTIME & IFTIME (2012) ergaben, dass *T. g. ibera* insbesondere Korbblütler (Asteraceae),

Zum natürlichen Nahrungsspektrum zählt auch Nichtpflanzliches. Diese Griechische Landschildkröte wurde beim Fressen von Viehkot entdeckt. Foto: B. Trapp

Hülsenfrüchtler (Fabaceae) und Süßgräser (Poaceae) bevorzugt. Sie bestätigen damit das, was vorher auch bereits von BANNIKOV et al. (1977), COBO & ANDREU (1988), EL MOUDEN et al. (2006) und DÍAZ-PANIAGUA & ANDREU (2009) für die Maurische Landschildkröte in anderen Regionen und Lebensräumen beschrieben wurde.

Wenngleich in abwechslungsreichen Lebensräumen das Nahrungsspektrum im Jahresverlauf ausgesprochen vielfältig sein kann, dominieren oftmals doch bestimmte Pflanzenarten bzw. -gruppen, die dann zumindest zeitweise einen großen Anteil der aufgenommenen Nahrung stellen. So konnte NOUGARÈDE (1998) mit den insgesamt 61 verschiedenen Pflanzenarten auf Korsika zwar ein prinzipiell breites Nahrungsspektrum für *T. h. hermanni* aufzeigen, aber nur neun verschiedene Arten hatten dabei einen Anteil von 62 % an der beobachteten Nahrungsaufnahme. Ein ähnliches Bild gewann MEEK (2010) an den anderen Unterarten der Griechischen Landschildkröte, denn in Kroatien stellen Hülsenfrüchtler, insbesondere der Schneckenklee (*Medicago* sp.), 50 % der Nahrung der hier lebenden *T. h. hercegovinensis*, in Monte-

Ähnlich anpassungsfähig wie bei der Auswahl von Futterpflanzen zeigen sich die Schildkröten auch in Bezug auf das Spektrum der als Nahrung genutzten Pflanzenteile. Hier eine juvenile *T. marginata* in der Region des Olympgebirges. Foto: B. Trapp

Kletterpflanzen und Pflanzen mit harten oder dornigen Blättern werden hingegen seltener bzw. nur gefressen, wenn dies aufgrund von Nahrungsknappheit in kargen Zeiten erforderlich ist. Andere wiederum werden gänzlich verschmäht, trotz ihrer Häufigkeit als Charakterpflanzen in den Schildkrötenlebensräumen, wie z. B. Wolfsmilchgewächse (Euphorbiaceae), Zistrosen (*Cistus* sp.), Heidekraut (Ericaceae) oder stark duftende bzw. aromatische Kräuter wie Thymian (*Thymus vulgaris*), Lavendel (*Lavendula* sp.) und Rosmarin (*Rosmarinus officinalis*).

negro sogar 60 % der Nahrung von *T. h. boettgeri*. In einem von Weidetieren überweideten Lebensraum im zentralen Marokko konnten EL MOUDEN et al. (2006) zwar insgesamt 34 verschiedene Pflanzenarten als Nahrungsbestandteile von *T. g. graeca* identifizieren, aber auch hier dominieren wenige Pflanzenarten, und beachtliche 70 % der Nahrungsaufnahme entfielen auf lediglich fünf verschiedene Arten.

Von der Griechischen Landschildkröte werden, deren Verfügbarkeit vorausgesetzt, insbesondere Vertreter der Korbblütler (Asteraceae) und der Schmetterlingsgewächse (Fabaceae), in geringerem Umfang auch Süßgräser (Poaceae) und Hahnenfußgewächse (Ranunculaceae) bevorzugt (MEEK & INSKEEP 1981; CALZOLAI & CHELAZZI 1991; CHEYLAN 2001). Ähnlich sieht es bei der Maurischen Landschildkröte aus, die nach den Studien von ANDREU (1987) und EL MOUDEN et al. (2006) ebenfalls Korbblütler, Schmetterlingsgewächse und Süßgräser präferiert.

Vielerorts zeigen Griechische Landschildkröten aber auch eine Vorliebe für Kulturpflanzen. Sie finden sich daher zahlreich in und am Rand von Gemüse- und Obstanbauflächen.

Ähnlich anpassungsfähig wie bei der Auswahl von Futterpflanzen zeigen sich die Schildkröten auch in Bezug auf das Spektrum der als Nahrung genutzten Pflanzenteile. Es werden überirdisch wachsende Pflanzenteile wie Stängel, Blätter, Blüten und Samen gefressen, teilweise selbst im Erdreich verborgene wie z. B. die Zwiebeln der Affondilzwiebel (*Asphodelus* sp.) oder bestimmte Trüffeln (*Arcangeliella* sp.), die hierzu von der Breitrandschildkröte bzw. der Griechischen Landschildkröte freigegraben werden (STEMMLER 1957; BRINGSØE 1986). Auch hier spiegelt der in Freilandstudien ermittelte Anteil der jeweiligen Pflanzenteile am Gesamtnahrungsspektrum nicht zwangsläufig die Nahrungsvorlieben wider, sondern eher deren Verfügbarkeit. So gelangen die Schildkröten bei vielen Pflanzenarten zwar an Stängel und Blätter heran, oftmals aber nicht an die aufgrund ihres Geschmacks oder Nährwerts besonders begehrten Blüten, Früchte oder Samen. Den höchsten Energiegehalt haben dabei im Allgemeinen die Samen, die ausreichend Energie speichern müssen, damit daraus eine neue Pflanzengeneration hervorgehen kann. Diesen Umstand wissen Schildkröten wohl zu nutzen, denn in Abhängigkeit von ihrer Verfügbarkeit bilden auch Pflanzensamen einen erheblichen Anteil der Schildkrötennahrung. So fand beispielsweise HIGHFIELD (2010) in den Kothäufchen spanischer *T. g. graeca* in trockenheißen Zeiten, wenn die Verfügbarkeit frischen Grüns limitiert ist, einen sehr hohen Samenanteil. Ähnliches berichten COBO & ANDREU (1988), die bei ihren Kotanalysen an derselben Art die Samen von immerhin 34 verschiedenen Pflanzenarten identifizieren konnten. Nicht alle Samen werden von den Schildkröten gleichermaßen verwertet, denn während manche ganz oder teilweise verdaut werden, werden andere nach der Passage des Verdauungstrakts praktisch unversehrt und keimfähig ausgeschieden. Aus diesem Grund tragen die Schildkröten auch zur Verbreitung von Pflanzen bei, wie COBO & ANDREU (1988) für mindestens drei verschiedene Pflanzenarten zeigen konnten.

Über die Pflanzenkost hinaus werden von Landschildkröten in geringem Umfang auch tierische Nahrungsbestandteile aufgenommen. Sie gelangen somit an Mineralstoffe und Spurenelemente, die in pflanzlicher Nahrung nur in sehr geringen Mengen oder gar nicht vorkommen. Zur tierischen Kost gehören z. B.

wirbellose Tiere, die entweder an Pflanzen anhaftend mit verschlungen, aber auch gezielt aufgenommen werden. Hierzu zählen vor allem Gehäuseschnecken (z. B. CHEYLAN 1981; CALZOLAI & CHELAZZI 1991), die aufgrund ihres Kalkgehäuses sowohl im natürlichen Lebensraum als auch in menschlicher Obhut gern gefressen werden. Weiterhin wurden auch Gliedertiere (Arthropoden), wie Käfer oder Tausendfüßer, im Verdauungstrakt und in den Ausscheidungen der Landschildkröten gefunden. Aber auch Aas und Kot von Wirbeltieren werden gelegentlich gefressen.

Die Nahrungszusammensetzung im Jahresverlauf

Im natürlichen Lebensraum verändert sich im Jahresverlauf fortwährend das Nahrungsangebot für die dort lebenden Landschildkröten. Dabei variiert nicht nur das Spektrum der zur Verfügung stehenden Pflanzenarten und -teile, sondern auch deren Zu-

Das Nahrungsangebot im natürlichen Lebensraum schwankt erheblich im Jahresverlauf. Im Frühjahr, wenn die Vielfalt groß ist, sind Landschildkröten wie diese *T. h. boettgeri* im Süden von Montenegro wählerisch.
Foto: M. Wirth

Bei Nahrungsknappheit im Sommer müssen die Tiere zwangsläufig mit dem vorliebnehmen, was sie dann noch finden. Beispielsweise aromatische Kräuter werden aber zumeist verschmäht.
Foto: M. Wirth

sammensetzung und Inhaltsstoffe. Folglich schwankt der Nährwert und damit letztlich die Quantität und Qualität der Schildkrötenkost. Im Frühjahr, aber auch im Herbst, ist das Nahrungsangebot in den Biotopen abwechslungsreich und reichhaltig, in den trockenheißen Sommermonaten eingeschränkt und karg. Im Rahmen einer dauernden Anpassung haben sich die Schildkröten über zahllose Generationen hinweg an die wechselnden Bedingungen angepasst. Daher finden die Tiere nicht nur ausreichend Nahrung, die ihr Überleben sicherstellt, sondern nehmen über ein breites Nahrungsspektrum auch genügend Mineralstoffe, Vitamine und Spurenelemente auf, die sie für die Aufrechterhaltung ihrer Körperfunktionen ebenso benötigen wie für ein gesundes Wachstum.

Prinzipiell richten sich pflanzenfressende Schildkröten bei der Nahrungssuche aber nach dem Energie-, dem Wasser- und dem Toxingehalt der Futterpflanzen (z. B. MASON et al. 1999;

LAGARDE et al. 2003). In Zeiten des Überflusses, sprich bei einem reichhaltigen und abwechslungsreichen Nahrungsangebot, können es sich die Schildkröten leisten, wählerisch zu sein. Sie bevorzugen dann bestimmte Pflanzengruppen bzw. -arten, andererseits aber auch besonders nahrhafte Pflanzenteile, wie Knospen, Blüten, Früchte und Samen. Bei Nahrungsknappheit hingegen werden von den Tieren auch vertrocknete Pflanzen, solche mit geringem Nährwert und teilweise selbst giftige Pflanzen gefressen (BUSKIRK et al. 2001).

Wie sich das Nahrungsspektrum der Landschildkröten im Jahresverlauf genau verändert, wurde bisher nur unzureichend untersucht, was vor allem auf den großen Aufwand solcher Studien zurückzuführen ist. Etwas Klarheit bringen zumindest die von NOUGARÈDE (1998) über einen Zeitraum von sechs Jahren auf Korsika für *T. h. hermanni* gesammelten Daten. Es zeigte sich, dass sich das Spektrum der aufgenommenen Blütenpflanzen während der verschiedenen Jahreszeiten stark verändert. So werden in den Monaten Mai und Juni, und damit in der Blütezeit der einjährigen Pflanzen der Krautschicht, noch 30–35 verschiedene, in den Monaten Juli und August hingegen nur noch 3–12 Blütenpflanzen gefressen. Aufgrund des Aufblühens der Herbstpflanzen nach den spätsommerlichen Niederschlägen umfasst das Nahrungsspektrum Ende September wieder 15 verschiedene Blütenpflanzen. Mit dem Gesamtnahrungsspektrum verhält es sich genau umgekehrt, denn die Diversität der Nahrung erreicht zu Beginn und am Ende der Blütezeit, aber auch in der Mitte des Sommers, ihre größte Bandbreite, also genau in den Zeiten, in denen die Vielfalt der Blütenpflanzen am niedrigsten ist. Die Griechische Landschildkröte zeigt folglich auf Korsika im Frühjahr, und damit dann ein spezialisiertes Fressverhalten, wenn das Nahrungsangebot sowohl qualitativ wie auch quantitativ am größten ist. Im Sommer hingegen, wenn das Nahrungsspektrum gering ist, zeigen sie gezwungenermaßen ein nicht selektives Fressverhalten. Die Untersuchungen von ANDREU (1987) an *T. g. graeca* in Spanien ergaben ein ähnliches Bild. Auch hier unterscheidet sich die monatliche Zusammensetzung des Nahrungsspektrums erheblich, wobei die Vielfalt der aufgenommenen Futterpflanzen im Mai am größten ist. Wie die Griechischen sind auch die Maurischen Landschildkröten in Zeiten des Überflusses wählerisch. Bei Nahrungsknappheit hingegen müssen aber auch sie zwangsläufig mit dem vorliebnehmen, was sie dann noch finden.

Was von den Schildkröten gefressen wird, drückt folglich nicht zwangsläufig eine besondere Vorliebe aus, sondern richtet sich nach dem Angebot und der Verfügbarkeit. Demgemäß bezeichnet ANDREU (1987) beispielsweise die in Spanien lebenden Maurischen Landschildkröten als Generalisten, die sich in ihrer Nahrungswahl an das jahreszeitlich schwankende Angebot anpassen und sich im Jahresverlauf von dem ernähren, was jeweils am leichtesten verfügbar ist.

Dennoch betreiben europäische Landschildkröten teilweise einen beachtlichen Aufwand, um an besonders begehrte Leckerbissen zu gelangen. So ist etwa die Waldrebe *Clematis flammula* für *T. h. hermanni* derart attraktiv, dass diese z. B. auf Korsika und in der Toskana von den Schildkröten aktiv gesucht wird. Ähnliches gilt für auch für manche Kulturpflanzen, so beschreiben beispielsweise CRUCE & RADUCAN (1975), dass in Rumänien lebende *T. h. boettgeri* gewisse Wegstrecken auf sich nehmen, um die in Gärten wachsenden reifen Mirabellen und Bohnen zu fressen.

Wie LOY & CIANFRANI (2010) für *T. h. hermanni* in einem süditalienischen Lebensraum in der Region Molise nahe Isernia zeigen konn-

In der Not fressen Landschildkröten selbst die Zwiebeln des für Säugetiere giftigen Affondil (*Asphodelus* sp.)
Foto: M. Wirth

ten, erreicht die Nahrungsaufnahme der Landschildkröten im natürlichen Lebensraum während des Jahresverlaufs zwei Höhepunkte, und zwar im Juni und von Ende September bis Oktober. Die in diesen Zeiten gesteigerte Nahrungsaufnahme wird als Notwendigkeit im Hinblick auf die zurückliegende bzw. als Vorbereitung auf die bevorstehende Winterruhe verstanden. Wenngleich auch andere Wissenschaftler auf eine verstärkte Nahrungsaufnahme der Landschildkröten im Frühjahr und Sommer verweisen, z. B. für *T. h. hermanni* in Südfrankreich (CHEYLAN 1981) oder in Norditalien (MAZZOTTI et al. 2002), gibt es keine Quellen, die von einer intensivierten Nahrungsaufnahme kurz vor der Überwinterung berichten. Eine mögliche Ursache könnte darin liegen, dass die in der Region Molise lebenden *T. h. hermanni* mit einer Dauer von fünf Monaten (Anfang November bis Ende April) die bis dato längste für diese Unterart dokumentierte Hibernation abhalten. Sie benötigen folglich größere Energiereserven, um den außerordentlich langen Winter zu überstehen.

Artgerechter Speiseplan in Menschenobhut

Eine artgerechte Ernährung europäischer Landschildkröten ist auch in unseren Breiten mit einem für den Pfleger überschaubaren Aufwand möglich. Die entscheidende Grundbedingung hierbei ist, dass vorwiegend (> 90 %) Wildkräuter angeboten werden, die in einer abwechslungsreichen Zusammenstellung und in einem der jeweiligen Jahreszeit entsprechenden Zustand gereicht werden sollten. Die Wildkräuterkost ist ideal, weil sie arm an Eiweiß (Protein), Kohlenhydraten und Kalorien, aber reich an Mineralstoffen, Spurenelementen, Rohfasern und Vitaminen ist. Das Kalzium-/Phosphor-Verhältnis ist zugunsten des Kalziums verschoben und beträgt im Idealfall mehr als 2 : 1. Die Fütterung muss abwechslungsreich sein und darf keinesfalls ausschließlich mit „Kraftfutter" wie Löwenzahn oder Klee erfolgen. Vor allem sollten nicht nur

zarte Jungpflänzchen, frische Triebe und Blätter gereicht werden, sondern vielmehr verstärkt ältere bzw. reife Pflanzen, die im Ganzen angeboten werden, also mit Stängeln, aber auch Blüten und gegebenenfalls Samen.

Landschildkröten benötigen jederzeit hochwertiges und einwandfreies Futter. Diese Forderung bezieht sich auf das Grünfutter wie auch auf das zur Nahrungsergänzung erforderliche Kräuterheu. Die Tiere dürfen nicht als „Biotonnen" missbraucht werden, indem ihnen Obst-, Salat- oder Gemüsereste aus der menschlichen Kü-

Wildkräuter statt Supermarktkost: Die Ernährung von Landschildkröten sollte überwiegend mit Wildpflanzen erfolgen, keinesfalls dürfen die Tiere als „Biotonnen" missbraucht werden Foto: M. Wirth

Kalzium und Phosphor sind von entscheidender Bedeutung für die Gesundheit von Schildkröten. Im natürlichen Lebensraum (hier: *T. h. hercegovinensis*) ergänzen die Tiere ihren Kalziumbedarf beispielsweise durch das Benagen von Knochen. Foto: B. Trapp

che gereicht werden, die ansonsten auf dem Kompost landen würden. Das Futter darf keine Ansätze von Schimmelbildung zeigen, wie ich es wiederholt sogar in öffentlichen Schauanlagen oder sogenannten „Schildkrötenzentren" beobachten musste.

Prinzipiell sollte nur solche Nahrung auf dem Speiseplan der Schildkröten stehen, wie sie sie in identischer, zumindest aber vergleichbarer Form im natürlichen Lebensraum vorfinden und fressen. Was den Tieren dort nicht zur Verfügung steht, brauchen sie auch in menschlicher Obhut nicht. Viel wahrscheinlicher ist es, dass eine widernatürliche Nahrung den Schildkröten schadet. Daher verbieten sich für den menschlichen Verzehr hergestellte Lebensmittel wie z. B. Brot, Nudeln, Getreide- oder Milchprodukte ebenso wie auch Fertignahrung für Haustiere, wie Hund oder Katze. Dabei ist es, wie BAUR (1999) zu Recht verweist, „vollkommen irrelevant, ob die Tiere diese Dinge gerne fressen oder nicht. Sie gehören nicht auf den Speiseplan!"

Die Mineralstoffe Kalzium und Phosphor

Das Wissen um die Bedeutung der Mineralstoffe Kalzium (Ca) und Phosphor (P) in der Schildkrötennahrung und deren Wechselwirkungen ist von entscheidender Bedeutung für die tägliche Fütterungspraxis, um Erkrankungen des Skelettes sowie von Stoffwechsel und Verdauung infolge unsachgemäßer Ernährung vermeiden zu können. Einen guten Einstieg in das Thema bieten die Artikel (1999a, b) bzw. das Buch von DENNERT (2001).

Kalzium und Phosphor sind die wichtigsten mineralischen Bestandteile im Schildkrötenkörper und stehen aufgrund mannigfaltiger Wechselbeziehungen in engem Zusammenhang. Das Schildkrötenskelett enthält ca. 99 % des Körper-Kalziums und ca. 85 % des Körper-Phos-

Auch Schneckengehäuse liefern das wichtige Kalzium Foto: M. Wirth

phors, wobei die Knochen etwa doppelt so viel Kalzium wie Phosphor enthalten. Die Nahrung der Landschildkröten sollte folglich Phosphor, vor allem aber viel Kalzium enthalten. Wichtig ist dabei nicht nur deren absolute Menge in den Futterpflanzen, sondern auch ihr relatives Verhältnis. Das Ca/P-Verhältnis wird ermittelt, indem man den Kalziumgehalt eines Futtermittels durch dessen Phosphorgehalt teilt. Das Ca/P-Verhältnis soll nach DENNERT (2001) bei mindestens 1,5–2 : 1 liegen, besser ist jedoch ein Verhältnis von 3 : 1 oder höher.

Kalzium ist von maßgeblicher Bedeutung, etwa für die Skelettstruktur, die Muskelfunktion und das Nervensystem. Es spielt zudem eine wichtige Rolle bei der Blutgerinnung und der Aktivität von Enzymen. Phosphor hingegen ist ein essenzieller Bestandteil vieler Körperstrukturen wie z. B. der Knochen und Zähne, aber auch der Erbsubstanz, Eiweiße und Enzyme und dient zudem als wichtiger Energiespeicher.

Eine Unterversorgung mit Kalzium bzw. Phosphor schädigt junge wie ausgewachsene Schildkröten gleichermaßen, es unterscheidet sich lediglich das entstehende Krankheitsbild, das bei Jungtieren als Rachitis, bei adulten Exemplaren als Osteomalazie bezeichnet wird. In beiden Fällen enthalten die Knochen der Schildkröten zu wenig Mineralstoffe, was bei jungen Schildkröten zur Knochenerweichung

führt, bei erwachsenen Tieren hingegen die Brüchigkeit der Knochen erhöht. Für ein gesundes Wachstum und die dauerhafte Gesundheit der Schildkröten muss daher eine ausreichende Versorgung der Schildkröten mit diesen Stoffen gewährleistet sein. Wenngleich Kalzium für alle Schildkröten lebensnotwendig ist, so haben insbesondere Jungtiere und geschlechtsreife Weibchen einen erhöhten Kalziumbedarf, Erstere aufgrund ihres starken Wachstums, Letztere für die Schalenbildung der Eier. Ist der Kalziumgehalt der Nahrung zu gering, können Schildkröten die Mangelsituation kurzfristig durch die Mobilisierung von Kalzium aus den Knochen ausgleichen. Dies bleibt meist nicht ohne Folgen, denn der Kalziumentzug schwächt rasch die Knochenstruktur mit allen entsprechenden Folgeerscheinungen.

Eine Ernährung vorrangig auf der Basis von Wildkräutern geht bereits in die richtige Richtung, denn viele Wildkräuter haben einen hohen Kalziumgehalt und ein günstiges Ca/P-Verhältnis. Anders ist es hingegen bei Grünfutter wie Gemüse oder gar Obst, das leider immer noch von vielen Schildkrötenhaltern aus Bequemlichkeit als Futter gekauft wird. Diese Supermarktkost enthält im Allgemeinen nur geringe Kalzium- und Phosphormengen, sie weist zudem oftmals ein negatives Ca/P-Verhältnis und folglich einen Phosphorüberschuss auf. DENNERT (1999a, b, 2001) weist darauf hin, dass Blatt-, Stängel- und Blütengemüse wie Salat- und Kohlsorten, Kresse, Fenchel, Mangold und Portulak sowie Wurzel- und Knollengemüse (z. B. Karotten, Kohlrabi) das kleinere Übel sind im Vergleich zu Gemüsefrüchten wie z. B. Gurken, Tomaten, Paprika und Kürbis. Diese sollten, wenn überhaupt, nur in sehr geringem Umfang angeboten werden, da sie einen niedrigen Phosphor- und Kalziumgehalt haben und einen Phosphorüberschuss aufweisen.

Wenn es in den Übergangszeiten, im sehr zeitigen Frühjahr oder im sehr späten Herbst, bzw. in krankheitsbedingten Ausnahmesituationen erforderlich sein sollte, auf eine Ergänzung zu Wiesenkräutern zurückzugreifen, sollten aufgrund des Ca/P-Verhältnisses unter den Salaten eher Römer-, Endivien und Rucola, nicht aber Eisberg- oder Feldsalat gewählt werden. Zu den wenigen kommerziell erhältlichen Grünfuttermitteln mit günstigem Ca/P-Verhältnis bei gleichzeitig hohem Kalziumgehalt zählen Garten- und Brunnenkresse, Grünkohl und Petersilie. Einen hohen Kalziumgehalt haben auch Futtermalve, Möhrenkraut und Markstammkohl. Kohl sollte aber ebenfalls zurückhaltend angeboten werden, da diese Pflanzen bei übermäßiger Fütterung bei Schildkröten möglicherweise zur Kropfbildung führen können (BAUR 1999).

Der Rohfasergehalt entscheidet

Von maßgeblicher Bedeutung für eine artgerechte Schildkrötenernährung ist der Anteil an Pflanzenfasern in der Nahrung. Diese Rohfasern sind die Gerüstsubstanz der Pflanzen und bestehen zu einem großen Teil aus Zellulose, aber auch aus Hemizellulose und Lignin (VAN SOEST 1994). Der Fasergehalt unterscheidet sich erheblich zwischen verschiedenen Pflanzenarten und -teilen, wie Halme, Blätter oder Blüten. Er ist besonders hoch in Pflanzen, die sich an trockenwarme Bedingungen angepasst haben, wie sie für Schildkrötenlebensräume typisch sind. Der Faseranteil ist aber auch abhängig z. B. von Tageslänge, Temperatur und Wasserverfügbarkeit. Er variiert damit letztlich auch je nach Jahreszeit und dem Lebensabschnitt einer Pflanze. Prinzipiell

Maßgeblich für eine artgerechte Schildkrötenernährung ist der Anteil an Pflanzenfasern in der Nahrung. Wildkräuter wie Löwenzahn haben einen hohen Rohfasergehalt.
Foto: M. Wirth

gilt: je ausgereifter eine Pflanze, desto höher ist ihr Faseranteil (EGGENSCHWILER 1995).

Im natürlichen Lebensraum liegt der Rohfasergehalt der Nahrung pflanzenfressender Reptilien nach DONOGHUE & LANGENBERG (1994) zwischen 10 und 40 %. Demgemäß sollte auch die Nahrung von Landschildkröten in menschlicher Obhut einen hohen Rohfaseranteil haben, damit ein übermäßiges Wachstum vermieden wird. Nach den Angaben von HIGHFIELD (2010) beträgt der Rohfasergehalt der Schildkrötennahrung in Menschenhand lediglich 20 % dessen in der natürlichen Nahrung. Die „Ersatznahrung" kann folglich rascher und einfacher verdaut werden. Erkennbar wird der Unterschied, wenn man den Kot wild lebender Landschildkröten, der zum größten Teil aus unverdauten Rohfasern besteht, mit jenem von Tieren in menschlicher Obhut vergleicht, der zumeist weicher und feuchter ist und einen geringeren Rohfaseranteil zeigt.

Welchen Einfluss der Rohfasergehalt der Nahrung hat, konnten HATT et al. (2005) an

Der Faseranteil variiert in Abhängigkeit von der Jahreszeit und dem Lebensabschnitt einer Pflanze. Prinzipiell gilt: je ausgereifter eine Pflanze, desto höher ist ihr Faseranteil. Foto: M. Wirth

jungen Galapagos-Riesenschildkröten aufzeigen. Sie stellten fest, dass der Rohfaseranteil an der Trockenmasse der aufgenommenen Nahrung ca. 30–40 % betragen muss, um ein übermäßiges Wachstum mit seinen negativen Folgen für die Schildkrötengesundheit zu vermeiden. Für die Ernährung europäischer Landschildkröten fordert DENNERT (1999a, b) einen Rohfaseranteil im Futter von mindestens 12 %, besser noch 20–30 % der Trockensubstanz. Der Grund dafür liegt auf der Hand: Leicht verdauliche Nahrung liefert den symbiontischen Darmbakterien wenig Substanz und damit letztlich den Schildkröten einen geringen Nährwert. Wie LAWRENCE & JACKSON (1982) an *T. graeca* zeigen konnten, erfolgt die Darmpassage leicht verdaulicher, faserarmer, aber wasserreicher Nahrung (z. B. Kopfsalat) bei 28 °C innerhalb von 3–8 Tagen. Sie verlängert sich bei natürlichen Futterpflanzen mit einem höheren Faseranteil (z. B. Disteln) auf 16–28 Tage.

BAUR (1999), ein Tierarzt mit einem profunden Wissen um Aufbau und Funktionalität des Gastrointestinaltrakts von Schildkröten sowie den darin ablaufenden Verdauungsprozessen, beschreibt das artgerechte Futter für Landschildkröten demgemäß als eine Diät, die hauptsächlich Wiesenkräuter, Heu, faserreiche Salate und faserreiches Gemüse umfassen sollte. Probleme entstehen, wenn Landschildkröten nur leicht verdauliches, faserarmes Futter gereicht wird, wie z. B. zarte Blättchen von Salaten oder Kräutern, zuckerhaltiges Obst und stärke- bzw. kohlenhydratreiche Nahrung wie Getreideprodukte. Derart ungeeignete Nahrung wird in den als Gärkammern ausgebildeten Darmabschnitten zu schnell zersetzt und führt dort zu einer Verschiebung des pH-Werts sowie zu einer Gasbildung, die die symbiontische Darmflora schädigt. Die Folgen sind ungenügende Verdauung des Futters, Durchfall und damit Wasserverlust. Zudem können sich unter solchen Bedingungen eventuell im Verdauungtrakt vorhandene Parasiten wie Einzeller oder Würmer explosionsartig vermehren, da sie nicht mehr, wie bei artgerechter Ernährung, mit dem festen, faserreichen Kot ausgeschieden werden. Bei einem Rohfaseranteil von unter 4 % können nach MENKE & HUSS (1987) sogar Giftstoffe entstehen, die zu Verdauungsstörungen führen können.

Wildkräuterkost – die ideale Schildkrötennahrung

Das optimale Nahrungsangebot für europäische Landschildkröten in menschlicher Obhut besteht aus einem breiten und abwechslungsreichen Spektrum frischer und getrockneter Wildkräuter, aber nur einem minimalen Anteil an Gemüse und Beeren. Eine Kost aus krautigen Wildpflanzen entspricht in ihrer Zusammensetzung und ihren Inhaltsstoffen exakt dem, was die Tiere brauchen: Sie ist protein- und kohlenhydratarm, reich an Vitaminen, Mineralstoffen und Rohfasern. Zudem kann, angesichts der Fülle geeigneter Pflanzen, die Ernährung ohne großen Aufwand äußerst abwechslungsreich gestaltet werden, und dies, ohne dass dabei Kosten entstehen.

Dennoch ist das Futterspektrum für Schildkröten unter Haltungsbedingungen – egal, wie abwechslungsreich es auch gestaltet wird – im Vergleich zur Nahrung wild lebender Tiere stark eingeschränkt und vergleichsweise einseitig. Die Bemühungen um ein möglichst breites Angebot können daher nicht groß genug sein. Je abwechslungsreicher das Nahrungsspektrum, desto größer ist auch die Bandbreite der aufgenommenen Pflanzeninhaltsstoffe wie z. B. der Nährstoffe und Spurenelemente. Ist die Abwechslung groß, verringern sich auch mögliche negative Wirkungen einzelner Inhaltsstoffe, was bei geringer Abwechslung Konsequenzen haben könnte. Daher sollte etwa nach MINCH (2008) jede Futterration für Schildkröten mindestens fünf verschiedene Pflanzenarten umfassen, die idealerweise zu unterschiedlichen Pflanzenfamilien gehören und so eine große Bandbreite von Inhaltsstoffen enthalten.

Krautige Wildpflanzen liefern alles, was Schildkröten brauchen: Sie sind protein- und kohlenhydratarm, aber reich an Vitaminen, Mineralstoffen und Rohfasern Foto: M. Wirth

Je variabler die Nahrungszusammensetzung, desto geringer ist das Risiko von Mangelerkrankungen. Die Natur liefert ein breites Spektrum geeigneter Futterpflanzen wie z. B. Disteln. Foto: M. Wirth

Was kann gefüttert werden?

Die Wildkräuterkost für Landschildkröten sollte möglichst abwechslungsreich und mehr als eine reine Löwenzahndiät sein. Je variabler die Futterzusammensetzung und damit auch die Pflanzeninhaltsstoffe, desto geringer ist das Risiko von Mangelerkrankungen. Es gilt, die gesamte Bandbreite der verfügbaren Futterpflanzen auszuschöpfen.

Schildkrötenliebhaber sollten sich daher auch eine gute Artenkenntnis der verfügbaren Wildkräuter aneignen. Zuerst sollte man sich ein Bild von dem in der näheren Umgebung des Wohnortes verfügbaren „Standardangebot" machen. Wie in kaum einer Disziplin, so ist auch bei der Pflanzenbestimmung noch kein

Meister vom Himmel gefallen. Folglich wird man mit dem Bestimmungsbuch über geeignete Futterwiesen streifen und schrittweise das hier wachsende Pflanzenangebot studieren und identifizieren. Wenn man sich sukzessive das erforderliche Wissen aneignet, kann das zu einer schönen und interessanten Beschäftigung für die ganze Familie werden, denn auch Kinder erfreuen sich an diesen Spaziergängen, bei denen es stets etwas Neues zu lernen gibt.

Als „Top Ten" der Futterarten, die von Landschildkröten gern gefressen werden und sich auch von Laien rasch und einfach bestimmen lassen, nennt MINCH (2008): Löwenzahn (*Taraxacum officinale*), Glockenblumen (*Campanula* sp.), Breitwegerich (*Plantago major*), Ackerwinde (*Convolvulus arvensis*), Knoblauchrauke (*Alliaria petiolata*), Vogelmiere (*Stellaria media*), Wicken (*Vicia* sp.), Malven (*Malva* sp.), Rainkohl (*Lapsana communis*) und Wiesenknopf (*Sanguisorba* sp.). Mit diesen Pflanzenarten ist ein guter Einstieg in eine abwechslungsreiche Schildkrötenernährung möglich, denn immerhin gehören sie zu neun verschiedenen Pflanzenfamilien. DENNERT (1999b) empfiehlt zudem noch Weißklee (*Trifolium repens*), Platterbsen (*Lathyrus*), Luzerne und Kleearten (*Medicago*), Große und Kleine Brennnessel (*Urtica dioica, U. ureus*), Weiße, Purpurrote und Stängelumfassende Taubnesseln (*Lamium album, L. purpureum, L. amplexicaule*), Spitzwegerich (*Plantago lanceolata*), Acker-Hellerkraut (*Thlaspi arvense*), Hirtentäschelkraut (*Capsella bursa-pastoris*), Giersch (*Aegopodium podagraria*) und Echten Beinwell (*Symphytum officinale*).

Ein Zuviel an Abwechslung kann es gar nicht geben, und so lässt sich die Liste der regelmäßig angebotenen Pflanzenarten mit wachsendem Kenntnisstand sukzessiv erweitern. Obwohl Löwenzahn & Co. eine wichtige Basis für die tägliche Schildkrötenernährung liefern, wird man rasch feststellen, dass die Schildkröten die Bemühungen des Pflegers um eine Ausweitung des Spektrums zu schätzen wissen und sich begeistert über das abwechslungsreiche und attraktive Nahrungsangebot hermachen.

Was es zu vermeiden gilt

Manche Pflanzenarten bzw. -teile sollten nur in geringen Mengen gefüttert, andere grundsätzlich vermieden werden, da sie zu Gesundheitsproblemen führen können. Entsprechende Angaben finden sich z. B. bei EGGENSCHWILER (1995), DENNERT (1999a, b, 2001) und BAUR (1999).

Ein hoher Eiweißanteil in der Nahrung kann bei Landschildkröten zu einem übermäßigen bzw. unnatürlich raschen Wachstum führen, das mit einem ausgeprägten Höckerwachstum sowie anderen Skeletterkrankungen einhergeht und auch zu Nierenschäden führen kann (EGGENSCHWILER 1995; BAUR 1999). Aus diesem Grund muss auf protein(eiweiß)-reiches Futter wie z. B. Milchprodukte, Eier, Hunde- und Katzenfutter ausnahmslos verzichtet werden. Dasselbe gilt für Fertigfutter, das für Wasserschildkröten entwickelt wurde und das deren vorwiegend tierischer Ernährung gemäß einen sehr hohen Eiweißgehalt aufweist. Im Unterschied dazu ist in der pflanzlichen Nahrung europäischer Landschildkröten nur wenig Protein enthalten (ca. 5–10 % der Trockenmasse). Nach BAUR (1999) kann zu viel Protein im Futter auch zu Problemen bei dessen Ausscheidung führen. Mögliche Folgen sind schwere Erkrankungen wie z. B. verschiedene Formen der Gicht, die nicht nur sehr schmerzhaft sind, sondern zu einem langsamen Dahinsiechen und letztlich zum Tod führen.

Auch die Fütterung mit kommerziell verfügbarem „Landschildkröten-Fertigfutter" lehne ich persönlich ab, selbst als „Nahrungsergänzung".

Solche Fertigprodukte, die z. B. in Form von Futtersticks oder -granulat angeboten werden, entsprechen in ihrer Zusammensetzung in keiner Weise dem Bedarf der Landschildkröten. Sie enthalten Bestandteile und Inhaltsstoffe, z. B. tierischer Herkunft oder aus Getreide, die den Tieren gefährlich werden und zu massiven Gesundheitsproblemen führen können. Zudem wird ein solches Futter auch nicht der Ernährungsweise der Landschildkröten gerecht, die als Weidegänger sowohl frische als auch abgetrocknete Teile einer Vielzahl unterschiedlichster Futterpflanzen verzehren.

Obst darf nur in geringem Umfang gereicht werden. In freier Natur finden Landschildkröten solche Leckerbissen, die aufgrund ihres hohen

Viele Obstsorten, insbesondere Kern- und Steinobst, haben ein ungünstiges Ca/P-Verhältnis
Foto: B. Trapp

Zuckergehaltes gern gefressen werden, nur selten. Man ist versucht, Schildkröten in diesem Zusammenhang mit Kindern zu vergleichen, denn wie diese nun einmal Süßigkeiten, wie Schokolade oder Gummibärchen, Gemüse oder Vollkornprodukten vorziehen, so naschen auch Schildkröten gern an süßen Früchten oder anderem Obst. Obst enthält aber nicht nur zu viel Fruchtzucker und Wasser, sondern auch zu wenig Rohfaser und wird deshalb schlecht vertragen. Es führt daher bei übermäßigem Genuss zu starken Durchfällen, die die lebensnotwendige Darmflora massiv schädigen und die Schildkrötenverdauung empfindlich beeinträchtigen. Außerdem wird das Wachstum von Hefepilzen begünstigt. Viele Obstsorten, insbesondere Kern- und Steinobst, haben zudem ein ungünstiges Ca/P-Verhältnis. Lediglich einige wenige Sorten bilden hier Ausnahmen und haben ein gutes Ca/P-Verhältnis oder sind kalziumreich wie z. B. Apfelsinen, Feigen oder Kaktusfeigen. Besser geeignet als Kern- oder Steinobst sind Beeren, wie etwa Brombeeren oder Johannisbeeren.

Äußerste Zurückhaltung ist auch bei Pflanzen mit einem hohen Gehalt an Oxalsäure geboten, wie z. B. Spinat, Mangold, Chicorée, Tomaten und Ampfer (z. B. Sauerampfer). Diese dürfen nur in geringen Mengen zugefüttert werden, da Oxalsäure Kalzium bindet und so dem Schildkrötenkörper entzieht. Auch kann es zur Bildung von Oxalsäuresteinen in der Harnblase kommen, mit gefährlichen Folgen für betroffene Tiere.

Stets zu meiden: Giftpflanzen

Alle europäischen Landschildkröten fressen im Freiland auch Pflanzen, die etwa für Säugetiere (und damit auch für den Menschen) giftig sind, ohne dabei Schaden zu nehmen. Bekannt ist dies z. B. von *T. h. hermanni* in Südfrankreich, wo

Trotz ihrer toxischen Inhaltsstoffe werden Hahnenfußgewächse gelegentlich von Schildkröten gefressen. Möglicherweise ist dies eine Strategie zur Beseitigung von Darmparasiten. Foto: M. Wirth

die Tiere hochgiftige Arten wie die Gemeine Schmerwurz (*Tamus communis*) sowie Aronstab (*Arum* sp.) fressen, ohne dass deren Verzehr zu Vergiftungserscheinungen führt (LONGEPIERRE & GRENOT 1999; CHEYLAN 2001). Untersuchungen von MEEK (2010) an *T. h. boettgeri* in Montenegro ergaben, dass 16,7 % der aufgenommenen Pflanzen Alkaloide oder andere Toxine enthielten. Die Breitrandschildkröte in Griechenland frisst derart häufig Blätter und Knollen der giftigen Meerzwiebel *Urginea maritima* (z. B. Bour 1995; BRINGSØE 1986), dass TRUTNAU (1971) Bissmarken an dieser Pflanze als guten Hinweis auf das Vorkommen von *T. marginata* betrachtet. Auch die Maurische Landschildkröte wurde gelegentlich beim Verzehr toxischer Gewächse beobachtet, wie z. B. *Testudo g. graeca* in Spanien und Nordafrika (ANDREU et al. 2000; EL MOUDEN et al. 2006) oder *T. g. ibera* in Rumänien (IFTIME & IFTIME 2012).

Ob der Verzehr von Giftpflanzen eine spezielle Bedeutung hat, konnte bisher nicht geklärt werden. Verschiedene Wissenschaftler vermuten aber, dass dies möglicherweise eine Strategie der Schildkröten zur Beseitigung von Darmparasiten wie z. B. Fadenwürmern (Nematoden) sein könnte (u. a. SATORHELYI & SRETER 1993; LONGEPIERRE & GRENOT 1999; LAGARDE et al. 2003). Höchst interessant sind in diesem Zusammenhang die Beobachtungen von LONGEPIERRE & GRENOT (1999) an *T. h. hermanni* in Südfrankreich. Die wild lebenden Schildkröten zeigten hier eine Präferenz für Hahnenfußgewächse, die große Mengen des Toxins Ranunculin enthalten. Erstaunlicherweise änderten die Tiere ihre Präferenz, nachdem sie durch die Verabreichung eines

Wurmmittels künstlich von ihrer Parasitenlast befreit wurden. Ab diesem Zeitpunkt bevorzugten die Schildkröten ungiftige Korbblütler (Asteraceae), als wären sie nach der Entwurmung nicht mehr auf die toxischen Inhaltsstoffe der Hahnenfußgewächse angewiesen. Ob diese Beobachtung möglicherweise eines Tages durch eine wissenschaftliche Untersuchung untermauert oder widerlegt werden wird, ist ungewiss, faszinierend bleibt sie in jedem Fall.

Europäische Landschildkröten sind nach den geschilderten Beobachtungen offenbar in der Lage, in ihrer natürlichen Nahrung enthaltene Giftstoffe in gewissem Umfang zu tolerieren, und eventuell sogar von ihnen zu profitieren. Daraus darf aber nicht geschlossen werden, man könne den Tieren auch in menschlicher Obhut Giftpflanzen füttern, ohne dass sie Schaden nehmen. Tatsächlich ist genau das Gegenteil der Fall, wovon die zahlreich in tierärztlichen Praxen vorgestellten Schildkröten mit Vergiftungserscheinungen zeugen. Bedauerlicherweise können die Tiere in der Haltung nicht immer unterscheiden, was ihnen bekommt und was nicht. Demzufolge dürfen toxische Pflanzen weder als Futter gereicht noch zur Dekoration im Gehege angepflanzt werden.

Der Vegetationszyklus

Wie das Schildkrötenjahr wird auch der Vegetationszyklus der Nahrungspflanzen vom Wechsel der Jahreszeiten bestimmt. Bei einjährigen Pflanzen erfolgt die gesamte Entwicklung vom Auskeimen aus dem Samen bis zur reifen Pflanze, die nach der Blüte selbst wieder Samen hervorbringt, im Verlauf einer einzigen Vegetationsperiode. Während des Wachstums bzw. der Reifung ändert sich nicht nur das äußere Erscheinungsbild der Pflanze, sondern auch Aufbau und Zusammensetzung ihrer Inhaltsstoffe. Wie von MINCH (2008) skizziert, hat eine Jungpflanze, weil ihr Grundgerüst noch nicht vollständig entwickelt ist, einen relativ geringen Faseranteil. Sie enthält aber viele Proteine, da diese für das weitere Wachstum benötigt werden. Bei

Während des Wachstums verändert sich das äußere Erscheinungsbild der Pflanze, aber auch die Zusammensetzung der Inhaltsstoffe. Im Bild zu sehen ist junger Breitwegerich im zeitigen Frühjahr. Foto: M. Wirth

einer ausgewachsenen Pflanze verhält es sich umgekehrt; viel Protein ist bereits verbraucht und dessen prozentualer Anteil folglich niedriger, und aufgrund des voll ausgebildeten Grundgerüsts ist der Faseranteil größer. Ausgereifte Pflanzen haben zudem ein besseres Ca/P-Verhältnis, und mit zunehmendem Alter bzw. sinkendem Wassergehalt nimmt auch der Oxalsäuregehalt in Pflanzen, die diese Säure enthalten, ab (EGGENSCHWILER 1995). Demgemäß variiert der Nährwert der Pflanzen und aus Schildkrötensicht auch deren Qualität als Futterpflanzen im Jahresverlauf.

Der Vegetationszyklus vieler Pflanzen im Mittelmeerraum beginnt im zeitigen Frühjahr. Im natürlichen Lebensraum finden die Schildkröten daher bereits beim Erwachen aus der kurzen Winterruhe viele frische Wiesenkräuter vor, deren Vielfalt und Menge im Anschluss an die Winterregenfälle und unter den sonnigwarmen Frühlingsbedingungen stetig zunimmt. Die Samen einjähriger Pflanzen, die den Winter im Boden überdauert haben, beginnen aufgrund der hohen Feuchtigkeit des sich erwärmenden Bodens zu keimen. Auch die Jungpflanzen mehrjähriger Pflanzen beginnen zu sprießen, und innerhalb kürzester Zeit überzieht ein bunter Vegetationsteppich den Lebensraum der

Wie sich das Nahrungsange-
bot im Jahresverlauf ändert,
zeigen diese Bilder desselben
Schildkrötenhabitats in der
Toskana im Mai bzw. August
Fotos: M. Wirth

und Wassergehalt der Jungpflanzen zugute, da ihre Energiereserven aufgezehrt sind und erneuert werden müssen.

Ähnlich wie in der mediterranen Heimat der Landschildkröten verhält sich die Vegetation auch in unseren Breiten: Sobald der Schnee geschmolzen ist und steigende Temperaturen und eine ausreichende Feuchtigkeit es erlauben, beginnen Samen und Jungpflanzen einen rasanten Start ins neue Pflanzenjahr. Innerhalb weniger Wochen verändert sich meist ab Mitte bis Ende März das Bild der Landschaft und insbesondere der Wiesen. Der braungelbe Farbton der ausgezehrten Vorjahresvegetation, die unter dem schmelzenden Schnee sichtbar wird, weicht einem zunächst zarten Grün, um dann mit den Frühjahrsregenfällen förmlich zu explodieren und sich in ein saftiges, sattes Grün zu verwandeln, in dem sich schon bald erste Blüten zeigen. Die jungen Futterpflanzen strotzen vor Protein und sind

Landschildkröten. Wenn die Schildkröten ihre Winterquartiere verlassen, erwartet sie ein reich gedeckter Tisch aus zahlreichen unterschiedlichen Futterpflanzen. Den nach der langen und entbehrungsreichen Winterzeit ausgehungerten Schildkröten kommt der jetzt hohe Protein-

ein wahres Kraftfutter, das den Schildkröten hilft, mögliche Defizite aus der Überwinterung zu kompensieren und bereits jetzt schon Reserven für den nächsten Winter anzulegen.

Im späten Frühling und Frühsommer gleichen die Wiesen in unseren Breiten wochenlang einem Blütenmeer, in dem zunächst gelbe, später blaue Farbtöne vorherrschen. Auf die Blüte folgt die Samenbildung der jetzt ausgereiften Pflanze. Die Zusammensetzung der Pflanzen hat sich grundlegend geändert, sie sind jetzt proteinarm, aber rohfaserreich, und auch ihr Wassergehalt ist deutlich geringer. Im natürlichen Lebensraum steht den Schildkröten jetzt zum überwiegenden Teil nur noch abgetrocknete Nahrung zur Verfügung.

Erst mit dem Einsetzen spätsommerlicher Gewitter und der Herbstregenfälle ändern sich die Bedingungen wieder, wenn eine zweite Wachstumsperiode erneut frisches Grün sprießen lässt. Viele Pflanzen keimen und wachsen bereits zu Jungpflanzen heran. Dies beschert den Schildkröten abermals einen reich gedeckten Tisch, die Nahrung wird wieder gehaltvoller, und die Tiere haben nochmals Gelegenheit, ausreichend protein- und wasserreiche Kost aufzunehmen, bis schließlich die zurückgehenden Umgebungstemperaturen die Tiere in die Überwinterungsquartiere treiben.

Futtersuche und Futterwiesen

Wildkräuter sollten fernab von Straßen und Bahntrassen, Industrieanlagen und landwirtschaftlichen Nutzflächen gesammelt werden, um eine Belastung mit Insektiziden und Pestiziden, aber auch mit Autoabgasen und sonstigen Rückständen weitestgehend ausschließen zu können.

Die idealen Wiesen für die Suche nach Futterpflanzen liegen weit abseits jeglicher Nutzflächen, sodass dort gepflückte Pflanzen mit an Sicherheit grenzender Wahrscheinlichkeit unbedenklich gesammelt und verfüttert werden können. Besonders geeignet sind Flächen, die aufgrund ihrer Bodenbeschaffenheit den Verhältnissen in den Heimatbiotopen der Schildkröten ähneln, wie z. B. Steinbrüche oder Flussauen, und aufgrund eines ge-

Beim Sammeln von Futterpflanzen gilt es, maß – und rücksichtsvoll vorzugehen und die diesbezüglich geltenden Rechtsvorschriften einzuhalten Foto: M. Wirth

ringen Nährstoffangebots sogenannte „Magerwiesen" hervorbringen. Da die Vegetation in Abhängigkeit von den jeweiligen Bodenbedingungen gedeiht, findet man dort vorwiegend Pflanzen, die in ihrer Zusammensetzung und im Gehalt ihrer Inhaltsstoffe denen im natürlichen Lebensraum entsprechen.

Wie im Umgang mit allen natürlichen Ressourcen gilt es aber auch beim Sammeln von Futterpflanzen, maß- und rücksichtsvoll vorzugehen. Beim Sammeln von Futterpflanzen müssen selbstverständlich die diesbezüglich geltenden Rechtsvorschriften eingehalten werden.

Wenngleich, im Unterschied etwa zu den USA, in Mitteleuropa Fremde beim Eindringen auf den eigenen Grund und Boden nicht unter Beschuss genommen werden, so freut sich aber doch kein Wiesenbesitzer oder Landwirt darüber, wenn seine wertvollen Futterwiesen für das Vieh von Pflanzensammlern geplündert bzw. beim Durchstreifen niedergetrampelt werden. Die Eigentumsrechte Dritter müssen in jedem Fall ebenso respektiert werden, wie die Bestimmungen in Schutzzonen. Darüber hinaus beginnt

Wiesenkräuterheu ist ein wichtiger Bestandteil der Schildkrötennahrung. Es kann wahlweise selbst hergestellt oder in verschiedenen Formen käuflich erworben werden.
Foto: H.P. Mattern

Buch von MINCH (2008), das als Anleitung für die Suche nach geeigneten Futterpflanzen für die Schildkröten jedem Halter wärmstens ans Herz gelegt sei. Das Buch zeigt nicht nur die ganze Palette der als Futterpflanzen geeigneten Arten mit Bestimmungsmerkmalen und in Bildern, sondern liefert gleich auch wertvolle Zusatzinformationen, etwa in Bezug auf mögliche Standorte und die erforderliche Bodenbeschaffenheit sowie auf die jahreszeitliche Verfügbarkeit. Darüber hinaus bietet MINCH auf der Webseite www.samenkiste.de/dtl/dtl_d_kalender einen „Futterkalender der Wildpflanzen" und somit für Schildkrötenhalter ein wertvolles Werkzeug, das für alle Monate des Kalenderjahres die jeweilige Verfügbarkeit von Wildkräutern zeigt.

und endet Artenschutz ja nicht bei Tieren, sondern schließt auch zahlreiche geschützte Pflanzenarten ein. Diese Schutzbestimmungen sind in jedem Fall zu beachten, auch wenn sich die geschützten Arten als Futterpflanzen eignen würden. Eine Übersicht der hierzulande geschützten Pflanzenarten findet sich z. B. im

Wildkräuterheu

Das Nahrungsspektrum im natürlichen Lebensraum variiert in Abhängigkeit der Jahreszeiten erheblich, sowohl in Quantität als auch in Qualität. Hochwertiges Kraftfutter in Form frischer Kräuter steht meist nur kurze Zeit, oft nur für wenige Wochen im Frühjahr und Herbst, zur Verfügung. In der restlichen Zeit müssen sich die Tiere zwangsläufig auf karge Gegebenheiten einstellen, weil die Vegetation unter der starken Sonneneinstrahlung im Mittelmeerraum quasi auf dem Halm zu Heu verdorrt.

Folglich sollte den Schildkröten auch in menschlicher Obhut über den Jahresverlauf hinweg Wiesenkräuterheu in einem der jeweiligen Zeit entsprechenden Anteil an der Gesamtnahrung angeboten werden. Heu aus Wiesenkräutern ist ein wichtiger Bestandteil der Schildkrötennahrung. Heu hat nicht nur einen hohen Rohfaseranteil und folglich eine lange Darmpassagezeit, sondern fördert auch den Erhalt einer gesunden Darmflora und trägt dazu bei, eine mögliche Parasitenlast zu reduzieren.

Kräuterheu kann man kaufen, es lässt sich aber auch ohne großen Aufwand selbst herstellen. Will man Heu kaufen, z. B. in Pelletform, sollte man speziell für Landschildkröten entwickelte Produkte verwenden, denn für Pferde oder andere Säugetiere angebotene Pellets eignen sich aufgrund ihrer Zusammensetzung nicht für Landschildkröten (DENNERT 2000a, b). Gut geeignet sind z. B. die für Landschildkröten hergestellten „Pre Alpin®"-Produkte der Firma Agrobs (www.agrobs.de), die einen hohen Kräuteranteil haben und frei von Getreide sind. Die dafür verwendeten Gräser und Kräuter stammen von artenreichen Magerwiesen des Alpenvorlandes. HIGHFIELD (2010) betont, dass die Agrobs-Produkte im Unterschied zu anderen kommerziellen Futtermitteln ein deutlich breiteres Spektrum an Futterpflanzen enthalten und darüber hinaus Rohfaser- und Proteinanteile aufweisen, die der natürlichen Nahrungszusammensetzung recht nahe kommen. Angeboten werden unterschiedliche Pellet-Typen wie z. B. „Testudo", „Testudo Herbs", „Testudo Baby" und „Testudo Fibre".

Kräuterheu selbst herzustellen, ist nicht schwierig, erfordert aber eine gewisse Sachkenntnis und die Beachtung bestimmter Grundregeln. So müssen die gesammelten Futterpflanzen vollständig durchtrocknen und anschließend trocken gelagert werden. Wenn das Heu noch Restfeuchtigkeit enthält oder infolge unsachgemäßer Lagerung Feuchtigkeit aufnimmt, ist eine Schimmelbildung kaum zu vermeiden, das Heu ist dann unbrauchbar und die Mühe umsonst. Trocknen kann man die Kräuter in Form von Bündeln, die kopfüber aufgehängt werden, oder aber durch ein großflächiges Ausbreiten in dünnen Lagen z. B. auf Gittern, die eine Belüftung von allen Seiten ermöglichen. Anleitungen zur Herstellung von Kräuterheu gibt MINCH (2008), darunter auch eine „Backofen"-Methode. Für welches Verfahren man sich letztlich auch entscheidet, in jedem Fall ist hierfür ein trockener, gut belüfteter und zugleich schattiger Platz erforderlich, damit der Trocknungsprozess schonend erfolgen kann.

Nicht nur die Trocknung, auch die Lagerung muss auf die richtige Weise erfolgen. Ungeeignet sind luftdichte Behältnisse z. B. aus Kunststoff oder Metall, gut bewährt haben sich hingegen Stoffbeutel, ausgediente Kopfkissen- und Bettdeckenbezüge, aber auch Papiertüten oder große Kartons, in denen die getrockneten Kräuter lose übereinander liegend bevorratet werden.

Heupellets müssen laut Herstellerangaben mit Wasser aufgeweicht werden. Hierbei ist auf ein gutes Quellen der Pellets zu achten, da sie dies ansonsten im Verdauungstrakt tun (DENNERT 2000b, d). Was nicht gefressen wird, sollte vom Pfleger spätestens am Abend entfernt werden, um eine Schimmelbildung und dessen Aufnahme durch die Schildkröten auszuschließen.

Das Heu wird von den Schildkröten zunächst zögerlich, im Allgemeinen nach einer kurzen Gewöhnungszeit aber gern genommen. Es empfiehlt sich, das Heu anfangs unter das Frischfutter zu mischen und allmählich dessen Anteil zu erhöhen, während gleichzeitig der der frischen Kräuter reduziert wird. Für die Umstellung der Schildkröten auf eine heuhaltige Nahrung eignet sich unter den Agrobs-Produkten besonders „Testudo Fibre", da es einfach über das Grünfutter gestreut werden kann. Um den Bedingungen im Freiland gerecht zu werden, sollte der Heuanteil im Jahresverlauf sukzessive erhöht werden und im Hochsommer den höchsten Anteil erreichen. Im Spätsommer wird dieser wieder reduziert, da auch im natürlichen Lebensraum mit dem Einsetzen der Regenfälle nach langer Trockenheit wieder vermehrt frisches Grün verfügbar ist und der Heuanteil im Nahrungsspektrum zurückgeht.

Des Guten zu viel –
die richtige Nahrungsmenge

Das Nahrungsangebot muss allen Bedürfnissen der Tiere gerecht werden, ohne dabei ein ständiges Übermaß zu bieten. Viele Halter bieten ihren Tieren aber über die gesamte Aktivitätsperiode hinweg hochwertiges, frisches Futter im Überfluss an, und das oftmals täglich. Das wird von den Schildkröten auch voll angenommen, ist aber des Guten entschieden zu viel. Die Tiere wissen ja nicht, dass ihnen hierzulande keine witterungsbedingte Nahrungsknappheit bevorsteht, sondern die hiesigen Bedingungen für mindestens sieben Monate üppiges Pflanzenwachstum ermöglichen. Eine Folge des Nahrungsüberschusses ist, dass viele Landschildkröten übergewichtig sind, kann aber auch zu einem unnatürlich starken bzw. raschen Wachstum mit Skeletterkrankungen in all ihren unterschiedlichen Ausprägungen führen.

Das Problem ist daher nicht eine unzureichende, sondern eine zu üppige Nahrungszufuhr. Adulte Landschildkröten sollten demgemäß nur jeden zweiten Tag gefüttert werden. Auch bei Jungtieren sollten Fastentage eingeschoben werden. Ich selbst halte jeden 3. Tag für angemessen und habe damit sehr gute Erfahrungen gemacht.

Praktische Fütterung

Die Art der Fütterung trägt ebenfalls entscheidend dazu bei, die Ernährung naturnah zu gestalten. Der beste Weg dabei ist sicherlich die im Buch beschriebene Anlage einer speziellen Futterwiese, auf der die Schildkröten, wie im natürlichen Lebensraum, selbst weiden können. Als alleinige Futterquelle reicht das im Gehege wachsende Pflanzenangebot aber nur in außerordentlich großzügigen Anlagen bzw. bei nur wenigen Schildkröten. Da dies aber eher die Ausnahme denn die Regel ist, muss der Pfleger in regelmäßigen Abständen zufüttern.

Das Nahrungsangebot muss den Bedürfnissen der Schildkröten gerecht werden, ohne dabei ständig ein Übermaß zu bieten Foto: M. Wirth

Das Futter sollte an ständig wechselnden Stellen im Gehege ausgelegt werden, damit die Tiere gezwungen sind, sich jeden Tag auf Futtersuche zu begeben Foto: M. Wirth

Aufgrund der Ernährungsweise der Tiere als umherstreifende Weidegänger vermeide ich feste Futterzeiten und -plätze, denn die Schildkröten lernen anderenfalls rasch, wann und wo sie etwas Fressbares serviert bekommen. Bei einer derartigen Fütterung begeben sich die Tiere im Extremfall kaum noch selbst auf Nahrungssuche, sondern lungern in Erwartung der sicheren Mahlzeiten herum, bis der Pfleger mit dem Futtereimer kommt. So kenne ich Griechische und Maurische Landschildkröten, die von ihren Pflegern ausschließlich Blatt für Blatt von Hand gefüttert werden und folglich kaum noch ein natürliches Nahrungssuche- und Fressverhalten zeigen. Das kann und darf nicht sein! Wird das Futter hingegen an ständig wechselnden Stellen im Gehege ausgelegt, sind die Tiere gezwungen, sich jeden Tag auf Futtersuche zu begeben. Auch verzichte ich bewusst darauf, die Wildkräuter zu zerkleinern, und lege sie im Ganzen im Gehege aus. Es empfiehlt sich, das Futter nicht in einem großen Haufen an einer Stelle anzubieten, sondern an mehreren Plätzen jeweils kleinere Futterrationen auszulegen. So finden die Tiere ihre Nahrung über das Gehege hinweg verteilt und müssen danach suchen und können zudem einander bei der Futtersuche aus dem Weg gehen. Auch unterlegene Tiere können dann ohne Stress fressen und müssen nicht fortgesetzt mit kräftigeren Artgenossen um ihre Nahrung balgen.

Nahrungsergänzung

Die Wildkräuter, die Schildkröten in ihrer Heimat fressen, unterscheiden sich nicht nur in ihrem Artenspektrum, sondern auch in ihrer Zusammensetzung von den in unseren Breiten wachsenden Pflanzen, weil sie nicht auf reichen Böden gedeihen, sondern auf kalkhaltigen Ma-

Die Wildkräuter in Schildkrötenlebensräumen wachsen auf kalkhaltigen Magerwiesen und haben daher zumeist ein hervorragendes Ca-/P-Verhältnis Foto: M. Wirth

Sepiaschalen haben einen hohen Kalziumgehalt und dienen zur Nahrungsergänzung
Foto: M. Wirth

hercegovinensis auf der kroatischen Insel Pag und im Nordosten Griechenlands im gemeinsamen Habitat von *T. h. boettgeri* und *T. g. ibera*. Eine weitere Kalziumquelle sind die in vielen südeuropäischen Schildkrötenbiotopen infolge extensiver Weidewirtschaft im Gelände liegenden, sonnengebleichten Knochen toter Weidetiere.

Um dem Kalziumbedarf der Landschildkröten unter Haltungsbedingungen gerecht zu werden, müssen die gewählten Futter-gerwiesen wachsen. Daher weisen sie oft ein hervorragendes Ca-/P-Verhältnis auf, das z. B. bei den Nahrungspflanzen von *T. h. hermanni* auf Mallorca im Durchschnitt 3,5 : 1 beträgt (VETTER 2006). Ihren Kalziumbedarf decken Landschildkröten im Freiland zusätzlich durch die Aufnahme von Erde, kleinen Steinchen, Schneckenhäusern u. Ä., wie bei Magen- oder Kotuntersuchungen gezeigt werden konnte (CALZOLAI & CHELAZZI 1991; HAXHIU 1995). Gehäuseschnecken sind in den Schildkrötenlebensräumen oft sehr häufig, nach meinen Beobachtungen etwa in den Lebensräumen von *T. h. hermanni* in Südfrankreich und der Toskana, von *T. h.*

pflanzen einen hohen Kalziumgehalt, aber auch ein ausgewogenes Ca-/P-Verhältnis haben. Außerdem ist zusätzlich Kalzium anzubieten. Dieses sollte den Schildkröten zur freiwilligen Aufnahme im Gehege verteilt angeboten und nicht „aufgezwungen" werden, indem es über das Futter gestreut wird. Somit bestimmen die Tiere selbst, wann und wie viel Kalzium sie aufnehmen möchten. Entgegen der Meinung vieler Schildkrötenhalter kann nach DENNERT (1999b) eine Kalzium-Überdosierung durchaus negative Folgen haben. Dies hat einen physiologischen Hintergrund, denn überschüssiges Kalzium wird von Schildkröten in Form von Phosphorsalzen ausgeschieden. Hierbei wird dem Körper Phosphor entzogen, was dann zu Störungen des Skelettstoffwechsels führen kann.

Hochwertige Kalziumquellen sind im Handel günstig erhältlich und können einfach im Gehege ausgelegt werden, wo sie von den Schildkröten rasch entdeckt und von Tieren aller Altersklassen geradezu begierig benagt werden. Sehr gut geeignet sind z. B. Sepiaschalen, die im normalen Zoofachhandel für Ziervögel angeboten werden und einen Kalziumgehalt von 41 % haben (DENNERT 1999b). Eierschalen (gemahlen) sind mit einem Kalziumgehalt von 36 % ebenfalls gut geeignet, sollten aber vor dem Auslegen abgekocht werden, um mögliche Krankheitserreger abzutöten. Auch Muschelgrit, ein Standardprodukt in der Geflügelzucht, hat sich bestens bewährt und wird von den Schildkröten gern gefressen. Die genannten Kalziumspender haben noch eine weitere wichtige Aufgabe, denn bei ihrer Aufnahme arbeiten die Schildkröten auf natürliche Weise ihren stetig nachwachsenden Hornschnabel ab, was mögliche Schnabelbildungen aufgrund mangelnden Abriebs vermeiden kann.

Über die geschilderten Maßnahmen der zusätzlichen Kalziumversorgung hinaus ist nach BAUR (1999) bei Landschildkröten, die in Freilandanlagen gepflegt und artgerecht sowie abwechslungsreich gefüttert werden, eine Ergänzung der Nahrung mit Vitaminen nicht erforderlich.

Phosphor muss, wenngleich ebenfalls lebensnotwendig, im Unterschied zu Kalzium nicht zugefüttert werden, da er in ausreichenden Mengen in Wildkräutern enthalten ist. Wildkräuter enthalten auch alle erforderlichen Vitamine bzw. deren Vorstufen für eine optimale Versorgung der Tiere in ausreichenden Mengen. Auf die Gabe von Mischpräparaten zur Vitaminergänzung sollte gänzlich verzichtet werden. Diese sind nicht nur unnötig, sondern können sogar gefährlich werden, da das Risiko einer Überdosierung besteht. Nach EGGENSCHWILER (1995) werden mehr Landschildkröten durch einen Vitaminüberschuss als durch Vitaminmangel geschädigt. Eine besondere Gefahr geht dabei von den fettlöslichen Vitaminen A und D_3 aus, die, obwohl lebensnotwendig, im Fall einer Überdosierung zu schweren Erkrankungen führen können. Pflanzen enthalten zwar kein Vitamin A, aber dessen Vorstufe Beta-Karotin, aus der in der Darmschleimhaut das Vitamin gebildet wird. Vitamin A wird nach FOWLER (1980) für eine gesunde Jugendentwicklung und Fortpflanzungsfähigkeit benötigt, dient darüber hinaus aber auch als Hautschutzvitamin, dessen Mangel u. a. zu Hautveränderungen sowie zu Störungen der Geschlechts- und Sinnesorgane führen kann. Eine Vitamin-A-Überdosierung führt aber zu einer Ablösung der Haut etwa an Hals, Schwanz oder Gliedmaßen (METTLER et al. 1982; FRYE 1989).

Ein ähnliches Bild ergibt sich nach DENNERT (2001) für Vitamin D_3, das z. B. für den

Auch aus dem Urlaub mitgebrachte alte Knochen von Weidetieren können im Schildkrötengehege als Kalziumquellen ausgelegt werden
Foto: M. Wirth

Transport und den Einbau von Kalzium und Phosphor in das Skelett essenziell ist. Auch die Vorstufen von Vitamin D_3 sind in der Nahrung enthalten und werden nach der Aufnahme in den Körper unter Einwirkung von UV-Strahlung in der Haut in das Vitamin umgewandelt. Ein Vitamin-D_3-Mangel führt zu Störungen im Mineralstoffhaushalt und Skeletterkrankungen, eine Überdosierung hingegen z. B. zu Kalkeinlagerungen in die inneren Organe, die mit einem starken Aktivitätsverlust einhergehen und tödlich enden können (MENKE & HUSS 1987; ZWART et al. 1992). Die Vitamine der Gruppe B können ebenfalls mit der Nahrung aufgenommen werden, sie werden aber auch von den Darmsymbionten produziert.

Trinkwasser und Wasserversorgung

Wie andere Tiere auch, sind Landschildkröten auf Trinkwasser angewiesen und trinken, wann immer sich hierzu die Gelegenheit bietet. Folglich trifft man europäische *Testudo*-Arten in ihren Heimatbiotopen oft in Gewässernähe und kann die Tiere dort beim Trinken beobachten. Hierzu strecken die Schildkröten ihren Kopf ins Wasser und trinken mit eingetauchtem Maul, oftmals minutenlang. Wo Gewässer nicht verfügbar sind, trinken sie aus den sich bei Regenfällen bildenden Pfützen und Rinnsalen. Die Wasseraufnahme geht bei Schildkröten häufig mit der Ausscheidung von Exkretionsprodukten einher, die in Form einer kreideweißen, von Schleim umgebenen, zähflüssigen Masse aus Harnstoff und Harnsäure abgesetzt wird. Der Grund hierfür ist offensichtlich, denn Ausscheidung bedeutet auch immer Wasserverlust. Da Wasser in vielen Schildkrötenlebensräumen ein kostbares Gut ist, leisten sie sich die Exkretion bevorzugt dann, wenn ausreichend Wasser zur Verfügung steht und sie ihre Reserven direkt wieder auffüllen können.

Nur wenn es nicht anders möglich ist, etwa im Hochsommer oder in besonders trockenen Regionen, müssen die Schildkröten

Eine Griechische Landschildkröte trinkt mit eingetauchtem Maul Foto: M. Wirth

allein mit dem in der pflanzlichen Nahrung enthaltenen Wasser auskommen. Gerade hier zeigt sich die große Anpassungsfähigkeit der Tiere. Diese hat auch ihre Grenzen, und so verbringen die Schildkröten in stark trockenheißen Regionen den Hochsommer, und damit die Zeit, in der kein Wasser und nur ausgedörrte Vegetation zur Verfügung steht, in einer Sommerruhe, um die unwirtlichen Bedingungen zu überstehen.

Auch in menschlicher Obhut sind Landschildkröten auf frisches Trinkwasser angewiesen. Gleichermaßen erschreckend und traurig ist eine von DENNERT (1999b) durchgeführte Umfrage, wonach manche Landschildkrötenhalter der Überzeugung waren, dass ihre Tiere kein Trinkwasser benötigen und 23 % der be-

Die Grundregeln für eine artgerechte Schildkrötenernährung

Die wichtigsten Grundregeln für eine optimale Schildkrötenernährung lassen sich in wenigen Worten zusammenfassen und sind nicht kompliziert. Dennoch befolgen nur wenige Schildkrötenhalter diese Grundregeln konsequent und dauerhaft, sei es nun aus Bequemlichkeit, Zeitmangel oder schlicht aus Unkenntnis. Aus diesem Grund muss in meinen Augen jeder Halter ein Verständnis für die Ernährungsansprüche der Landschildkröten und die zugrunde liegenden Verdauungsprozesse besitzen. Erst dann wird klar, dass die Regeln jederzeit und ohne Ausnahmen befolgt werden müssen, um grundlegende, aber schwerwiegende Konsequenzen für die Schildkröten zu vermeiden.

1. Abwechslung: Je abwechslungsreicher die Schildkrötennahrung, desto größer die Bandbreite der aufgenommenen Nährstoffe, Vitamine, Mineralstoffe und Spurenelemente.

2. Variation im Jahresverlauf: Die Nahrungszusammensetzung muss den Jahresverlauf widerspiegeln und sollte im Sommer einen deutlich niedrigeren Wassergehalt, aber höheren Rohfaseranteil haben. Es gilt insbesondere reife Pflanzen, die im Allgemeinen erheblich wertvoller sind als Jungpflanzen, und vermehrt Heu zu füttern.

3. Ideale Nahrungspflanzen: enthalten Kalzium und Phosphor in ausreichenden Mengen und im richtigen Verhältnis zueinander. Der Kalziumgehalt sollte mindestens doppelt so hoch sein wie der des Phosphors.

4. Nahrungsergänzung: Über eine ausreichende Versorgung mit Kalzium hinaus ist bei Tieren, die artgerecht im Freiland gehalten werden, keine weitere Nahrungssupplementierung erforderlich. Auch ein Zuviel an Vitaminen, Kalzium und Phosphor kann zu Gesundheitsschäden führen.

5. Temperatur: Eine regelgerechte Verdauung ist bei Schildkröten nur im richtigen Temperaturbereich möglich. Fressende Tiere müssen folglich immer die Möglichkeit haben, ihre Vorzugstemperatur zu erreichen, damit sie die aufgenommene Nahrung auch richtig verwerten können.

6. Rohfaser: Je höher der Rohfaseranteil in der Nahrung, desto besser.

7. Niemals: Es gibt viele Dinge, die Schildkröten zwar fressen, teilweise sogar gern, die aber auf ihrem Speiseplan nichts zu suchen haben. Andere hingegen dürfen nur selten und in geringen Mengen gereicht werden, da ihr Übermaß schädlich sein kann.

8. Futtersuche: Beim Sammeln von Wiesenkräutern ist der Standort entscheidend: Je magerer und kalkreicher der Boden, desto eher entspricht die Zusammensetzung der dort wachsenden Pflanzen der im natürlichen Lebensraum. Futterwiesen müssen frei von Schadstoffen, z. B. Insekten- oder Unkrautvernichtungsmittel, sein.

9. Darmflora: Die Darmsymbionten sind das wertvollste Gut der Landschildkröten. Diese wollen über die richtige Nahrungszusammensetzung geschont und ebenso gepflegt sein wie die Tiere selbst. Andererseits muss ein regelmäßiges Entwurmen erfolgen, damit eine mögliche Parasitenlast unter Kontrolle gehalten wird.

Diese einfachen Regeln sind bei allen Schildkröten, besonders bei Schlüpflingen und Jungtieren, strikt einzuhalten. In den ersten Lebensjahren sind Panzerstruktur und Knochendichte der Tiere noch im Aufbau begriffen und ausgesprochen empfindlich, weil die Knochen aufgrund des starken Wachstums noch weich und porös, statt hart und dicht sind. Grundsätzliche Fehler können daher rasch schwerwiegende Konsequenzen nach sich ziehen, denn bereits wenige Wochen der Fehlernährung können infolge eines übermäßigen Wachstums zu irreparablen Schäden führen und sich in schweren Panzerdeformationen und Organschäden niederschlagen.

fragten Personen ihren Tieren nur bei den gelegentlich vor und nach der Überwinterung stattfindenden Zwangsbädern die Gelegenheit zur Wasseraufnahme bieten. Als Rechtfertigung wurde von den Befragten auf einen hohen Wassergehalt der pflanzlichen Nahrung verwiesen. Eine aus meiner Sicht völlig unreflektierte Aussage, denn letztlich darf das, was für die Schildkröten im natürlichen Lebensraum eine Ausnahmesituation ist, nicht zu einer dauerhaften Haltungsbedingung gemacht werden. DENNERT (1999b) verweist darauf, dass die freie Verfügbarkeit von Trinkwasser nicht nur aus Tierschutzgründen unabdingbar ist, sondern

Wie andere Tiere brauchen
auch Schildkröten regelmäßig
frisches Trinkwasser, es gibt
aber verschiedene Strategien
und Wege dieses anzubieten
Foto: M. Wirth

auch aus tierärztlicher Sicht zwingend erforderlich ist, denn Wassermangel kann zur Entstehung von Blasensteinen oder Gicht führen.

Viele Halter bieten Trinkwasser in großen flachen Gefäßen, z. B. schweren Blumenuntersetzern, an. Sie kommen damit dem natürlichen Verhalten der Tiere entgegen, die beim Trinken oftmals ins Wasser laufen und darin sitzend trinken. Der Wasserstand muss dabei der Größe der Schildkröten angemessen und so gewählt sein, dass sie ihren Kopf vollständig eintauchen können. Aber Vorsicht: Trinkschalen müssen so beschaffen sein, dass die Schildkröten nicht nur problemlos hinein-, sondern auch wieder herausklettern können. Sie sollten daher eine raue Oberfläche aufweisen, damit die Tiere mit ihren Krallen Halt finden. Gerade bei Schlüpflingen und Jungtieren sollte man z. B. kleine Kieselsteine in die Schalen geben, um möglichen Unfällen vorzubeugen. Weil Schildkröten bei der Wasseraufnahme häufig Kot absetzen, verschmutzt dabei das Trinkwasser

rasch, und es besteht eine Infektionsgefahr durch die von den Tieren gleichfalls ausgeschiedenen Bakterien. Aus diesem Grund muss täglich das Wasser erneuert und die Trinkgefäße gründlich gereinigt werden.

Ein anderer Weg der Trinkwasserversorgung besteht darin, das Wasser in speziellen Gefäßen, wie z. B. Kükentränken aus der Geflügelzucht, anzubieten. In diese können die Schildkröten zwar ihren Kopf hineinstecken, aber nicht hineinsteigen. Während große und flache Schalen praktisch von allen Schildkröten sofort angenommen werden, erfordern solche Tränken wie auch kleine Trinkgefäße oftmals eine gewisse Gewöhnungszeit.

Ernährungsbedingte Erkrankungen

Die Wachstumsrate von Schildkröten wird vor allem vom Nahrungsangebot und dessen Nährwert sowie von den Temperaturbedingungen und dem Wechsel aus Aktivitäts- und Ruhephasen bestimmt. Optimale Aufzuchtbedingungen in Verbindung mit einer abwechslungsreichen, mineralstoff- und rohfaserreichen, aber protein- und kohlenhydratarmen Ernährung lassen junge Landschildkröten langsam, aber gesund heranwachsen. Nur ein naturnahes Wachstum ermöglicht auch ein glattes und hochgewölbtes Panzerwachstum, das mit einer hohen Knochendichte einhergeht. Solchermaßen aufgezogene Jungtiere starten auf ideale Weise in das Schildkrötenleben und erreichen mit großer Wahrscheinlichkeit ein hohes Lebensalter bei nachhaltiger Gesundheit und reichem Fortpflanzungserfolg.

Anders sehen die Perspektiven für sogenannte „Dampfaufzuchten" aus, die unter konstant hohen Temperaturen ohne ausreichende Nachtabsenkung und Winterruhe, und bei zumeist nicht artgerechter Nahrung, innerhalb kürzester Zeit ihre Größe und Gewicht vervielfachen. Derart gemästete Schildkröten sterben oftmals innerhalb der ersten drei Lebensjahre. Jene, die ein höheres Alter erreichen, sind zumeist monströs deformiert und leiden unter schweren Schädigungen der inneren Organe.

Die Deformationen manifestieren sich gewöhnlich in Form eines zu flach ausgebildeten Rückenpanzers mit starker Höckerbildung auf der Panzeroberseite. Die äußerlich sichtbaren Deformationen spiegeln sich auch im Röntgenbild wider, denn die Knochen betroffener Schildkröten sind nicht wie bei gesunden Tieren hart, dünn und dicht, sondern vielmehr fibrös, dick und porös. Die pyramidale Ausprägung der Panzerschilde entsteht durch übermäßige Keratinauflagerung und Deformation des Panzerskeletts. Die Höckerbildung fällt

dabei umso stärker aus, je dicker die Keratinauflagerung ist. Eine ausführliche Diskussion des Problems der Höckerbildung und der zugrunde liegenden Ursachen findet sich bei HIGHFIELD (2010). Als Hauptursachen gelten demnach eine unsachgemäße Ernährung mit zu hohem Protein- und Energiegehalt bei gleichzeitigem Kalziummangel, aber auch unzureichende Feuchtigkeitsbedingungen.

Beim Schlupf der Schildkröten ist das Knochengerüst des Panzers noch weich und flexibel, daher reagieren Schildkröten besonders in ihren ersten Lebensjahren, und damit in einer starken Wachstumsphase, empfindlich auf unzureichende Ernährungsbedingungen. Es entsteht ein Teufelskreislauf, denn je höher die Wachstumsrate ist, desto größer wird die Anfälligkeit für Mangelerscheinungen und in der Folge für Deformationen. Das Knochengerüstet härtet erst im Laufe der Monate und Jahre sukzessiv aus, bleibt aber auch dann noch empfindlich gegenüber fortgesetzten Mangelsituationen.

Junge Landschildkröten sollten langsam, aber gesund heranwachsen. „Dampfaufzuchten" hingegen zeigen monströse Deformationen beispielsweise in Form starker Höckerbildungen auf der Panzeroberseite. Foto: M. Wirth

Gesundheit

Unter artgerechten Haltungsbedingungen und bei sorgfältiger Pflege sind europäische Landschildkröten ausgesprochen robuste Tiere. Dennoch bleibt es selbst unter optimalen Bedingungen nicht aus, das auch einmal gesundheitliche Probleme auftreten können, die den Gang zu einem in der Betreuung von Reptilien erfahrenen Tierarzt erforderlich machen. Eine Liste von Tierärzten, die sich mit Amphibien und Reptilien befassen, sowie von veterinärmedizinischen Untersuchungsstellen kann über die Deutsche Gesellschaft für Herpetologie und Terrarienkunde (DGHT) bezogen oder im Internet unter www.dght.de eingesehen werden.

Neben akuten Verletzungen kommen hierfür insbesondere ernährungs- und haltungsbedingte Probleme infrage, die eine mannigfaltige Symptomatik mit sich bringen können. Zu den ernährungsbedingten Erkrankungen, die gerade bei Jungtieren europäischer Landschildkröten auftreten, gehören die Folgen, die sich aus einer unzureichenden bzw. nicht artgerechten Ernährung ergeben können wie z. B. Verdauungsschwierigkeiten, rachitische Erkrankungen oder Vitamin-Mangelerscheinungen. Haltungsbedingte Gesundheitsprobleme äußern sich oftmals in Form von Erkältungskrankheiten, Legenot oder posthibernaler Anorexie. Zwischen Schildkröten können zahlreiche Ekto- und Endoparasiten übertragen werden, aber auch Infektionskrankheiten wie etwa die hochgefährliche Herpesinfektion.

Im Unterschied zu „klassischen" Schildkrötenbüchern verzichte ich in diesem Buch, das eine andere Zielsetzung verfolgt, bewusst auf ausführliche Schilderungen möglicher Krankheitsbilder, deren Ursachen und Behandlungsmöglichkeiten. Dies soll in meinen Augen ausgewiesenen Fachleuten vorbehalten bleiben. Daher halte ich dieses Kapitel kurz und gehe im Text lediglich auf einige wenige Gesundheitsprobleme ein, die im Zusammenhang mit haltungsbedingten Ursachen stehen, wie einer unsachgemäßen Überwinterung, Problemen bei der Eiablage oder zu häufiges Baden.

Bedauerlicherweise habe ich es schon mehrfach erlebt, wie sich selbst Einsteiger in der Schildkrötenhaltung mit einem Buch in der Hand zu Höherem berufen sahen, voller Selbstvertrauen daraufhin Diagnosen stellten und ohne fremde Hilfe zu Medikamenten griffen. Zum Leidwesen der Schildkröten hat dies die initialen Gesundheitsprobleme nicht verbessert, sondern in sein Gegenteil verkehrt. Gelegentlich sogar mit tödlichen Folgen.

Die Aufgabe eines Schildkrötenhalters ist es meiner Meinung nach, seine Pfleglinge konsequent gut zu beobachten und auf auffällige Verhaltensweisen oder Abnormalitäten zu achten, um Probleme frühzeitig erkennen und rechtzeitig fachkundige Hilfe einholen zu können. Hierzu zählen beispielsweise äußerliche Auffälligkeiten wie Verletzungen, ein Darm- oder Kloakenvorfall, Deformationen, aber auch ein abweichendes z. B. apathisches oder unruhiges Verhalten oder Fressunlust. Der Zustand des Kots liefert ebenfalls klare Warnsignale, wenn dieser nicht in fester und kompakter Form ausgeschieden wird, sondern fortgesetzt dünnflüssig ist. In diesem Fall ist eine Kotuntersuchung zwingend erforderlich, die Auskunft darüber gibt, ob möglicherweise ein behandlungsbedürftiger Parasitenbefall vorliegt.

Informationen zum Thema Schildkrötenkrankheiten kann man Büchern entnehmen, die sich allgemein mit Reptilienerkrankungen befassen und dabei auch Schildkröten abhandeln, z. B. ISENBÜGEL & FRANK (1985), KÖHLER (2009) oder RÜSCHOFF & CHRISTIAN (2012). Es gibt aber auch Bücher, die sich ausschließlich

Unter artgerechten Bedingungen gehaltene Landschildkröten sind ausgesprochen robuste Tiere
Foto: M. Wirth

den Erkrankungen von Schildkröten widmen, z. B. EGGENSCHWILER (2000), SASSENBURG (2005) und KÖLLE (2008) oder das derzeit umfassendste und in meinen Augen beste Buch in deutscher Sprache von HNIZDO & PANTCHEV (2011). Die genannten Bücher unterscheiden sich erheblich im Hinblick auf Zielsetzung, Informationsgehalt, Qualität und Preis. Daher muss jeder selbst entscheiden, wie tief er in die Materie einsteigen und was er dafür ausgeben möchte.

Geschlechtsbestimmung

Grundvoraussetzung für den Aufbau einer Zuchtgruppe von Landschildkröten ist eine sichere Unterscheidung der Geschlechter. Einen sehr guten Überblick über Geschlechtsunterschiede bei Schildkröten liefert die detaillierte und ausführliche Arbeit von BAUR (2000), die die Grundlage der Ausführungen in diesem Kapitel bildet.

Da bei allen Schildkröten die Geschlechtsorgane im Panzer verborgen liegen, muss man die Geschlechtsbestimmung anhand äußerer Merkmale vornehmen, die aufgrund morphologischer Unterschiede als sekundäre Geschlechtsmerkmale Hinweise auf das Geschlecht geben können. Solche äußeren Geschlechtsunterschiede, z. B. Gestalt, Größe oder Färbung, werden im Tierreich als Geschlechtsdimorphismen bezeichnet (BAUR 2000).

Nur in seltenen Fällen – von der Paarung abgesehen –, etwa in Folge einer Stresssituation oder beim Baden, stülpen Schildkrötenmännchen auch ihr Geschlechtsorgan aus, was dann eine Identifizierung ermöglicht. Dabei gilt es allerdings genau hinzusehen, denn gelegentlich stülpen Weibchen ihre Klitoris aus, die dem männlichen Penis stark ähnelt und, wenngleich kleiner, ebenfalls stattliche Ausmaße erreichen kann.

Die Unterscheidung der Geschlechter ist bei ausgewachsenen und geschlechtsreifen Schildkröten im Allgemeinen recht einfach, setzt aber ein gesundes Panzer- und Körperwachstum voraus, da im Fall von Deformationen aufgrund von Mangelsituationen die Merkmale durch Verformungen beeinträchtigt sein können. Der Körperbau der Schildkröten kann darüber hinaus aber auch bei Jungtieren, die noch

Weibchen (links) und Männchen (rechts) von *Testudo h. hermanni* Fotos: M. Wirth

einige Jahre von der Geschlechtsreife entfernt sind, Hinweise auf deren Geschlecht geben, allerdings nicht mit voller Sicherheit. Bei Schlüpflingen hingegen ist die Geschlechtsbestimmung, entgegen anderslautender Bekundungen, so gut wie nicht möglich.

Eine sichere Unterscheidung der Geschlechter ist bei *T. hermanni* und *T. graeca* gewöhnlich ab einer Panzerlänge von etwa 10 cm möglich. Im natürlichen Lebensraum erreichen *T. h. hermanni* die für eine Geschlechtsbestimmung erforderliche Größe im Alter von etwa 6–7 Jahren (z. B. CHEYLAN 2001). Anders sehen die Verhältnisse hingegen bei der Breitrandschildkröte aus, wo die Bestimmung selbst bei jungadulten Tieren noch Schwierigkeiten bereiten kann. Da gerade bei Jungtieren die Geschlechtsdifferenzierung nicht einfach ist und eine gewisse Erfahrung erfordert, sollten Einsteiger idealerweise erfahrene Halter um Unterstützung bitten. Besonders hilfreich ist es, wenn eine größere Gruppe ungefähr gleich großer Jungtiere für einen Vergleich herangezogen werden kann. Um den Tieren bei der Geschlechtsbestimmung unnötigen Stress zu ersparen, empfiehlt es sich, die Schildkröten von oben und unten zu fotografieren und anschließend die Bilder, nicht aber die Schildkröten miteinander zu vergleichen. Somit müssen die Schildkröten nur einmal für einen kurzen Moment auf den Rücken gedreht werden und nicht über einen längeren Zeitraum hinweg, wie etwa bei einem ausgiebigen Betrachten und Vergleichen an den Tieren selbst.

Wie in vielerlei Hinsicht, so zeigen die europäischen Landschildkröten auch im Hinblick auf die Ausprägung der Geschlechtsmerkmale eine gewisse Variabilität. Daher

Weibchen (links) und Männchen (rechts) von *Testudo h. boettgeri* Fotos: M. Wirth

sollte bei der Geschlechtsbestimmung nicht nur ein Merkmal berücksichtigt, sondern vielmehr die Summe der Merkmale betrachtet werden. Wenngleich einzelne Kriterien im Normalfall lediglich einen hinweisenden Charakter haben, so gestatten sie doch in der Summe eine relativ sichere Bestimmung. Betrachtet werden sollten nach VINKE & VINKE (2004a) alle äußeren Merkmale wie die Form und Größe des Panzers, die Ausprägung bestimmter Schilde und des Kopfes und vor allem des Schwanzes. Auch das Verhalten einer Schildkröte in der Gruppe kann Hinweise auf ihre Geschlechtszugehörigkeit liefern, wobei aber gerade das Aufreiten bei Artgenossen, das an erste Kopulationsversuche erinnert, mit Vorsicht zu interpretieren ist, da nicht nur heranwachsende Männchen, sondern auch Weibchen dieses Verhalten zeigen.

Die Weibchen von *T. hermanni* und *T. graeca* werden meist größer als ihre männlichen Artgenossen. Bei *T. hermanni* bleiben Männchen rund 10 % kleiner als Weibchen, und das innerhalb des gesamten Verbreitungsgebietes und unabhängig davon, ob es sich um Tiere aus groß- oder kleinwüchsigen Populationen handelt (CHEYLAN 2001). Im Unterschied hierzu werden bei der Breitrandschildkröte gewöhnlich die männlichen Tiere größer. Aufgrund der Variabilität selbst innerhalb einzelner Populationen, ist die Größe allerdings kein zuverlässiges Merkmal für die Geschlechtsbestimmung. Im Unterschied dazu kann aber die Panzerform als geschlechtsdiagnostisches Merkmal herangezogen werden, aber nur bei gesund und einwandfrei gewachsenen Landschildkröten (BAUR 2000). Sie kann dann bereits bei heranwachsenden Jungtieren einen ersten Hinweis auf das Geschlecht liefern. Beispielsweise haben Weibchen von *T. hermanni* von oben betrachtet

Weibchen (links) und Männchen (rechts) von *Testudo graeca iberica* Fotos: M. Wirth

häufig eine ovale Panzerform, während bei Männchen der Panzer im hinteren Teil breiter und ihr Umriss daher eher trapezförmig ist. Männliche Breitrandschildkröten zeigen oft, aber nicht immer, einen taillierten Panzer, der zum Hinterrand hin ausladend wird. Weibliche *T. marginata* zeigen dagegen einen eher tonnenförmigen Körper ohne Taillierung.

Der Schwanzschild (Supracaudale), der hinterste Schild des Rückenpanzers (Carapax), ist bei Männchen von *T. graeca* (BUSKIRK et al. 2001) und *T. hermanni* (MEEK 1985) in der Regel deutlich stärker eingebogen als bei Weibchen. Bei *T. marginata* ist der Schwanzschild dagegen ebenso wie die hinteren Randschilde gerade bei den Männchen weit ausladend und nach oben gebogen.

Die Form des Bauchpanzers (Plastron) kann zwar nicht bei Jungtieren, wohl aber bei geschlechtsreifen europäischen Landschildkröten bei der Geschlechtsbestimmung helfen. So ist bei adulten Männchen das Plastron oftmals deutlich konkav geformt, wirkt also nach innen eingedellt. Diese Vertiefung ermöglicht den Männchen bei der Paarung einen besseren Halt auf dem gewölbten Rückenpanzer der Weibchen. Ist die Einwölbung bei heranwachsenden Männchen zumeist noch schwach ausgeprägt, wird sie mit fortschreitendem Alter und zunehmender Größe immer deutlicher. Der Bauchpanzer weiblicher Landschildkröten ist zumeist flach, allerdings treten bei *T. marginata* auch immer wieder Weibchen auf, die ein deutlich konkaves Plastron haben.

Die Ausprägung der hintersten beiden Schilde des Bauchpanzers, die sogenannten Anal- oder Afterschilde (Analia), kann oft bereits bei Jungtieren auf das Geschlecht hinweisen, da beide Analschilde bei Männchen einen deutlich flacheren Winkel als bei Weibchen bilden, bei denen der Winkel

Weibchen (links) und Männchen (rechts) von *Testudo marginata* Fotos: P. Fritz & M. Wirth

spitz erscheint. Die Ausprägung der Analschilde gilt daher als eines der wichtigsten Merkmale für die Geschlechtsbestimmung.

Viele Züchter nutzen bei der Geschlechtsdifferenzierung besonders die Ausprägung des Schwanzes, da auch dieses Merkmal bereits bei Jungtieren Unterschiede zwischen Männchen und Weibchen erkennen lässt. So haben Männchen europäischer *Testudo*-Arten nicht nur einen erheblich längeren, sondern auch einen an der Basis deutlich breiteren Schwanz als Weibchen, da der ausstülpbare Penis im Inneren des Schwanzes viel Platz beansprucht. Bei Weibchen liegt zudem die Kloakenöffnung deutlich näher am Körper und damit noch unter dem Panzerrand. Bei Männchen hingegen befindet sich die Kloakenöffnung zur Schwanzspitze hin verschoben und liegt folglich zumeist außerhalb des Panzerrandes (BAUR 2000). Auch wie die Schildkröten ihren Schwanz tragen, ist geschlechtsspezifisch: Männchen tragen den langen Schwanz gewöhnlich angezogen und unter dem Panzerrand an den Körper angelegt, während die Weibchen beim Laufen ihren kurzen Schwanz ausstrecken. Bei Arten, die wie *T. hermanni* an der Schwanzspitze eine große, nagelartige Schuppe, den sogenannten Schwanzendnagel, tragen, kann auch dieser bereits bei heranwachsenden Tieren zur Geschlechtsbestimmung verwendet werden. Während der Schwanzendnagel bei männlichen Schildkröten sehr lang, kräftig und oft krallenartig gebogen ist, ist er bei Weibchen meist sehr klein und erinnert nur an eine vergrößerte Schuppe, die zudem gerade ist (BAUR 2000).

Die Größe und Form des Kopfes kann ebenfalls Hinweise auf das vorliegende Geschlecht geben, allerdings nur bei alten Tieren, da alte Männchen von *T. graeca* und *T. marginata* im Laufe ihres Lebens einen ausgesprochen massigen und mit ausgeprägten Kiefermuskeln versehenen Kopf entwickeln.

Geschlechtsreife

Bei den meisten Schildkrötenarten, so auch bei den europäischen Landschildkröten, ist das Erreichen der Geschlechtsreife weniger von ihrem Lebensalter, als von ihrer Körpergröße abhängig und damit eine Folge der Lebensbedingungen im jeweiligen Lebensraum (BAUR 2000). Aus diesem Grund werden in Menschenhand gehaltene Tiere, die aufgrund eines erheblich üppigeren Nahrungsangebots rascher wachsen als ihre wilden Artgenossen, auch früher geschlechtsreif. Im Normalfall erreichen Männchen dabei die Geschlechtsreife früher als Weibchen. WILLEMSEN & HAILEY (1999a) konnten für 17 verschiedene Populationen von *T. h. boettgeri* zeigen, dass bei ihnen der Eintritt der Fortpflanzungsfähigkeit im Zusammenhang mit der Adultgröße steht: Männchen der kleinwüchsigen Populationen, z. B. bei Kalamata auf der griechischen Peloponnes, waren bereits mit durchschnittlich 6,4 Jahren und damit sehr früh geschlechtsreif, während Männchen aus großwüchsigen Populationen im zentralgriechischen Deskati erst mit 14 Jahren fortpflanzungsfähig waren. Ähnliches galt für die Weibchen: die Weibchen der kleinwüchsigen Population auf der Peloponnes bilden bereits mit einem mittleren Alter von 7,2 Jahren Eier aus, in der zentralgriechischen, großwüchsigen Population erst mit 16,6 Jahren. Unter Haltungsbedingungen erreichen nach VETTER (2006) männliche *T. h. boettgeri* die Geschlechtsreife gewöhnlich mit 4–8 Jahren, Weibchen mit 8–14 Jahren.

Die Männchen der kleinwüchsigen *T. h. hermanni* zeigen z. B. auf Korsika nach STUBBS et al. (1985) erst mit einer Größe von 12–13 cm (entspricht einem Alter von 10–12 Jahren), Sexualverhalten. Die ersten Eiablagen der Weibchen erfolgen hier mit einer Panzerlänge von ca. 15 cm (CHEYLAN 2001).

Männchen von *T. g. graeca* in Spanien erlangen die Geschlechtsreife mit durchschnittlich 7 (5–9) Jahren, die Weibchen hingegen mit 8,59 (6–14) Jahren (BUSKIRK et al. 2001; PERÉZ et al. 1998). Die kleinsten eitragenden Weibchen hatten in der Doñana eine Panzerlänge von 14–15 cm (ANDREU & VILLAMOR 1986), die Männchen erreichten die Geschlechtsreife mit 11,5 cm. In Griechenland lebende *T. g. ibera* waren nach

Der Eintritt der Geschlechtsreife ist weniger vom Lebensalter als von der Körpergröße
abhängig und damit eine Folge der Lebensbedingungen im
jeweiligen Lebensraum
Foto: M. Wirth

WRIGHT et al. (1988) mit 12 cm (Männchen) bzw. 16 cm (Weibchen) geschlechtsreif.

Breitrandschildkröten erreichen die Geschlechtsreife später als andere europäische Landschildkröten. *Testudo marginata* aus der Umgebung des griechischen Gytheion waren mit 14 Jahren geschlechtsreif, wobei die Männchen eine Panzerlänge von 22,4 cm und die Weibchen von 21,4 mm zeigten (BRINGSØE et al. 2001). In menschlicher Obhut hingegen können Breitrandschildkröten nach RUDLOFF (1990) bereits mit einem Alter von 12–14 Jahren zur Fortpflanzung schreiten. HERZ (2007) nennt für das Erreichen der Geschlechtsreife für Weibchen ein Alter von sogar nur 8–10 Jahren und für Männchen von 6–8 Jahren.

Vergesellschaftung unterschiedlicher Formen

Um Artkreuzungen sicher auszuschließen, müssen die verschiedenen Formen der europäischen Landschildkröten konsequent getrennt gehalten werden. Eine Möglichkeit der Vergesellschaftung ohne Verbastardierungen besteht lediglich bei gleichgeschlechtlichen Exemplaren.

Einen Überblick über dokumentierte Kreuzungen geben PIEH & PHILIPPEN (2007), die darauf verweisen, dass Vertreter der Gattung *Testudo* zwar bei gemeinsamen Vorkommen gelegentlich auch im natürlichen Lebensraum bastardieren, z. B. *T. graeca* und *T. hermanni* (BASOGLU & BARAN 1977; NÖLLERT & NÖLLERT 1981), dies besonders aber unter Haltungsbedingungen geschieht. Aus menschlicher Obhut wurden verschiedene Hybriden beschrieben, etwa zwischen *T. graeca* und *T. hermanni* (MERTENS 1968; CHEYLAN 1981) sowie zwischen *T. graeca* und *T. marginata* (STEMMLER-GYGER 1963; OBST & MEUSEL 1978; HEIMANN 1986; BRUEKERS 1994; MAYER 1995). Es scheint, dass vor allem *T. graeca* leicht mit artfremden Tieren hybridisiert, sogar mit der Ägyptischen Landschildkröte *T. kleinmanni* (FRITZ & CHEYLAN 2001).

Ein Männchen von *T. h. boettgeri* wirbt um eine weibliche *T. g. ibera* Foto: M. Wirth

Testudo hermanni kommt in Griechenland stellenweise sympatrisch (im gleichen Gebiet) und syntop (im selben Lebensraum) mit den beiden anderen dort verbreiteten Landschildkrötenarten vor. Hierbei lässt sich aber häufig eine abweichende Nutzung des Biotops durch die unterschiedlichen Arten bzw. eine in Abhängigkeit von der Habitateignung variierende Häufigkeitsverteilung beobachten. STUBBS et al. (1981) sowie WRIGHT et al. (1988) haben im nordöstlichen Griechenland, wo *T. boettgeri* und *T. graeca ibera* gemeinsam auftreten, an vier syntopen Populationen die Habitatnutzung, das Aktivitätsmuster und die Körpertemperaturen der beiden Arten untersucht. Hierbei zeigte sich eine unterschiedliche Raumnutzung, wobei *T. g. ibera* im Vergleich zur Griechischen Landschildkröte eine Präferenz für eher offene Flächen mit spärlicherer Vegetation zeigt. *Testudo h. boettgeri*, die eher die bewaldeten Areale bevorzugten, zeigten niedrigere Körpertemperaturen und eine Verschiebung der bei *T. g. ibera* in den offenen Habitaten beobachteten morgendlichen und abendlichen Aktivitätsmaxima zugunsten einer einzigen Aktivitätsphase zur Mittagszeit. Die Maurischen Landschildkröten hielten sich ganzjährig bevorzugt in den Küstenheideabschnitten auf, dagegen wanderte *T. h. boettgeri* nur im Sommer in diese Biotope ein. Interessanterweise unterblieb dieses Wanderverhalten von *T. h. boettgeri* während sehr trockener Jahre, sodass es trotz des aufgrund der Trockenzeit eingeschränkten Nahrungsangebotes zu keiner Verschärfung der Konkurrenzsituation kam. Bei zahlreichen Exkursionen in unterschiedliche Lebensräume der gleichen Region konnten Freunde und ich die in diesen Studien gezeigte unterschiedliche Raumnutzung nicht beobachteten. Vielmehr fanden wir sowohl in offenen Habitaten gemeinsame Vorkommen, in denen *T. h. boettgeri* zahlenmäßig dominierte, während in anderen, eher schattigen Biotopen *T. g. ibera* nach unserem Eindruck die häufigere Art war.

An Orten, an denen *T. h. boettgeri* gemeinsam mit *T. marginata* vorkommt, scheint Erstere die flacheren Biotope zu bevorzugen, während *T. marginata* Hangneigungen präferiert. In den Küstengebieten der westlichen Peloponnes lassen sich beide Arten aber in ungefähr gleicher Häufigkeit in unmittelbarer Meeresnähe in den bewachsenen Dünenstreifen beobachten.

Neben einer möglichen Hybridisierung kann die Vergesellschaftung verschiedener europäischer Landschildkröten negative Einflüsse auf das Fortpflanzungsergebnis haben. Demnach zeigten sowohl *T. h. boettgeri* wie auch *T. g. ibera* mit 37 % bzw. 48 % vergleichsweise schlechte Schlupfraten, solange beide Arten gemeinsam gehalten wurden (KIRSCHE 1997). Nach der Trennung beider Formen und einer separaten Haltung in reinen Gruppen verbesserte sich die Schlupfrate deutlich und konnte auf 92 % bei *T. h. boettgeri* und 93 % bei *T. g. ibera* gesteigert werden.

Um Unterart- oder Arthybriden sicher auszuschließen, sollten die verschiedenen Landschildkrötenformen konsequent getrennt gehalten werden. Eine Vergesellschaftung ohne Verbastardierungen ist lediglich bei gleichgeschlechtlichen Exemplaren möglich. Foto: M. Wirth

Gefährdung

Ausdruck der Gefährdungssituation der europäischen Landschildkröten ist deren Aufnahme in die „Rote Liste gefährdeter Arten" (IUCN Red List of Threatened Species), die von der Weltnaturschutzunion „International Union for Conservation of Nature and Natural Resources" (IUCN) im Jahr 1966 ins Leben gerufen wurde und die sämtliche weltweit gefährdete Tier- und Pflanzenarten enthält. Diese Liste wird jährlich aktualisiert und kann z. B. im Internet unter www.iucnredlist.org eingesehen werden. Auch von einzelnen Staaten und sogar Bundesländern werden Rote Listen herausgegeben, die sich im Unterschied zur IUCN-Liste aber ausschließlich mit den jeweils regional gefährdeten Spezies befassen.

Die Griechische Landschildkröte (*T. hermanni*) wird in der IUCN-Liste nur mit den beiden Unterarten *hermanni* und *boettgeri* geführt, die *hercegovinensis*-Form wird dort nicht anerkannt und folglich als zur Ostrasse *boettgeri* gehörig behandelt. Die aktuelle Fassung (Juli 2012) der Bestandsangaben für *T. hermanni* wurde im Jahr 2004 erstellt und ist sicherlich in einigen Angaben als veraltet zu betrachten. Nach der Einstufung durch Van Dijk et al. (2004a) wird *T. hermanni* als „gering gefährdet" („near threatened", NT) betrachtet, mit der Begründung, dass die Art zwar in einem signifikanten Rückgang begriffen sei, dieser aber mit einer Rate von weniger als 30 % pro Jahrzehnt erfolge. Da Habitatverlust über weite Teile des Verbreitungsgebietes die größte Bedrohung für ihren Fortbestand ist, steht *T. hermanni* aber offenbar kurz vor der Aufnahme in die höhere Gefährdungsstufe „gefährdet" („vulnerable", VU).

Die Maurische Landschildkröte (*T. graeca*) wird bereits als „gefährdet" („vulnerable", VU) in der IUCN-Liste geführt (Van Dijk et al. 2004b), eine Ausnahme ist aber die im nordwestlichen Teil des Westkaukasus lebende Unterart *T. g. nikolskii*, die sogar als „vom Aussterben bedroht" gilt („critically endangered", CR). Als Begründung wird genannt, dass für die in Europa lebenden Populationen im Laufe der nächsten drei Schild-

Die Hauptgefährdung der Landschildkröten besteht in der Lebensraumzerstörung. Für diese Hotelanlage mit Golfplätzen wurden bei Pylos (Peloponnes, Griechenland) zahllose Hektar des natürlichen Habitats von *T. h. boettgeri* und *T. marginata* sowie anderer seltener Reptilienarten wie des Basiliskenchamäleons (*Chamaeleo africanus*) vernichtet. Foto: B. Trapp

krötengenerationen (eine Schildkrötengeneration = 25 Jahre) ein Rückgang von mehr als 30 % prognostiziert wird. Leider stammt die derzeitige Klassifizierung ebenfalls aus dem Jahr 2004 und wird von ihren Verfassern als überarbeitungsbedürftig betrachtet.

Die Breitrandschildkröte (*T. marginata*) wird in der IUCN-Liste – Bearbeitungsstand von 2004 – als derzeit „nicht gefährdet" („least concern", LC) geführt (VAN DIJK et al. 2004c). Diese Einschätzung wird damit begründet, dass, obwohl das Verbreitungsgebiet von *T. marginata* nicht größer als 20.000 km² ist, der Art ein weitläufiges geeignetes Habitat zur Verfügung steht, das offenbar nicht ernsthaft gefährdet sei. Zudem gehen VAN DIJK et al. (2004c) von einer geschätzten großen Population aus, für die keine derart rasche Abnahme erwartet wird, was eine Einstufung in eine höhere Gefährdungskategorie rechtfertigen würde. Als Hauptgefährdung für die Breitrandschildkröte gelten Buschfeuer und weniger

Siedlungsprojekte rücken immer weiter in die Schildkrötenhabitate vor, wie hier auf der Insel Pag (Kroatien) im Lebensraum von *T. h. hercegovinensis* Foto: M. Wirth

Die Landwirtschaft gefährdet Schildkröten und deren Lebensräume gleichermaßen durch landwirtschaftliche Maschinen und Überweidung
Foto: M. Wirth

Auch der Einsatz von Pestiziden bedroht die Landschildkrötenpopulationen
Foto: M. Wirth

eine Lebensraumzerstörung durch Landwirtschaft wie bei *T. hermanni boettgeri*, da *T. marginata* eher steinige, unfruchtbare Lebensräume bevorzugt.

Die Bedrohungssituation der drei in Griechenland heimischen Landschildkrötenarten wurde von WILLEMSEN & HAILEY (1989) über den Zeitraum von 1975–1986 untersucht. Dabei wurden 9.600 Landschildkröten in 75 Populationen und in 42 Regionen markiert und wieder freigelassen. Obwohl im Jahr 1986 Landschildkröten in Griechenland noch häufig waren, zeigten sich bereits 28 % der Populationen in einem katastrophalen Rückgang begriffen, weitere 39 % waren ebenfalls im Schwinden, und nur 33 % der Populationen waren nicht bedroht. Der größte Teil der stark gefährdeten Schildkrötenbestände lebte in küstennahen Gebieten, die besonders stark von der Zunahme des Tourismus und der Landwirtschaft bedroht waren, während viele der nicht unmittelbar gefährdeten Populationen in bergigem Gelände vorkamen. 61 % der von WILLEMSEN & HAILEY (1989) identifizierten Gefährdungen gingen direkt von der Landwirtschaft aus. Als größte Bedrohungen wurden die Beeinträchtigung und Vernichtung der Lebensräume durch Landwirtschaft und Baumaßnahmen, absichtlich oder fahrlässig gelegtes Feuer, der Einsatz von Pestiziden sowie landwirtschaftliche Maschinen identifiziert. Eine weitere Bedrohung geht von der direkten Verfolgung der Schildkröten und ihrer Gelege durch Ratten aus, die von Müllkippen in ortsnahe Habitate eindringen.

Obwohl WILLEMSEN & HAILEY (1989) keine prinzipiellen Unterschiede zwischen *T.-hermanni-boettgeri-*, *T.-marginata-* und *T.-graeca-ibera*-Populationen fanden, stuften sie die Gefährdungssituation für die drei Arten unterschiedlich ein. *Testudo h. boettgeri* ist die häufigste Landschildkrötenart Griechenlands und hat dort das größte Verbreitungsareal, dennoch erschien trotz diverser Gefährdungen vor allem die im Süden beheimateten Populationen nicht im Fortbestand gefährdet. *Testudo marginata* bevorzugt eher

Absichtlich oder fahrlässig gelegte Feuer sind im Mittelmeerraum ein gewaltiges Problem Foto: B. Trapp

Durch das Absammeln insbesondere weiblicher Schildkröten durch „Liebhaber" kippt das Geschlechtsverhältnis. Die wenigen verbleibenden Weibchen werden von den überzähligen Männchen massiv bepaart, sodass schwere Paarungsverletzungen die Folge sein können. Foto: M. Wirth

menschenferne und schwer zugängliche Lebensräume und scheint damit weniger gefährdet als die anderen Arten, hat aber ein deutlich kleineres Verbreitungsgebiet, das sich auf dem Balkan im Wesentlichen auf Teile Griechenlands beschränkt. Zudem erwies sich die Breitrandschildkröte nur in einer von 23 Populationen, bei Gythio am Lakonischen Golf im Süden der Peloponnes, als relativ häufig. Aufgrund der gerade bei dieser Art sehr spät eintretenden Geschlechtsreife sowie einem nur geringen Jungtieranteil in den Populationen, erscheint besonders die Breitrandschildkröte von einem schleichenden Rückgang bedroht zu sein, der bereits durch den Tod oder die Entnahme weniger adulter Exemplare aus einer Population ausgelöst werden kann. *Testudo graeca ibera* ist in Griechenland auf den Nordosten des Landes beschränkt, wo die Tiere hauptsächlich in küstennahen Gebieten leben, die stark unter dem Druck anthropogener Entwicklung stehen. Sie scheint daher von den drei Spezies in Griechenland am stärksten unmittelbar gefährdet zu sein, hat aber glücklicherweise ein weit über Griechenland hinausgehendes Verbreitungsareal, in dem sie stellenweise immer noch sehr häufig ist.

Vierzehn Jahre nach ihrer ersten Untersuchung haben HAILEY & WILLEMSEN im Jahr 2003 nochmals ein Resümee über die Entwicklung der Schildkrötenpopulationen gezogen. Dabei erwiesen sich 29 der 75 Schildkrötenpopulationen als im Rückgang begriffen, 10 der 29 waren praktisch ganz erloschen. Besonders traurig stimmt dabei der Verlust der *T.-marginata*-Population bei Gythio, die als einzige damals eine hohe Bestandsdichte aufwies, inzwischen aber durch ein großes Buschfeuer ausgelöscht wurde. Wie 1986 prognostiziert, waren bis 2003 besonders jene Schildkrötenbestände stark in Mitleidenschaft gezogen worden, die sich in der Nähe von Dörfern und Städten befanden. Der Rückgang aufgrund der Ausweitung der Landwirtschaft erwies sich glücklicherweise geringer als erwartet, was letztlich auf die sich in den 1990er-Jahren abzeichnende wirtschaftliche Entwicklung Griechenlands zurückzuführen ist.

Auch der Straßenverkehr fordert seinen Tribut. Hier überquert eine *T. marginata* eine Straße bei Olbia (Sardinien).
Foto: B. Trapp

Alle europäischen Landschildkröten unterliegen heutzutage strengen nationalen und
internationalen Schutzbe-
stimmungen Foto: M. Wirth

Schutzbestimmungen

Alle europäischen Landschildkröten unterliegen
heutzutage verschiedensten nationalen und internationalen Schutzbestimmungen mit der
Zielsetzung, den langfristigen Erhalt dieser
Tiere zu sichern. Gerade für den normalen
Halter dieser Tiere ist es nicht leicht, hierbei
den Durchblick zu bewahren, weshalb ich im
Folgenden die entsprechenden Bestimmungen
in kompakter Form vorstellen möchte.

Eine hervorragende Quelle für Recherchen
zum Thema Artenschutz ist die im Internet
verfügbare Artenschutzdatenbank WISIA (Wis-
senschaftliches Informationssystem zum Internationalen Artenschutz; www.wisia.de) des Bun-
desamtes für Naturschutz. Die Datenbank ermöglicht die Abfrage des Schutzstatus der international und national geschützten Arten,
die unter die in Deutschland geltenden Artenschutzbestimmungen fallen. Die hier gelisteten
Arten, zu denen auch die europäischen Landschildkröten zählen, können nicht ohne Weiteres
gehandelt oder in Be-
sitz genommen wer-
den.

Die bekanntesten Schutzbestimmungen sind
die des 1973 geschlossenen „Übereinkommens
über den internationalen Handel mit gefährdeten
Arten freilebender Tiere und Pflanzen", das
nach dem Ort seiner Unterzeichnung auch als
„Washingtoner Artenschutzübereinkommen"
(kurz WA) bzw. in englischer Sprache als „Con-
vention on International Trade in Endangered
Species of Wild Fauna and Flora" (CITES) bezeichnet wird. Bis zum heutigen Tag sind
weltweit 174 Staaten der Übereinkunft beige-
treten, darunter seit 1976 auch die Bundesre-
publik Deutschland. Das Abkommen regelt und
überwacht den internationalen Handel, der als
eine der Hauptursachen für die Gefährdung
vieler wildlebender Tier- und Pflanzenarten
gilt. Die gefährdeten oder vom Aussterben bedrohten Spezies werden in Abhängigkeit von
ihrer Schutzbedürftigkeit in den drei Anhängen
WA I–III gelistet, die dem Handel unterschiedlich

starke Beschränkungen auferlegen. Die drei Arten der Gattung *Testudo* mit einem europäischen Verbreitungsgebiet, *T. hermanni*, *T. graeca* und *T. marginata*, werden in WA II geführt und gelten damit zwar als schutzbedürftig, ihre Erhaltungssituation lässt aber noch eine „geordnete wirtschaftliche Nutzung unter wissenschaftlicher Kontrolle" zu.

Seit dem 1. Januar 1984 hat die Europäische Union (EU) das Washingtoner Artenschutzabkommen einheitlich und für alle EU-Staaten verbindlich umgesetzt. Um den Erfordernissen des europäischen Binnenmarktes gerecht zu werden, wurden die ursprünglichen Regelungen der EU gründlich überarbeitet und am 1. Juni 1997 durch zwei Verordnungen ersetzt, die das WA und zum Teil auch EU-Richtlinien umsetzen. Je nach Gefährdungsgrad werden die Arten im EU-Recht in vier unterschiedlichen Anhängen (A–D) aufgeführt. Der Anhang A der EG-Verordnung 709/2010 enthält dabei die in Anhang I des WA gelisteten, von der Ausrottung bedrohten Arten, aber auch andere Arten, die nach Ansicht der Europäischen Union im internationalen Handel so gefragt sind, dass jeglicher Handel das Überleben der Art gefährden würde. Hierzu zählen auch die europäischen Landschildkrötenarten, die damit EU-weit einem einheitlichen Vermarktungsverbot unterliegen, das sowohl den Kauf wie auch den Verkauf der Tiere verbietet. Die Tiere dürfen folglich grundsätzlich nur dann vermarktet werden, wenn die zuständige Behörde diese Vermarktung ausdrücklich durch Erteilung einer Ausnahme vom Vermarktungsverbot gestattet hat. In Deutschland werden diese Ausnahmegenehmigungen durch die zuständigen Behörden der Bundesländer erteilt.

Die Kennzeichnungspflicht ist heute über eine Fotodokumentation möglich Fotos: B. Trapp

Schutzbestimmungen für europäische Landschildkröten

	Griechische Landschildkröte *Testudo hermanni* Maurische Landschildkröte *Testudo graeca* Breitrandschildkröte *Testudo marginata*
Washingtoner Artenschutzabkommen	WA II
EG-Verordnung 709/2010	Anhang: A
FFH Richtlinie EG 2006/105	Anhänge II und IV
Bundesnaturschutzgesetz	Streng geschützt (s)
Erstlistung seit	20.06.1976
Besonders geschützt nach BNatSchG	Seit 31.08.80
Höchstschutz	Seit 01.01.84

Die europäischen Landschildkröten werden darüber hinaus durch die Fauna-Flora-Habitat-Richtlinie, kurz FFH-Richtlinie (Richtlinie 92/43/EWG) geschützt und hier in den Anhängen II und IV geführt. Zu guter Letzt sind *Testudo hermanni*, *T. graeca* und *T. marginata* noch „streng geschützt" nach §7 Abs. 2 Nr. 13 und 14 des Bundesnaturschutzgesetzes (BNatSchG, BG).

Was bedeutet das in praktischer Hinsicht für Halter und Züchter von europäischen Landschildkröten? Kurzgefasst: Aus dem Schutzstatus ergeben sich Auflagen, die von Käufern und Verkäufern gleichermaßen beachtet werden müssen. Die europäischen Landschildkröten dürfen nicht ohne Genehmigung gehalten werden, und beim Erwerb von Tieren muss der Verkäufer dem Käufer eine Vermarktungsgenehmigung in Form einer sogenannten EU-Bescheinigung aushändigen.

Das Halten von Landschildkröten ist darüber hinaus mit einer Melde- und Buchführungspflicht in Form einer Bestandsanzeige verbunden, nach der ein Käufer die Tiere unverzüglich bei seiner zuständigen Naturschutzbehörde anmelden und dort den legalen Ursprung seiner Tiere nachweisen muss. Die Zuständigkeit für die Meldung artengeschützter Tiere ist bundesweit aber nicht einheitlich geregelt. In Abhängigkeit vom Bundesland sind in der Regel das Regierungspräsidium oder die Untere Naturschutzbehörde der richtige Ansprechpartner.

Die Bestandsanzeige muss die Namen und Anschriften von Verkäufer und Käufer, den wissenschaftlichen und trivialen Artnamen, sowie Angaben zur Herkunft (z. B. Eigenzucht), Anzahl der Tiere, Geschlecht (falls bekannt), Alter (bei Nachzuchten das Schlupfdatum), sowie den Verwendungszweck enthalten. Auch jede künftige Veränderung des Bestandes (z. B. durch Kauf, Abgabe, Tod) muss der Behörde gemeldet werden. Züchter sind im Rahmen der Buchführungspflicht gefordert, über alle nachgezüchteten, erworbenen und verkauften Exemplare Buch zu führen.

Darüber hinaus muss der Halter der Behörde eine eindeutige Kennzeichnung der Tiere vorlegen. Diese Kennzeichnungspflicht wurde eingeführt, damit die Melde-, Besitz- und Handelsdokumente zweifelsfrei einem bestimmten Tier zugeordnet werden können, und nicht quasi „Blankopapiere" sind wie die alten CITES-Bescheinigungen und möglicherweise dazu verwendet werden könnten, illegal der Natur entnommene Schildkröten zu legalisieren. Die Kennzeichnung kann bei Schildkröten mit einem Körpergewicht über 500 g mit einem sogenannten Transponder („Chip") erfolgen, der von einem Tierarzt implantiert wird. Die Transponder sind nur bei autorisierten Quellen erhältlich und enthalten festgelegte Informationen, die einmalig und unveränderbar sind. Die Chipnummer wird in der EU-Bescheinigung festgehalten.

Glücklicherweise gibt es zu diesem invasiven Kennzeichnungsverfahren, das mit einem operativen Eingriff einhergeht, mit der sogenannten Fotodokumentation jetzt auch eine erheblich einfachere, aber ebenso sichere Methode. Das

Verfahren basiert auf der Erkenntnis, dass bei Schildkröten bestimmte Körpermerkmale individuell verschieden und unverwechselbar sind und daher mittels Fotografien, die in regelmäßigen Abständen wiederholt werden, dokumentieren werden können.

Die Fotos müssen das betreffende Tier sowohl von der Ober- wie auch von der Unterseite zeigen, damit die Färbung und Zeichnung, aber auch andere wichtige Merkmale wie die Kreuzungspunkte der Bauchschilde, die Form des Nackenschildes und die des 5. Wirbelschildes eindeutig zu erkennen sind. Es empfiehlt sich, die Tiere auf einem schwarz-weiß karierten Untergrund zu fotografieren, dessen einzelne Felder eine Kantenlänge von 10 mm haben, sodass die Größe der Schildkröten gleich aus dem Foto heraus ersichtlich wird. Es werden spezielle Anforderungen an die Ausführung der eingereichten Fotografien gestellt, die z. B. das Tier formatfüllend abbilden und eine Mindestgröße von 9 x 13 cm haben müssen. Die Fotos werden von den Behördenvertretern der jeweiligen EU-Bescheinigung hinzugefügt und begleiten das Tier dann wie ein Personalausweis. Umfassende Details zur Fotodokumentation liefert die Arbeit von BENDER (2001), die von der Deutschen Gesellschaft für Herpetologie und Terrarienkunde (DGHT) in Form einer Broschüre herausgegeben wurde, sowie die Veröffentlichungen von BENDER & HENLE (2001a, b) bzw. BENDER et al. (2007).

Züchter sind im Rahmen der Buchführungspflicht gefordert, über alle nachgezüchteten, erworbenen und verkauften Exemplare Buch zu führen Foto: M. Wirth

Das Schildkrötenjahr

Wie bereits eingangs erläutert, haben Cheylan (1981) sowie Huot-Daubermont & Grenot (1997) in Südfrankreich an den dort lebenden *Testudo h. hermanni* viele Aspekte des natürlichen Verhaltens und deren Variation über den Jahresverlauf untersucht. Die Ergebnisse bieten auch für den Schildkrötenhalter interessante Informationen – als wichtige Grundlage für die Umsetzung einer naturnahen Haltung.

In Anlehnung an die genannten Arbeiten habe ich das Schildkrötenjahr in sechs verschiedene Abschnitte gegliedert, die jeweils zwei Monate beschreiben. Das Schildkrötenjahr startet für mich mit dem Beginn der Aktivitätsphase und nicht mit dem kalendarischen Jahresbeginn. Folglich beginnt dieser Buchabschnitt mit dem Kapitel März und April und endet mit den Monaten Januar und Februar.

Jede Phase und das entsprechende Verhaltensrepertoire in den natürlichen Lebensräumen wird auch von Landschildkröten in menschlicher Obhut durchlaufen, klimatisch bedingt beginnen und enden die jeweiligen Phasen in unseren Breiten aber zeitversetzt. Daraus abgeleitet ergeben sich die Aufgaben für den Schildkrötenhalter, damit die in Freilandgehegen gepflegten europäischen Landschildkröten einen artgerechten Jahreszyklus erfahren.

Endlich ist es so weit: Nicht nur im natürlichen Lebensraum verlassen spätestens jetzt alle Landschildkröten ihre Winterquartiere, sondern auch hierzulande beginnt die Aktivitätsperiode der Tiere. Der Pfleger ist gefordert in dieser Zeit, in der in unseren Breiten oftmals unbeständige Wetterverhältnisse den Start in das Schildkrötenjahr verzögern können, mit technischen Hilfsmitteln einen Ausgleich zu schaffen, damit die wärmebedürftigen Reptilien eine optimale Ausgangsbasis für eine lange und „gute" Schildkrötensaison erhalten.

Frühlingserwachen: eine Griechische Landschildkröte (*T. h. boettgeri*) in ihrem Lebensraum auf der Westseite der Peloponnes-Halbinsel
Foto: B. Trapp

Das Ende der Winterruhe im Freiland

In vielen Regionen des Mittelmeerraumes beenden die Landschildkröten die Winterruhe im Lauf der ersten Märzhälfte. In außergewöhnlich warmen oder kalten Jahren kann die Überwinterung aufgrund früher Wärmeperioden auch früher bzw. angesichts lang anhaltender winterlicher Bedingungen auch später beginnen. In Südspanien verlässt *T. graeca* die Winterquartiere bereits bis Mitte Februar (Díaz-Paniagua et al. 1995). Bei *T. marginata* sollte man nach Bringsøe et al. (2001) nicht von einer echten „Winterruhe" sprechen, da an warmen und sonnigen Tagen auch im Winter regelmäßig aktive Schildkröten beobachtet werden (Willemsen 1991; Panagiota & Valakos 1992). Den Extremfall stellen dabei die Breitrandschildkröten aus dem westlichen Taygetos dar, da sie, von den kältesten Tagen im Dezember und Januar abgesehen, praktisch durchgängig aktiv sind. Auf diese Weise ist *T. marginata* in der Lage, die in diesem Gebiet aufgrund sehr heißer Sommertemperaturen übliche Trockenruhe zu kompensieren (Bour

1995). Der Breitrandschildkröte kommen dabei die dunkle Panzerfärbung und ihre erhebliche Körpergröße zugute, die auch bei kurzer Sonnenscheindauer die Absorption von relativ viel Sonnenenergie ermöglichen. Gleichzeitig kann der massige Körper die aufgenommene Wärme lange speichern. Die Breitrandschildkröte erreicht daher schneller als die Griechische Landschildkröte die für aktives Verhalten erforderliche Körpertemperatur; die Dauer von Sonnenbädern ist entsprechend kürzer.

Eine Einschränkung der verallgemeinerten Aussage betrifft Jungtiere und Schüpflinge. Diese haben nicht nur eine geringere tägliche Aktivitätsdauer, sondern auch eine, verglichen mit adulten Schildkröten, verkürzte jahreszeitliche Aktivitätsperiode, da junge Schildkröten die Winterquartiere im Frühjahr zumeist später verlassen und im Herbst früher aufsuchen (Cheylan 1981; Nougarède 1998). Als Erklärungsansatz für diese Unterschiede zieht Cherchi (1956) die geringere Körpermasse und die damit einhergehende geringere Kapazität zur Wärmespeicherung heran.

Selbst wenn die Schildkröten ihr Winterquartier bereits verlassen haben, graben sie sich vielerorts noch über die Nacht hinweg ein Foto: B. Trapp

Morgendliche Thermoregulation einer *T. h. hercegovinensis* in der Macchia
Foto: M. Wirth

Das zeitige Frühjahr im Mittelmeerraum

Das zeitige Frühjahr ist geprägt von zunehmend stärkerer Sonneneinstrahlung und steigenden Temperaturen, die die Grundlage für das aktive Verhalten der Schildkröten sind. Die circadiane oder tageszeitliche Aktivität wird dabei von Tageslichtdauer, Intensität der Sonneneinstrahlung und Temperatur bestimmt. Im zeitigen Frühjahr meiden die Landschildkröten die niedrigen Temperaturen der frühen Morgen- und späten Nachmittagsstunden und konzentrieren ihre Aktivität auf die Tagesmitte. Die Aktivitätsverteilung ist dementsprechend eingipfelig (unimodal), mit einem Aktivitätshöhepunkt zum wärmsten Zeitpunkt des Tages. Auch *T. marginata* und *T. graeca* zeigen im Frühjahr einen unimodalen Aktivitätsrhythmus mit einem Peak um die Mittagszeit (BRINGSØE et al. 2001; BUSKIRK et al. 2001).

Vielerorts, beispielsweise in Südfrankreich, ist das Wetter in den Monaten März und April aber noch unbeständig, die Aktivität ist ent-sprechend einge-schränkt und sporadisch (CHEYLAN 1981). Zudem sind die Tiere, auch wenn die äußeren Bedingungen stimmen, nicht immer außerhalb ihrer Verstecke anzutreffen. Sie sind einerseits nicht an allen Tagen aktiv, an denen das prinzipiell möglich wäre, andererseits wird der zur Verfügung stehende tägliche Zeitrahmen nur in eingeschränktem Umfang ausgenutzt. An *T. hermanni* konnten HUOT-DAUBREMONT & GRENOT (1997) beobachten, dass im Zeitraum von März bis April bei einer Tageslichtdauer von 11–13 Stunden und einer Umgebungstemperatur von 11 ± 7,3 °C die mittlere Aktivitätsdauer für eine einzelne Schildkröte in Südfrankreich nur bei 1,8 Stunden lag. Der prozentuale Anteil der inaktiven Tage war aufgrund der unbeständigen Witterungsbedingungen mit 47,6 % im Jahresvergleich noch sehr hoch.

In der zweiten Märzhälfte sind die Schildkröten häufiger zu beobachten, allerdings sind

147

Im zeitigen Frühjahr widmen die Schildkröten einen Großteil der außerhalb des Verstecks verbrachten Zeit mit Sonnenbädern. Das Bild zeigt eine *T. h. hermanni*.
Foto: M. Wirth

Die vom Winterregen sattgrüne und blühende Pflanzenwelt bietet den Schildkröten einen reich gedeckten Tisch, so auch im Lebensraum der Dalmatinischen Landschildkröte auf der Insel Pag
Foto: B. Trapp

auch jetzt nur ca. 60–75 % der Tiere aktiv. Die Schildkröten versuchen, die niedrigen Umgebungstemperaturen durch vermehrte Thermoregulation zu kompensieren, und 70 % der außerhalb der Schlupfwinkel verbrachten Zeit entfällt auf Sonnenbäder.

Auch im April werden die Aktivitäten noch von Schlechtwetterperioden, gelegentlich sogar von Schneefällen unterbrochen. Dennoch haben jetzt alle Tiere die Winterruhe beendet. Sie ziehen sich aber während der Nacht und in Kälteperioden in frostsichere Quartiere zurück. Bei einer Umgebungstemperatur von etwa 18 °C sind sie überwiegend zwischen 9 und 14 Uhr aktiv.

Der tägliche Verlauf der Körpertemperatur entspricht in dieser Jahreszeit einer Glockenkurve: Im Verlauf der morgendlichen Aufwärmphase steigt die Körpertemperatur um ca. 4,5 Grad pro Stunde, die Plateauphase über die Tagesmitte hinweg ist mit einer Dauer von 4–5 Stunden relativ kurz. Erst mit dem Erreichen einer Körpertemperatur von 29–30 °C beginnen die Schildkröten mit Aktivitäten wie Fortbewegung und Nahrungsaufnahme, und es kommt zu ersten Paarungsaktivitäten (HUOT-DAUBREMONT & GRENOT 1996).

Zeit des Überflusses

Durch die im zeitigen Frühjahr erforderlichen langen Sonnenbäder geht den Schildkröten im natürlichen Lebensraum wertvolle Zeit für die Nahrungsaufnahme verloren. Angesichts dieses Dilemmas kommt den Schildkröten glücklicherweise der Zustand der Vegetation zugute, denn im Vergleich zum trockenen Sommer bietet die vom Winterregen sattgrüne und blühende Pflanzenwelt Energie im Überfluss. Tatsächlich sind der Nährwert und der Wassergehalt

Mit der Auswinterung der Schildkröten beginnt eine arbeitsreiche Zeit für den Schildkrötenhalter
Foto: M. Wirth

der Nahrungspflanzen im Frühjahr ausgesprochen hoch, sodass der Nahrungsbedarf in vergleichsweise kurzer Zeit gedeckt werden kann. Aufgrund des Überflusses zeigen Landschildkröten im Frühling, wenn die quantitative und qualitative Nahrungsauswahl am größten ist, ein spezialisiertes Fressverhalten und wählen gezielt bestimmte Pflanzenarten bzw. -teile aus. Paradiesische Frühlingsverhältnisse für Landschildkröten, die das wohl zu schätzen wissen, denn jetzt gilt es, sich Reserven für den weiteren Jahresverlauf anzufressen. Im Sommer hingegen, wenn nur noch wenig Nahrung zur Verfügung steht, erfolgt die Aufnahme zwangsläufig unselektiv, die Tiere müssen folglich fressen, was sie bekommen können (CHEYLAN 2001).

Der Frühling naht mit großen Schritten

Das zeitige Frühjahr ist eine arbeitsame Zeit für Schildkrötenhalter. Denn einerseits steht die Auswinterung der Schildkröten bevor, andererseits will auch das Freilandgehege für den Bezug der Tiere vorbereitet werden. Zunächst einmal ist ein Frühjahrsputz im Gehege erforderlich, bei dem Herbstlaub und abgestorbene Pflanzen entfernt werden. Auch die Gehegeeinfriedung sollte kontrolliert und gegebenenfalls ausgebessert werden, bevor die Tiere ihr Freilanddomizil beziehen. Der nahende Frühling bietet sich aber auch für kleinere bauliche Veränderungen im Gehege an, die darauf abzielen, das Wohlbefinden der Tiere dauerhaft zu verbessern. Dies betrifft das Gehege selbst wie auch das den Schildkröten zur Verfügung stehende Schutzhaus. Wie später auch im Kapitel zu den Sommermonaten Juli und August angesprochen, empfehle ich große Umbaumaßnahmen im Gehege, wie z. B. eine grundsätzliche Umgestaltung, erst im Sommer vorzunehmen und nicht im Frühjahr. Grundlage für diese Empfehlung ist die Beobachtung von CHELAZZI

149

& CALZOLAI (1986) an *Testudo h. hermanni* in der zentralitalienischen Toskana, nach der ortsunkundige Schildkröten für die Thermoregulation bis zu drei Stunden (!) länger brauchen als ortskundige Tiere. Das bedeutet in meinen Augen, und viele andere Schildkrötenhalter bestätigen dies für ihre Pfleglinge, dass Schildkröten, wenn sie nach der langen Überwinterung das erste Mal wieder ihre langjährig bekannte Freilandanlage betreten, gezielt den gewohnten Sonnenplätzen zustreben, um dort ihr Sonnenbad zu nehmen. Würden die Tiere hierbei eine veränderte Situation vorfinden und erst wieder die besten Geländestrukturen für die Thermoregulation suchen müssen, könnte dies gerade im zeitigen Frühjahr, wenn noch suboptimale Wetterbedingungen überwiegen, ernste Probleme bereiten.

Vorbild Natur

Wie man europäische Landschildkröten artgerecht hält, zeigt uns Mutter Natur. Ein Besuch in den natürlichen Lebensräumen der Landschildkröten z. B. in Spanien, Südfrankreich, Sardinien, Italien, Kroatien und Griechenland ergibt – bei allen regionalen Besonderheiten – ein weitgehend ähnliches Bild: In einer reich strukturierten Landschaft wechseln dicht bewachsene und vegetationsfreie Flächen einander ab. Wiesen mit einer Vielzahl unterschiedlicher Nahrungspflanzen und ein reiches Angebot an Versteckmöglichkeiten in Form von Büschen und Hecken prägen die Habitate. Der Boden ist zumeist sehr karg, dabei steinig oder sandig, und das Gelände vielerorts unwegsam. Aber genau hier finden die Schildkröten alles, was sie für ihr Überleben benötigen.

Vorbild Natur: im oberen Bild eine *T. h. hercegovinensis* in Dalmatien, unten drei Exemplare derselben Unterart in einem optimalen Freilandgehege Fotos: M. Wirth

Was bedeutet das nun für die Haltung dieser Tiere in unseren mitteleuropäischen Freilandanlagen? Hier gilt es, ein kleines Stück des natürlichen Lebensraumes nachzubilden, um den Schildkröten eine artgerechte, naturnahe Lebensweise zu ermöglichen. Zunächst einmal sind Geländestruktur und Bodenbeschaffenheit wichtige Grundvoraussetzungen für das Wohlbefinden der Schildkröten.

Der Blick in die natürlichen Lebensräume zeigt, wie ein Schildkrötengehege beschaffen sein muss. Das Bild zeigt ein Habitat von *T. h. boettgeri* im Süden von Montenegro. Foto: M. Wirth

Die bei uns vorherrschenden fetten und humusreichen Böden unterscheiden sich deutlich von den Verhältnissen im Mittelmeerraum. In Südeuropa prägen nährstoffarme und kalkhaltige Böden die Landschaft. Sie trocknen aufgrund ihrer lockeren Beschaffenheit und der erheblich besseren Drainage nach Regenfällen rasch ab und erwärmen sich schnell wieder. Bei uns hingegen überwiegen vielerorts nährstoffreiche Böden, deren Erde Niederschläge lange speichert, und die nach einem Regenguss deutlich länger feucht bleiben als in den Heimatbiotopen der Schildkröten. Von den wenigen glücklichen Schildkrötenhaltern (und Schildkröten!) abgesehen, die in ihrem Garten mit einem sandigen oder einem kalksteinhaltigen Untergrund gesegnet sind, muss hier künstlich Abhilfe geschaffen werden. So sollte zumindest auf einigen großen Flächen der Mutterboden abgetragen und ersetzt bzw. großzügig mit Flusssand und Kalk gemischt werden. Das Gemisch aus Sand und Kalk führt dazu, dass der viel zu hohe Nährstoffgehalt abgebaut, der Säuregehalt im Boden verringert und die Krümelstruktur verbessert wird. Eine weitere Durchsetzung des Bodens mit Kalkgestein, beispielsweise in Form von Kalksplit, verbessert darüber hinaus die Drainage. An besonders sonnigen Stellen sollte der Boden vollständig durch Materialien wie beispielsweise Kalkstein, Kies, Bimsstein oder Lavalit ersetzt werden. So entstehen Plätze, die sehr schnell abtrocknen, sich nach einem Regen wieder rasch erwärmen und von den Schildkröten gern für das Sonnenbad aufgesucht werden. Mindestens einer dieser Trockenplätze sollte auch von der Morgensonne beschienen werden, denn gerade die ersten Sonnenstrahlen sind für Schildkröten wichtig, da sie den Tieren ein rasches morgendliches Aufwärmen und folglich einen frühen täglichen Aktivitätsbeginn ermöglichen.

Durch das Anlegen einer an die Sonnenplätze angrenzenden Trockenmauer können die Temperaturen noch weiter gesteigert werden, da die Steine die Sonnenwärme aufnehmen und langsam wieder abgeben. Die Schildkröten wissen das zu schätzen und richten sich in den Morgenstunden schräg an den Mauern auf, um eine optimale Ausrichtung zum Sonneneinfall einzunehmen. Auch natürliche und künstlich in Form von Hügeln geschaffene Hanglagen werden gern von den Tieren aufgesucht. Sind diese nach Süden oder Südosten ausgerichtet, erwärmen sie sich erheblich rascher als ebene Flächen. Weitere Tipps und Tricks zur Gehegeoptimierung finden sie beispielsweise in WIRTH (2012b).

Richtige Planung ist die halbe Miete

Bevor Sie mit der Gestaltung und der Bepflanzung Ihres Freigeheges beginnen, sollten Sie sich überlegen, wie die Geländestrukturen aussehen und welche Bereiche welche Funktionen erhalten sollen. So benötigen Schildkröten neben sonnigen Flächen für die Thermoregulation und Trockenplätzen auch schattige Bereiche, Futterwiesen und Stellen, die sich für die Eiablage eignen. Eine vollkommen ebene Fläche ist nicht nur langweilig für das Auge, sondern auch für Schildkröten. Modellieren Sie Hügel und Senken und legen Sie zur Strukturierung kleine Trockenmauern aus Natursteinen an. Gerade schräge Flächen bzw. Hanglagen die nach Süden oder Südosten ausgerichtet sind, erwärmen sich deutlich rascher als ebene Bereiche und werden von den Schildkröten gern für das Sonnenbad aufgesucht.

Eine abwechs-

lungsreiche Landschaft ermöglicht es den Schildkröten, einander aus dem Weg zu gehen und sich so den Blicken der Artgenossen zu entziehen. Dies verringert Stress, insbesondere für Weibchen angesichts der Paarungsbemühungen der Männchen, und fördert das Wohlbefinden der Tiere.

Eine Strukturierung des Geheges mit ein paar großen Felsbrocken, Steinhaufen und Totholz trägt gemeinsam mit der späteren Bepflanzung zur Entstehung eines mediterranen Charakters bei. Je mehr Steine Sie dabei anstelle von Gras- oder Wiesenflächen verwenden, desto besser, denn Steine speichern die aufgenommene Sonnenwärme sehr lange und strahlen diese nur langsam wieder ab. So entsteht ein deutlich wärmeres Mikroklima, das nicht nur den Tieren sondern auch der Bepflanzung des Geheges zugutekommt, weil diese dann von erheblich günstigeren Wachstumsbedingungen profitiert. Das Gestein strukturiert darüber hinaus das Gehege und dient ebenfalls als wichtiger Sicht-

Gut strukturierte Schildkrötenanlage, die sich aufgrund der nach Süden ausgerichteten Hanglage bei Sonnenschein rasch erwärmt
Foto: M. Wirth

schutz. Besonders schön und naturnah, weil mediterran, wirken dabei Kalk- oder Sandsteine, die vielerorts in Steinbrüchen oder in speziellen Steinhandlungen erhältlich sind. Die warmen Farbtöne dieser weißen, gelben oder roten Gesteine ergeben einen schönen Kontrast zur Farbenpracht der Bepflanzung.

Grundvoraussetzung für die Planung des Geheges und damit auch dessen Bepflanzung ist die Beobachtung der Sonnenverhältnisse in Ihrem Garten. Achten Sie darauf, welches die sonnigen und welches die schattigen Bereiche sind, und wählen Sie daraufhin geeignete Trocken- und Sonnenplätze, aber auch den optimalen Standort für das Schutzhaus sowie Pflanzenarten, die aufgrund ihres Lichtbedürfnisses für die jeweils vorgesehenen Standorte geeignet sind. Dabei gilt es aber auch, die jahreszeitlichen Veränderungen des Sonnenstandes und des Winkels der Sonneneinstrahlung nicht zu vernachlässigen. Bereits niedrige Büsche, aber auch beispielsweise die Gehegeeinfriedung haben bei flach stehender Sonne im Frühjahr und Herbst einen erheblichen Schattenwurf, der berücksichtigt werden muss, um den Schildkröten nicht wertvolles Sonnenlicht vorzuenthalten. Ansonsten kann es sein, dass eine im Sommer geplante Gehegestrukturierung

Bei der Planung von Schildkrötengehegen gilt es, den Sonneneinfall zu analysieren. Hierbei müssen die jahreszeitlichen Veränderungen des Sonnenstandes sowie des Winkels der Sonneneinstrahlung berücksichtigt werden. Foto: M. Wirth

und Bepflanzung im Frühjahr und Herbst Probleme bereitet und das Gehege dann möglicherweise zu einem Großteil im Schatten liegt, wenn eigentlich jeder einzelne Sonnenstrahl für die Schildkröten wichtig ist und zählt.

Bereits niedrige Büsche, aber auch die Gehegeeinfriedung haben bei flach stehender Sonne im Frühjahr und Herbst einen erheblichen Schattenwurf Foto: M. Wirth

Keine Schildkrötenhaltung ohne adäquates Schutzhaus

Wie eingangs erwähnt, unterscheiden sich der natürliche Lebensraum und die „Ersatzbiotope" in Menschenhand vor allem in klimatischer Hinsicht sowie in Bezug auf die Zahl der Sonnenstunden und die Lichtintensität. Es ist hinlänglich bekannt: Aufgrund der bei uns im Frühjahr vorherrschenden, im Vergleich zum Mittelmeerraum nasskalten Verhältnisse ist eine artgerechte Haltung ohne beheizte Schutzhäuser nicht möglich. So freuen wir uns zwar im Sommer auch hierzulande über die warmen und sonnigen Tage, aber über das Schildkrötenjahr hinweg betrachtet sind es einfach zu wenige. Insbesondere in den nasskalten Übergangszeiten im Frühjahr und Herbst, jedoch auch während Schlechtwetterperioden im Sommer, haben die Tiere die Möglichkeit, im beheizten Schutzhaus ihre Vorzugstemperatur zu erreichen. Einmal aufgeheizt, steht dann selbst im zeitigen Frühjahr einem Ausflug ins Freigehege nichts mehr im Wege.

Das richtige Schutzhaus

Sollten Sie mit ihrem Schutzhaus nicht zufrieden sein, so ist spätestens im März der Zeitpunkt gekommen, eine verbesserte Version anzuschaffen und aufzubauen. Als Schutzhäuser eignen sich Gewächshäuser oder Frühbeete gleichermaßen, wenngleich beide Formen jeweils ihre eigenen Vorteile haben. Der Hauptvorteil des Gewächshauses liegt in dessen Größe, denn aufgrund der größeren Grundfläche haben die Schildkröten in den nasskalten Übergangszeiten darin einen erheblich größeren Aktivitätsraum. Auch ist der Wärmehaushalt in Gewächshäusern aufgrund des größeren Volumens ausgeglichener, zumal beim Öffnen der Tür durch den Pfleger nur ein kleiner Teil der Raumwärme entweicht. Frühbeete hingegen erwärmen sich aufgrund der geringeren Höhe deutlich rascher, und die warme Luft bleibt stets bodennah. Eine ausführliche Diskussion der Vor- und Nachteile von Gewächshaus und Frühbeet sowie zahlreicher anderer Aspekte, die bei der Entscheidung für ein bestimmtes Modell berücksichtigt werden müssen, finden sich in WIRTH (2012a), denn leider sind nicht alle im

Ein beheizbares Schutzhaus ist unerlässlich, damit die Schildkröten auch nasskalte Übergangszeiten im Frühjahr und Herbst unbeschadet überstehen Foto: M. Wirth

Handel erhältlichen Schutzhäuser gleichermaßen für die Schildkrötenhaltung geeignet.

Kurzgefasst muss immer gelten: Je hochwertiger Verglasung und Verarbeitung sind, desto besser. Der Unterschied im Anschaffungspreis für ein hochwertiges Modell rechnet sich zumeist in absehbarer Zeit, da im Unterschied zu minderwertigen Produkten die laufenden Kosten für die Beheizung angesichts widriger äußerer Witterungsbedingungen deutlich niedriger ausfallen. Bei der Verglasung stehen verschiedene Materialien zur Verfügung, die meisten Schildkrötenhalter entscheiden sich aber für Kunststoffverglasungen aus Polycarbonat (Makrolon) oder Polymethylmethacrylat (Plexiglas,

Der Eingang zum Schutzhaus muss zur Vermeidung von Zugluft mit einem Lamellenvorhang versehen werden
Foto: M. Wirth

Acrylglas). Eine Sonderform des Plexiglases ist das sogenannte Alltop, das als einziges Material UV-durchlässig ist und aus diesem Grund, trotz seines recht hohen

Hochwertige Frühbeete sind ebenfalls hervorragende Schutzhäuser, haben aber andere Vorteile als Gewächshäuser Foto: M. Wirth

Fensterheber verhindern eine Überhitzung, da sie sich bei steigenden Temperaturen automatisch öffnen und überschüssige warme Luft entweichen lassen Foto: M. Wirth

kammerplatten erhältlichen Kunststoffverglasungen werden mit unterschiedlichem Stegabstand bzw. Kammerbreiten und in unterschiedlicher Stärke angeboten. Für eine Verglasung von Landschildkrötenschutzhäusern sollte eine Plattenstärke von mindestens 10 mm, besser noch 16–20 mm gewählt werden, da mit zunehmender Dicke die Isolierwirkung steigt und folglich der Wärmedurchgangswert abnimmt. Diese auch als U-Wert bezeichnete Materialeigenschaft beziffert den Wärmeverlust über die Verglasung und sollte möglichst niedrig sein.

Ein Traum für Schildkrötenhalter ist dieses gewaltige Gewächshaus, das die Innengehege für mehrere Außenanlagen stellt Foto: M. Wirth

Preises, in der Schildkrötenhaltung oftmals den Vorzug erhält. Die als Hohl-

Idealerweise werden Frühbeete so im Schildkrötengehege aufgestellt, dass sie gen Südosten zeigen, Gewächshäuser hingegen werden am besten mit dem Giebel in Nord-Süd-Richtung ausgerichtet. So fällt eine große Menge Licht in das Gewächshaus bzw. Frühbeet, was ein rasches Aufheizen des Schutzhauses und damit auch der Schildkröten ermöglicht.

Für welche Ausführung man sich auch immer entscheiden mag, zwei Dinge sind unerlässlich. Dies ist zum einen ein automatischer Fensterheber, der bei Überschreiten einer voreingestellten Temperatur im Inneren des Frühbeets bzw. Gewächshauses warme Luft entweichen lässt und einer anderenfalls potenziell drohenden Überhitzungsgefahr vorbeugt. Hierfür werden neben herkömmlichen Standardmodellen aus dem Gärtnereibedarf inzwischen sogar spezielle, auf die Bedürfnisse von Schildkröten ausgerichtete Versionen angeboten, die höhere Temperaturen im Schutzhausinneren ermöglichen. Weiterhin muss der Schildkrötenzugang zum Schutzhaus in jedem Fall mittels Türchen fest verschließbar sein, um mögliche Fressfeinde in der Nacht am Eindringen zu hindern, und zudem mit einem Lamellenvorhang versehen werden, um die Entstehung von Zugluft zu vermeiden.

Beheizung des Schutzhauses

Wie alle wechselwarmen Tiere sind Schildkröten auf eine Wärmezufuhr von außen angewiesen. Eine Wärmequelle, die den Tieren jederzeit, auch bereits kurz nach dem Erwachen aus der Überwinterung, in Form von Strahlungswärme das Erreichen ihrer Vorzugstemperatur ermöglicht, ist daher das „A und O" der Schildkrötenhaltung. Erhalten Landschildkröten dauerhaft zu wenig Wärme, erreichen sie nicht die für den Stoffwechsel erforderliche Temperatur und zehren langsam, aber sicher aus. Das Schutzhaus muss folglich mit einer für den Außenbereich geeigneten elektrischen Zuleitung versehen werden, damit im In-

Ein entscheidender Vorteil von Gewächshäusern ist deren Größe, denn sie bieten Schildkröten bei suboptimalen äußeren Bedingungen ausreichend Platz im Inneren
Foto: M. Wirth

Zur Beheizung kleiner Frühbeete genügen oftmals Radium-Par-38-Strahler. In Gewächshäusern und großen Frühbeeten sind zusätzlich elektrische Gewächshausheizungen oder Frostwächter erforderlich. Foto: M. Wirth

Den Schildkröten müssen vegetationsfreie Trockenplätze mit einem Untergrund aus Erde, Sand oder Steinen zur Verfügung stehen
Foto: M. Wirth

(z. B. 60, 80, 120 W) oder Halogenstrahler, die mit ihrer Strahlungswärme adäquate Sonnenplätze schaffen.

In Gewächshäusern und großen Frühbeeten reicht solch eine lokale Wärmequelle aber nicht aus, um bei ungünstiger Witterung eine entsprechende Wärme zu erzeugen. Hierfür sind zusätzlich elektrische Gewächshausheizungen oder Frostwächter erforderlich, deren Leistung ebenfalls dem Volumen des Schutzhauses angemessen sein muss und die über Thermotimer gesteuert werden. So springt die Heizung immer dann an, wenn der voreingestellte Temperaturschwellenwert unterschritten wird, sodass auch bei Kälteeinbrüchen eine ausreichend hohe Grundtemperatur gewährleistet ist.

Wie bei allen elektrischen Installationen außerhalb des Wohnhauses müssen alle elektrischen Geräte, die im Schutzhaus in Betrieb genommen werden, für eine Verwendung im Außenbereich zugelassen, spritzwassergeschützt und mit einem Fehlerstromschutzschalter (FI-Schalter) versehen werden. Die Installation sollte ausschließlich von fachkundigen Personen vorgenommen werden, denn es müssen alle Sicherheitsanforderungen eingehalten werden, um eine fehlerfreie und sichere Funktion zu gewährleisten sowie potenzielle Gefahren wie Stromschläge oder Brand auszuschließen.

Der Rasen muss weichen

Mit einfachen Mitteln kann das Gehege in thermischer Hinsicht aufgewertet werden. So mag ein gepflegter englischer Rasen eine wunderbare Herausforderung für den engagierten Gartenliebhaber darstellen, hat aber in einer naturnahen Anlage zur Pflege von Landschildkröten nichts

nern eine Beleuchtung bzw. Heizung installiert werden kann. In der Praxis bewährt haben sich beispielsweise Radium-Par-38-Strahler mit einer der Größe des Schutzhauses angemessenen Wattzahl verloren. Der Rasen muss einer Wiese mit vielen Freiflächen und Gebüschinseln weichen, die dann nicht nur adäquater Lebensraum und Nahrungsquelle für Schildkröten ist, sondern auch einer Vielzahl von Insekten, Vögeln und Säugetieren als Biotop dienen kann. Rasenflächen haben dazu noch einen weiteren Nachteil, Sie können es gern selbst ausprobieren: Stecken Sie bei strahlendem Sonnenschein ein Thermometer in eine Grasfläche und messen Sie anschließend die Temperatur auf einer vegetationsfreien Fläche, die von Erde, Sand oder Steinen bedeckt ist. Sie werden über die Unterschiede erstaunt sein. Der Grund hierfür ist die Verdunstungskälte. Auch an warmen Tagen bleibt das von der Nacht taunasse Gras lange feucht, und aufgrund der hiesigen geringeren Intensität der Sonneneinstrahlung dauert es lange, bis eine geschlossene Vegetationsdecke abgetrocknet und aufgewärmt ist.

Es grünt so grün – die Gehegebepflanzung

Auch die Gehegebepflanzung erfordert bereits im zeitigen Frühjahr die Aufmerksamkeit des Schildkrötenhalters. Wenn nicht bereits im Herbst geschehen, müssen spätestens jetzt Büsche und größere Pflanzen ausgelichtet und zurückgeschnitten werden. So wird der im Frühjahr aufgrund der tief stehenden Sonne besonders ausgeprägte Schattenwurf verringert.

Nach der langen Zeit der Vegetationsruhe gilt es, zu Beginn der neuen Periode die bestehende Gehegebepflanzung zu analysieren, eine mögliche Optimierung zu planen und bereits erste Schritten zu ergreifen, um die anstehende Pflanzzeit bestmöglich nutzen zu können.

Der Vegetation kommen in einem Landschildkrötengehege gleichzeitig mehrere Aufgaben zu: Die Bepflanzung strukturiert das Freigehege und dient als Sichtschutz, der den Tieren Rückzugsmöglichkeiten schafft. Gleichzeitig liefern Pflanzen wichtige Schattenplätze und Ruhezonen, in deren Halbschatten die Schildkröten in der Sommerzeit während der Mittagshitze gern dösen. Die Bepflanzung kann weiterhin auch zur Nahrungsergänzung beitragen, in großen Gehegen und mit der richtigen Umsetzung im Fall einer Futterwiese sogar zur Hauptnahrungsquelle der Schildkröten werden. Letztendlich prägt gerade die Bepflanzung auch den Gesamteindruck, den das Schildkrötengehege beim Betrachter hinterlässt. Dieser gestalterische Aspekt sollte keinesfalls außer Acht gelassen werden, da bei vielen Schildkrötenhaltern die Freilandanlagen oft bereits nach kurzer Zeit den größten und vor allem den sonnigsten Teil des Gartens in Beschlag nehmen. Da aber in den seltensten Fällen die ganze Familie gleichermaßen Schildkrötenbegeisterung an den Tag legt, ist in „Gemischtehen" meist ein besonderes Fingerspitzengefühl gefragt, um eine dauerhafte Akzeptanz des Freilandge-

Die Bepflanzung dient in der Freilandanlage gleichermaßen als Schattenspender, Sichtschutz, Strukturelement und Nahrungsquelle Foto: M. Wirth

heges zu erfahren. Das Gehege sollte folglich auch in optischer Hinsicht ein Schmuckstück werden, um so zum zentralen Blickfang des Gartens und nicht zu einem Stein des Anstoßes zu werden. Mit der richtigen Bepflanzung kann eine Freilandanlage auch Nicht-Schildkrötenliebhaber begeistern. Hierbei kann man der eigenen Kreativität freien Lauf lassen, denn nicht nur bei der eigentlichen Gestaltung, sondern gerade bei der Bepflanzung einer Freilandanlage sind die sich bietenden Gestaltungsmöglichkeiten riesig. Schmucke Freilandanlagen erfüllen dabei nicht nur die Grundanforderungen der Landschildkröten, sondern werden in gestalterischer Hinsicht zu einem Abbild der Mittelmeerlandschaften, wobei besonders die Auswahl der Pflanzenarten die Weichen stellt. Doch davon mehr in den folgenden Abschnitten sowie im Kapitel zu den Monaten Mai und Juni, denn das Angebot geeigneter Pflanzenarten ist dann erheblich größer als im zeitigen Frühjahr.

Artenreiche Futterwiese in einem Habitat von *T. h. hermanni* in Mittelitalien
Foto: M. Wirth

Das Anlegen einer Futterwiese

Wie im Freiland ist auch unter Haltungsbedingungen gerade im Frühjahr eine Versorgung der Schildkröten mit großen Nahrungsmengen und einem abwechslungsreichen Speiseplan erforderlich. Denn auch bei Schildkröten in menschlicher Obhut lautet die Frühjahrsdevise: fressen, fressen, fressen. Ein Teil des Geheges, der als Futterwiese mit Wildkräutern, Klee und Gräsern angelegt wird, kommt da als Zubrot gerade recht und ergänzt das vom Pfleger gereichte Angebot. Dies bedeutet aber nicht nur eine Erleichterung für den Pfleger, sondern ist besonders für die Schildkröten von Vorteil, die mit einer Futterwiese die Möglichkeit erhalten, sich ihrer natürlichen Ernährungsweise entsprechend zu verhalten und aus einem breiten Nahrungsspektrum zu wählen.

Fette Wiesen, wie sie hierzulande eher die Regel denn die Ausnahme sind, sucht man in den natürlichen Lebensräumen meist vergeblich. Vielmehr überwiegt auf den kargen, mageren Böden im Mittelmeerraum eine abwechslungsreiche Vegetation aus Kräutern und Gräsern. Diese haben sich an die speziellen Anforderungen dieser Böden angepasst und sind selbst nährstoffarm, dabei aber rohfaserreich. Landschildkröten sind Weidegänger, die sich bei der Futtersuche gemächlich, jedoch stetig fortbewegen und dabei aus der Vielzahl von Nahrungspflanzen wählen, was sie gern fressen. Durch das Anlegen einer Futterwiese mit Wildkräutern, Klee und Gräsern haben die Tiere die Möglichkeit, sich wie bei der Nahrungssuche im natürlichen Lebensraum zu verhalten und müssen nicht notgedrungen in der Nähe einer Futterstelle herumlungern, um auf den Pfleger mit dem Futtereimer zu warten. Eine naturnahe Futterwiese ist daher nicht nur schön anzuschauen, sondern vielmehr die Grundlage für ein natürliches Verhalten der Schildkröten. Das Anlegen der Futterwiese erfordert einige spezielle Vorbereitungen, denn Wildpflanzen sind Sensibelchen und benötigen bestimmte Bedingungen, um dauerhaft gedeihen zu können. Im Gegensatz zu Kulturpflanzen mögen sie keine gedüngten, nähr-

Satte Auswahl: Dalmatinische Landschildkröte in einer Futterwiese in einem Lebensraum südlich von Zadar (Kroatien) Foto: M. Wirth

stoffreichen Böden, sondern kalkhaltige, nährstoff- und stickstoffarme Böden, wie sie auch in den Heimatbiotopen der Landschildkröten vorkommen. Um diesen Anforderungen gerecht zu werden, muss man den Boden an den entsprechenden Stellen präparieren. Durch das Einmischen von Sand lässt sich der Boden „abmagern". Wildkräuter benötigen einen leicht basischen Boden mit einem pH-Wert über 6,5. Den pH-Wert des Gartenbodens kann man mittels Indikatorpapier (Boden und destilliertes Wasser 1 : 1 aufschlämmen) mit ausreichender Genauigkeit selbst messen oder eine Bodenprobe in einer Gärtnerei untersuchen lassen. Liegt der pH-Wert des Bodens unter 6,5, kann dieser durch das Einbringen von Naturkalk in die oberen 10 cm der Erdschicht angehoben werden.

Ist der Boden entsprechend vorbereitet, kann ab April die Aussaat beginnen. Hierfür stehen speziell auf die Bedürfnisse der Landschildkröten zugeschnittene Samenmischungen zur Verfügung, wie sie etwa die Firma Samenkiste (www.samenkiste.de) in Form von Mischungen mit den Bezeichnungen „Schildifutter Testudo-Basis", „Schildifutter Kräuter" oder „Schildifutter Blumen" anbietet. Die Mischungen enthalten Samen unterschiedlicher Kräuter und Gräser und werden mit einer detaillierten Pflegeanleitung geliefert. Die Gräser bilden die Basis der Wiese und das „stabile Rückgrat", in dem dann die Kräuter ihren Platz finden. Für die Aussaat wird der Zeitraum von April bis Ende Oktober empfohlen, wobei die Samen oberflächlich ausgebracht werden. Im Anschluss muss der Boden für 6–8 Wochen feucht gehalten werden. Was bei einer Aussaat im Herbst von den natürlichen Regenfällen übernommen wird, muss im Frühjahr und Sommer mit künstlicher Bewässerung erzielt werden.

Vergessen Sie beim Anlegen der Futterwiese nicht das Einbringen flacher Steinplatten als Trittsteine. Sie vermeiden es so, auf eventuell versteckt in der Wiese ruhende Schildkröten zu treten. Das erste Mal wird die gedeihende Futterwiese nach ca. 6–8 Wochen gemäht, die Schnitthöhe sollte dabei zwischen 8 und 12 cm liegen. Weitere Schnitte sollten in zwei- bis dreimonatigen Abständen folgen. Ab dem zweiten Jahr genügen 2–3 Schnitte jährlich. Das Ergebnis kann sich sehen lassen, und die Schildkröten sind begeistert: Ein breites Angebot aus Wildkräutern wie z. B. Löwenzahn (*Taraxacum officinale*), Spitz- (*Plantago lanceolata*) und Breitwegerich (*P. major*), Schafgarbe (*Achillea millefolium*), Wiesenkerbel (*Anthriscus sylvestris*), verschiedenen Kleearten, Wilde Malve (*Malva sylvestris*), Nachtkerze (*Oenothera biennis*), Wilde Möhre (*Daucus carota*) und viele weitere Arten regen zu ausgiebigen Weidegängen an.

Bei aller Begeisterung sei aber eine erforderliche Grundvoraussetzung nicht verschwiegen: Eine Futterwiese braucht Platz und muss in den ersten Monaten vor den Schildkröten geschützt werden. Ansonsten machen die Schildkröten mit den zarten Keimlingen kurzen Prozess, und das „Projekt Futterwiese" scheitert ebenso wie im Fall einer mit zu vielen Schildkröten besetzten Anlage. Auch wenn das Anlegen einer Futterwiese viel Geduld erfordert und sich der Gesamteindruck in seiner ganzen Pracht erst nach einiger Zeit zeigt, ist das Ergebnis die Mühe in jedem Fall wert und erfreut schließlich Schildkröten und Pfleger gleichermaßen. Weiterführende Informationen zum Thema Futterwiese findet der interessierte Leser bei MINCH (2008).

Die Auswahl geeigneter Pflanzen

Die Ausgangsbedingungen für die Bepflanzung einer Anlage sind aufgrund der klimatischen Voraussetzungen stark regionsabhängig und unterscheiden sich deutlich, wenn man z. B. die Nordseeküste, die Rheinebene und das Alpenvorland miteinander vergleicht. Bei der Auswahl geeigneter Pflanzen für die Freilandanlage muss man daher die am jeweiligen Standort herrschenden klimatischen Bedingungen berücksichtigen. Es empfiehlt sich besonders in klimatisch weniger begünstigten und folglich kühleren Gebieten, die Pflanzen in Gärtnereien oder Baumschulen „um die Ecke" zu erwerben, und sie nicht über Baumarktketten oder im Online-Versandhandel zu beziehen. In lokalen Gärtnereien erhält man nicht nur fundierten Rat, sondern auch Pflanzen, die meist vor Ort kultiviert wurden und an die Verhältnisse vor der eigenen Haustür anpasst sind. Vielleicht kosten die Pflanzen hier ein paar Euro mehr, sie sind es aber in jedem Fall wert. Auch in örtlichen Kleingartenvereinen erhält man oft wertvolle Tipps über die lokalen Klimabedingungen. Was hier problemlos überwintert, sollte auch im eigenen Garten keine Probleme bereiten.

Die klimatischen Bedingungen variieren in Abhängigkeit von Standort und Höhenlage. Dies muss bei der Gehegebepflanzung berücksichtigt werden. Foto: M. Wirth

Die Bezeichnungen „winterhart" oder „frosthart" sind nicht einheitlich definiert. So kann es sein, dass Pflanzen die nur wenige Minusgrade überstehen, als frostharte Gewächse verkauft werden und dann den nächsten Winter nicht überleben. Eine geringe Frostbeständigkeit mag eventuell im wärmebegünstigten Rheintal ausreichen, ist aber an der windigen Küste oder in Berglagen zu wenig. Im Zweifelsfall empfehlen sich das Anbringen eines Winterschutzes aus Filz, Stroh- und Kokosmatten oder eines speziellen Schutzvlieses bzw. das Bedecken mit Laub, Kompost, Rindenmulch oder mit Tannen- und Fichtenreisig. Auf Plastikfolien sollte verzichtet werden, um eine für viele Pflanzen schädliche Staunässe zu vermeiden. In besonders harten Wintern wird trotzdem die eine oder andere Pflanze absterben.

Schattenspender: Hecken und Büsche

Hecken, Büsche und Rankpflanzen übernehmen im Freigehege eine wichtige Funktion als Schattenspender. Und der ist auch in unseren Breiten in den bald anstehenden Sommermonaten lebensnotwendig, um eine Überhitzung der Schildkröten sicher auszuschließen. Damit passende Pflanzenarten bis zum Sommer ausreichend Zeit zum Wachsen haben, müssen diese gepflanzt werden, sobald es die Witterungsbedingungen gestatten.

Als Schattenspender bevorzugen Landschildkröten eindeutig Pflanzen, die einen „lichten" Schatten spenden und nicht so dicht sind, dass unter ihnen ewige Finsternis herrscht. Auch in den natürlichen Habitaten sind Schildkröten während der heißen Tageszeit oft unter lichten Sträuchern zu finden, wo ihre kontrastreiche Färbung im Licht- und Schattenspiel mit dem Untergrund verschmilzt.

Sehr geeignete Pflanzen sind u. a. Beerensträucher wie Himbeere (*Rubus idaeus*), Brombeere (*R. fructicosus*) und Johannisbeere (*Ribes* ssp.), wobei sich die Brombeere häufig auch wild ansiedelt. Das Gleiche gilt für diverse Wildrosen (*Rosa* spp.), die in meinen Gehegen an verschiedenen Stellen von selbst wuchsen. Als eine der bei den Schildkröten beliebtesten Pflanzen hat sich bei mir, wie auch bei vielen anderen Schildkrötenhaltern, der Straucheibisch (*Hibiscus syriacus*) erwiesen. Dieser Strauch verführt in meinem Gehege die Schildkröten

Der Straucheibisch (*Hibiscus syriacus*) spendet nicht nur Schatten, sondern mit seinen Blüten den Schildkröten auch echte Leckerbissen
Foto: M. Wirth

dazu, dass sie ständig unter den Büschen patrouillieren und nach abgefallenen Blüten suchen, die als wahre Leckerbissen begierig gefressen werden. Auch die Früchte der Beerensträucher und die Blüten der Heckenrose stehen hoch in der Gunst der Schildkröten und werden gefressen, wann immer die Tiere sie erreichen können.

Hervorragende Schattenspender sind besonders Gewürzsträucher, wie sie in vielen Mittelmeerländern anzutreffen sind, die zudem von den Schildkröten meist nicht behelligt werden. Sie sind nicht nur hübsch anzusehen, sondern verbreiten über den gesamten Sommer hinweg einen herrlichen Duft. Zu ihnen zählen z. B. Lavendel (*Lavendula* spp.), Thymian (*Thymus vulgaris*), Rosmarin (*Rosmarinus officinalis*), Melisse (*Melissa officinalis*), Winter-

Schattenspender in einer
reich strukturierten Land-
schildkrötenanlage
Foto: M. Wirth

oder Berg-Bohnen-
kraut (*Satureja mon-
tana*), Minze (*Mentha* spp.), Salbei (*Salvia* spp.),
Ysop (*Hyssopus officinalis*), Steinquendel (*Acinos*
spp.) und Dost (*Origanum vulgare*), den viele
wohl nur unter dem Namen Oregano als Pizza-
gewürz kennen. Auch Ginster (*Genista* spp.)
und Zwergginster (*Cytisus beanii*) werden von
den Schildkröten gern als Versteck aufgesucht.
Obwohl die Ginsterarten als leicht giftig gelten,
habe ich bei diesen Pflanzen eine Ausnahme
gemacht und sie dennoch in der Anlage angepflanzt. In vielen Landschildkrötenbiotopen fand
ich Ginster in Hülle und Fülle und beobachtete
oftmals Schildkröten unter diesen Sträuchern,
sodass ich mich zu diesem Schritt entschloss.
Bisher traten keine Probleme auf, obwohl ich
meine Schildkröten wiederholt beim Fressen
abgefallener Ginsterblüten beobachtete.

Horstbildende Gräser eignen sich trotz
manchmal scharfkantiger Halme ebenfalls für
das Schildkrötengehege. Wenn sie nicht vorher
abgeschnitten wurden, stellen die Gräser auch
im Winter noch eine Augenweide dar. Weinreben
(*Vitis vinifera*) verbreiten, an den richtigen
Stellen gepflanzt, ebenfalls einen ganz besonderen Charme. Für Akzente eignen sich die als

Solitärpflanzen gut zur
Geltung kommenden Zy-
pressen und Wacholder
(*Juniperus* spp.). Wo die
echte Zypresse (*Cupres-
sus sempervirens*) auf-
grund zu niedriger Tem-
peraturen nicht mehr ge-
deiht, ist Wacholder eine
gute Alternative. Es sollten aber aus der Vielzahl
der angebotenen Vari-
anten jene mit einer
schlanken Säulenform
ausgewählt werden, wie
z. B. die Formen *Juni-
perus virginiana* 'Sky
rocket' oder *J. scopulo-
rum* 'Columnaris'. Wa-
cholder gedeihen auf magerem, trockenem
Sandboden deutlich besser als auf feuchten,
nährstoffreichen Böden. Viele andere Pflanzenarten von buschförmigem Wuchs eignen
sich ebenfalls für eine Bepflanzung des Schildkrötengeheges. Doch bei aller Begeisterung
über das breite Spektrum an Möglichkeiten
sollte man maßvoll vorgehen, denn weniger ist
hier mehr. In den natürlichen Habitaten wechseln
Buschbestände und offene Stellen einander ab,
und in allzu dicht bewachsenen Bereichen sind
zumeist nur wenige Schildkröten zu finden.
Bedenken Sie daher vor dem Setzen der Pflanzen
auch deren Zuwachs. Was als kleines Pflänzchen
eingesetzt wird, explodiert bei guten Standort-
bedingungen schon bald im Wachstum. Setzen
Sie folglich nicht zu viele Büsche und auch
nicht zu dicht. Die Pflanzen werden sich nach
und nach selbst ihren Platz erobern und ausbreiten. Hier gilt es eher, durch gezielten und
regelmäßigen Rückschnitt darauf zu achten,
dass den Schildkröten nicht durch eine wu-
chernde Vegetation nach und nach die wertvollen
Sonnenplätze entzogen werden.

Viele in Ziergärten häufige Pflanzenarten
sind aufgrund ihrer Giftigkeit für die Bepflanzung
eines Schildkrötengeheges ungeeignet. Leider

wissen Schildkröten zwar genau was ihnen schmeckt, aber nicht, was ihnen möglicherweise gefährlich werden könnte. Vergiftungserscheinungen bei Schildkröten aufgrund des Verzehrs von Giftpflanzen sind daher im tierärztlichen Alltag nicht selten. Die Liste der Pflanzenarten, die in einem Schildkrötengehege vermieden werden sollten, ist entsprechend lang. Die nachstehende Aufzählung ist nicht als umfassend zu betrachten, sondern die genannten Beispiele sind lediglich ein Auszug. Sollten Sie hinsichtlich der Giftigkeit einer Pflanze unsicher sein, so informieren Sie sich in Fachbüchern (MINCH 2008) oder im Internet. Im Zweifelsfall sollte lieber auf die fragliche Art verzichtet werden, um nicht den wertvollen Schildkrötenbestand zu gefährden. Auf jeden Fall sollten Sie die folgenden Pflanzenarten meiden: Seidelbast (*Daphne mezereum*), Eibe (*Taxus baccata*), Eisenhut (*Aconitum* spp.), Maiglöckchen (*Convallaria majalis*), Aronstab (*Arum* spp.), Nieswurz (*Helleborus* ssp.), Tollkirsche (*Atropa belladonna*), Engelstrompete (*Brugmansia* spp.), Rhododendron (*Rhododendron* spp.), Fingerhut (*Digitalis* spp.), Herbstzeitlose (*Colchicum autumnale*), Goldregen (*Laburnum anagyroides*), Lupine (*Lupinus* spp.) und Efeu (*Hedera helix*).

So mancher gärtnerische Plan scheitert an der Realität

Vergessen Sie nicht, dass die Schildkröten entschlossene Vegetarier und auch Landschaftsgestalter sind. Nehmen Sie es den Tieren nicht krumm, wenn sie hinsichtlich der Bepflanzung eine andere Meinung haben als Sie selbst. So kann es sein, dass die Schildkröten in ihrer stoischen Art vielleicht gerade an jenen Stellen, an denen Sie ein paar besondere Pflanzen eingesetzt haben, ihre Trampelpfade anlegen. Des Gärtners Auge tränt da schon das eine oder andere Mal, denn Versuche, die Pflanzen während des Anwachsens mit Absperrungen zu schützen, sind häufig von wenig Erfolg gekrönt. Nach meiner Erfahrung war der Dickkopf der Schildkröten dabei immer größer als mein eigener. Waren die Pflanzen dann schließlich doch noch

angewachsen und die Absperrungen in froher Hoffnung entfernt, brauchte es nicht lange, und der nächste Trampelpfad führte mitten hindurch. So habe ich manchen Bepflanzungsversuch aufgegeben und an anderer Stelle neu gestartet. Aber so ist das halt bei der Bepflanzung von Schildkrötengehegen: Immer wieder einmal müssen Pflanzen versetzt oder ersetzt werden. Bei mir waren beispielsweise sämtliche Versuche, Fetthennen (*Hylotelephium spectabile*) im Gehege anzuziehen, erfolglos. Es war erstaunlich, mit welcher Beharrlichkeit, Entschlossenheit und Ausdauer meine Schildkröten auch die größten Hindernisse überwanden, um an die Fetthennen heranzukommen und sie bis auf den letzten Trieb vollständig abzufressen.

Fetthennen (*Hylotelephium spectabile*) müssen an geschützten Stellen ausgepflanzt werden, da Landschildkröten diese sehr gern fressen Foto: M. Wirth

Sanftes Erwachen – die Auswinterung der Landschildkröten

Endlich ist es so weit, und auch in unseren mitteleuropäischen Breiten neigt sich der Winter dem Ende zu. In Abhängigkeit von der Art und Weise, wie die Landschildkröten in menschlicher Obhut überwintert werden, sind diese jetzt auch bei uns bereits wach. Viele Schildkrötenhalter überwintern ihre Pfleglinge für eine Dauer von 4–6 Monaten und damit über einen längeren Zeitraum, als dies unter natürlichen Bedingungen der Fall ist, wo die Tiere in Abhängigkeit von geografischer Position und Höhenlage im Regelfall nach 3–4 Monaten die Hibernation beenden.

Der aus meiner Sicht beste Weg der Auswinterung besteht darin, die Schildkröten den richtigen Zeitpunkt selbst bestimmen zu lassen. Dies erfolgt auf ähnliche Weise wie die im Buch beschriebene Einwinterung, nur eben in umgekehrter Reihenfolge. Zwingende Voraussetzung ist ein hochwertiges, weil gut isoliertes und beheiztes Frühbeet. Ich überführe meine europäischen Landschildkröten aus der kontrollierten Überwinterung nach der Kühlschrankmethode witterungsabhängig zumeist bereits Mitte bis Ende Februar wieder in die Frühbeete und das Gewächshaus. Hier grabe ich jedes Tier an der Stelle in den frostfrei gehaltenen Bodengrund, von der ich es im Spätherbst ausgegraben hatte. Die Tiere können somit anhand der im beginnenden Frühling steigenden Temperaturen sowie der zunehmenden Tageslichtlänge und -intensität selbst über das Ende ihrer Winterruhe entscheiden. Sie beginnen das Frühjahr ihrem eigenen inneren Rhythmus folgend und graben sich langsam an die Erdoberfläche, und nicht nach dem Willen des Pflegers, wenn dieser etwa mit dem Öffnen der Kühlschranktür das Ende des Winters verkündet. Daher beginnt das neue Schildkrötenjahr auch nicht für alle Schildkröten gleichzeitig, sondern

Endlich ist es soweit: Das Schildkrötenjahr in menschlicher Obhut beginnt mit dem Verlassen des Winterquartiers
Foto: M. Wirth

individuell verschieden. So kann es sein, dass manche Tiere bereits einige Tage aktiv sind, während andere noch keine Regung zeigen. Dies ist aber kein Grund zur Sorge, sondern ganz natürlich. Spätestens wenn die Temperaturen im Schutzhaus anhaltend bei über 10–12 °C liegen, sollten alle Schildkröten die Winterruhe beendet haben.

Nach der langen entbehrungsreichen Überwinterung müssen die Schildkröten durch ausgiebiges Trinken und die Ausscheidung der sich angesammelten Exkretionsprodukte zunächst ihren Wasserhaushalt ins Gleichgewicht bringen, sodass eventuell hoch konzentrierte Harnsäurewerte wieder in den Normalbereich absinken. Hierzu benötigen die Schildkröten ein langes Bad (im Unterschied zur Einwinterung jetzt schon!) in handwarmem Wasser bei ca. 23–25 °C, z. B. in einer großen flachen Plastikwanne. Der Wasserstand sollte so flach sein, dass die Tiere bequem darin sitzen, aber auch so tief,

Die Schildkröten nutzen jede Gelegenheit für ein ausgiebiges Sonnenbad Foto: M. Wirth

dass die Schildkröten ihren Kopf problemlos untertauchen können.

Wenige Tage nachdem sich die ersten Schildkröten aus dem Substrat gegraben haben und an der Oberfläche sitzen, müssen auch die Heizstrahler wieder

Unmittelbar nach dem Verlassen des Winterquartiers brauchen die Schildkröten Futter und für eine regelgerechte Verdauung die Möglichkeit, ihre Vorzugstemperatur zu erreichen Foto: M. Wirth

Zum Gesundheitscheck gehört eine Gewichtskontrolle. Das Bild zeigt ein gewaltiges Männchen (!) von *T. h. boettgeri* im Lebensraum in Griechenland mit einem Gewicht von 4 kg.
Foto: P. Fritz

starre der Blutzuckerspiegel im Körper sprunghaft an und veranlasst sie, mit der Nahrungsaufnahme zu beginnen. Steht zu diesem Zeitpunkt kein Futter zur Verfügung, kann der Blutzucker wieder abfallen, der Anreiz zu fressen verschwindet, und die Schildkröten lassen sich in der Folge kaum noch zur Nahrungsaufnahme bewegen. In diesem Fall ist ein Gang zum Tierarzt erforderlich, der mittels einer Glukoseinfusion nicht nur Energie zuführen, sondern auch den erforderlichen Stimulus für ein selbstständiges Fressen liefern kann.

Gesundheitscheck nach dem Auswintern

in Betrieb genommen werden, zunächst nur stundenweise, dann allmählich immer länger. Wie im Freiland müssen die Tiere auch in menschlicher Obhut jetzt wieder die Möglichkeit haben, mittels „Sonnenbad" ihre Vorzugstemperatur zu erreichen, die bei europäischen Landschildkröten bei ca. 35 °C im Körperinnern liegt (BAUR & HOFMANN 2004). Ebenso brauchen die Schildkröten mit dem Erwachen ohne zeitliche Verzögerung wieder Futter, denn spätestens eine Woche nach dem Verlassen des Winterquartiers sollten alle Schildkröten wieder mit dem Fressen beginnen. Der Grund hierfür liegt in der Physiologie der Tiere begründet, denn nach CHRISTEN (2005) steigt mit dem Erwachen aus der Kälte-

Wie bei der Einwinterung ist auch nach dem Erwachen der Schildkröten ein Gesundheitscheck Pflicht. Hierbei muss jedes Tier sorgfältig auf die Anzeichen möglicher Erkrankungen hin untersucht und in seinem Verhalten beobachtet werden. Ein nach der Überwinterung leider recht häufig auftretendes Gesundheitsproblem äußert sich insbesondere in einer Fressunlust der betroffenen Schildkröte und wird von Tierärzten als „Posthibernale Anorexie" bezeichnet (BAUR & HOFMANN 2004). Von diesem „Auszehrungssyndrom" betroffene Tiere zeigen zumeist einen übermäßigen Gewichtsverlust und wirken stark ausgezehrt. Die damit einhergehende Symptomatik mit Nasenausfluss, tränenden und geröteten, oftmals verklebten Augen, die zudem tief in den Höhlen liegen sowie einem damit einhergehenden apathischen Verhalten wird oft fälschlicherweise für eine Erkältung gehalten. Die Auszehrung während der Winterruhe ist oftmals auf zu hohe Überwinterungstemperaturen zurückzuführen, da bei Werten über 8 °C der Fettstoffwechsel in der Leber nicht vollständig zum Erliegen kommt. Aus diesem Grund verbrauchen die Schildkröten Energie, die sie, weil die Nahrungsaufnahme während der Winterruhe ausgesetzt ist, nicht ersetzen können. Das Krankheitsbild ist nach CHRISTEN (2005) letztlich jedoch nicht Ausdruck einer speziellen Erkrankung, sondern die Konsequenz verschiedener krankhafter Veränderungen, die dazu führen können, dass die Schildkröten mit Beendigung der Winterruhe nicht mehr genügend Kraft haben, von selbst wieder mit der Nahrungsaufnahme zu beginnen.

Während der Kältestarre ruhen aber nicht nur die Nahrungs- und die aktive Flüssigkeitsaufnahme, sondern auch die Exkretion. Weil die Schildkröten allerdings über die Atmung und die Haut auch in der Ruheperiode Wasser verlieren, reichern sich Stoffe, die sonst mit dem Urin ausgeschieden werden, im Körper an. Die Folge ist eine erhöhte Harnsäurekonzentration im Blut, die u. a. die weißen Blutkörperchen schädigt, die für die Immunabwehr von entscheidender Bedeutung sind. Es können sich dann im Schildkrötenkörper vorhandene Bakterien oder Viren beim Erwachen des Tieres drastisch vermehren, ohne dass die aufkommende Infektion vom geschwächten Immunsystem kontrolliert werden kann. Daher ist gerade

nach dem Erwachen der Tiere die besondere Aufmerksamkeit des Pflegers gefordert, damit mögliche Gesundheitsprobleme frühzeitig erkannt und von einem in der Behandlung von Reptilien erfahrenen Tierarzt therapiert werden können.

Immer wieder kommt es vor, dass Pfleger nicht alle ihre Schildkröten rechtzeitig vor Einbruch der kalten Jahreszeit in geschützte Verhältnisse überführen. Diese Tiere graben sich unauffindbar im Freiland ein und überwintern ungeschützt im Freien. Es erstaunt immer wieder, dass viele dieser Schildkröten, die auch hierzulande in oftmals nur geringer Tiefe im Freiland ruhen, trotz erheblichen Bodenfrosts überleben und im Frühjahr wieder auftauchen. Diese Tiere müssen anschließend auf das etwaige Vorliegen von Frostschäden untersucht werden, die zu Schäden des zentralen Nervensystems, der Augen oder der Gliedmaßen führen können (CHRISTEN 2005) und tierärztlich untersucht und gegebenenfalls behandelt werden müssen.

Nach der Überwinterung müssen die Tiere Möglichkeit haben, ihren Wasserhaushalt auszugleichen Foto: M. Wirth

Mai und Juni – Fortpflanzungszeit

Das Fortpflanzungsgeschehen, bestehend aus Balz, Paarung und Eiablage, ist der biologische Höhepunkt des Schildkrötenjahres, und die Männchen beginnen gewöhnlich direkt nach dem Verlassen des Winterquartiers mit der Werbung. Besonders die Periode von Mai bis Juni ist eine sehr aufregende Zeit, und das für Schildkröten und Halter gleichermaßen. In diese Zeit fällt ein Großteil der im Zusammenhang mit der Fortpflanzung stehenden Aktivitäten der Schildkröten. Wärmere Temperaturen und stabile Witterungsverhältnisse sowie ein üppiges Nahrungsangebot lassen die Schildkröten zu Höchstform auflaufen.

Optimale Temperaturen, stabile Witterungsverhältnisse sowie ein üppiges Nahrungsangebot machen die Monate Mai und Juni zum Höhepunkt des Schildkrötenjahres. Im Bild eine *Testudo h. hermanni* auf Sizilien Foto: B. Trapp

Schildkrötenfrühling im Mittelmeerraum

Nachdem die Schildkröten ihre Winterruhe beendet und die Aktivitätsphase eingeläutet haben, sind sie jetzt aktiver als im gesamten restlichen Jahr. Waren die Griechischen Landschildkröten nach den beispielhaft herangezogenen Untersuchungen von HUOT-DAUBREMONT & GRENOT (1997) in Südfrankreich im Zeitraum von März bis April nur an etwas mehr als der Hälfte der Tage aktiv, so sind sie es jetzt an 94,7 % der Tage. Die Umgebungstemperatur klettert auf einen Mittelwert von 20,1 ± 8,2 °C, und aufgrund der längeren Tageslichtdauer nutzen die Schildkröten von den ca. 13–15 Tagesstunden prinzipiell 13 Stunden. Die tägliche Aktivitätsdauer ist erheblich länger als in anderen Jahreszeiten und liegt im Mittel bei 4,8 Stunden für eine einzelne Schildkröte. Diese Frühjahrsphase ist nach CHEYLAN (1981) bzw. HUOT-DAUBREMONT &

GRENOT (1997) von einer regelmäßigen Aktivität der Schildkröten geprägt, die sich auf Fortbewegung, Nahrungssuche und Sexualverhalten verteilt. Steigende Temperaturen, ein stabileres Wetter mit deutlich weniger Niederschlägen und die zunehmende Sonnenintensität verkürzen Zahl und Dauer der für ein aktives Verhalten erforderlichen Sonnenbäder. Dennoch werden auch jetzt noch 70 % der außerhalb der Versteckplätze verbrachten Zeit mit Thermoregulation, sprich Sonnenbädern, zugebracht. Die im Vergleich zum zeitigen Frühjahr frei werdende Zeit widmen die Schildkröten neben der Nahrungsaufnahme vor allem dem Fortpflanzungsgeschehen.

Das Aktivitätsmuster im späten Frühjahr

Im Mai zeigt das Aktivitätsmuster immer noch nur einen Höhepunkt (eingipfelig), es lässt sich aber bereits eine Verschiebung des Aktivitäts-

Üppiges Nahrungsangebot im Lebensraum von *T. graeca ibera* in Griechenland
Foto: M. Wirth

Nach dem Sonnenbad begeben sich die Schildkröten auf die Nahrungssuche. Hier eine *T. h. hercegovinensis* in einem Biotop am Vranasee (Dalmatien). Foto: M. Wirth

beginns vom späten Vormittag in die früheren Morgenstunden beobachten. So sind bei einer Umgebungstemperatur von ca. 18 °C die meisten Individuen zwischen 8 und 9 Uhr morgens unterwegs. Im Juni wird das Aktivitätsmaximum um ca. 9 Uhr erreicht. Die Zahl und die Dauer der Sonnenbäder sind weiter rückläufig, wobei die Thermoregulation insbesondere in den ersten beiden Aktivitätsstunden von ca. 7–9 Uhr erfolgt. Nach der Mittagszeit wird die Zahl der im natürlichen Lebensraum aktiv angetroffenen Schildkröten nach und nach kleiner, die letzten ziehen sich gegen 17 Uhr in ihre Schlupfwinkel zurück.

In freier Natur beginnen Landschildkröten ihr Sonnenbad meist unter den überhängenden Zweigen von Büschen oder im Randbereich großer Grasbülten. Die Tiere sind hier weitgehend vor den Blicken von Räubern geschützt, werden aber von den ersten Sonnenstrahlen der dann noch tief stehenden Sonne erwärmt. Häufig sieht man dann mehrere Tiere in geringem Abstand zueinander. In Dalmatien bin ich regelmäßig auf „Kinderstuben" von *T. hermanni hercegovinensis* gestoßen, in denen unter einzelnen Büschen auf einer Fläche von nur 2–3 m² mehrere, gelegentlich sogar zahlreiche Jungtiere verschiedener Altersklassen die Morgensonne genossen. Im Gegensatz zu adulten Exemplaren, die mit fortschreitendem Sonnenstand aus den Büschen herauskriechen und dann vor den Pflanzen sitzen, verbleiben die versteckt lebenden Jungtiere zumeist unter dem Randbereich der Büsche.

Der Höhepunkt des Schildkrötenjahres – die Fortpflanzung

Prinzipiell können über die gesamte Aktivitätsperiode hinweg Verhaltensweisen beobachtet werden, die im Zusammenhang mit der Fortpflanzung stehen, wie z. B. Rivalitätskämpfe der Männchen, Balzversuche oder Paarungen. Der Höhepunkt der Fortpflanzungsbemühungen

Paarung von *T. h. boettgeri* in einem Flussdelta in Nordgriechenland Foto: H.P. Mattern

ebenso weithin zu vernehmen wie die piepsenden Geräusche der Männchen, die bei der Kopulation entstehen. Während sich die Männchen von *T. hermanni* und *T. marginata*, von wenigen Ausnahmen abgesehen, bei der Werbung eher friedlich verhalten, fallen männliche *T. graeca* sowohl im Freiland wie auch in menschlicher Obhut durch eine ausgeprägte sexuelle Aggressivität auf. HAILEY (1991) ermittelte für *T. g. ibera* in Griechenland ungefähr die dreifache Anzahl von Rammstößen im Vergleich zu *T. h. boettgeri*. Nach meiner Erfahrung scheint, trotz individueller Unterschiede, im Allgemeinen auch die Aggressivität der Männchen untereinander bei *T. g. ibera* erheblich ausgeprägter zu sein als bei *T. hermanni* oder *T. marginata*, die, von gelegentlichen Reibereien abgesehen, oftmals friedlich miteinander leben.

etwa von *T. hermanni* wird im Zeitraum von März bis Mai erreicht, mit einer zweiten Spitze von August bis September (CHEYLAN 2001).

Die Männchen der europäischen Landschildkröten beginnen direkt nach dem Verlassen des Winterquartiers und sobald sie auf ein Weibchen treffen mit der Balz. In den kommenden Tagen und Wochen vergrößern sie nach und nach ihren Aktivitätsradius und begeben sich gezielt auf die Suche nach einer Partnerin. Treffen bei diesen Streifzügen zwei Männchen aufeinander, kann es zu handfesten Auseinandersetzungen kommen, in denen sie untereinander ihre Kräfte messen und um das Vorrecht zur Paarung kämpfen.

Ist man im Mai und Juni in geeigneten Habitaten unterwegs, ist das geräuschvolle Fortpflanzungsverhalten der Tiere über beachtliche Entfernungen zu hören. Die wuchtigen Rammstöße, mit denen Männchen die Weibchen zum Stehenbleiben veranlassen wollen, sind dabei

Die Eiablage im Freiland

Trotz des in Abhängigkeit von Breitengrad und Höhenlage über das Verbreitungsareal der Griechischen Landschildkröte hinweg versetzten Endes der Winterruhe erfolgen die Eiablagen im Freiland überall ungefähr zur selben Zeit. Gewöhnlich werden erste, vereinzelte Eiablagen bereits im April beobachtet, ihre Zahl nimmt aber im Mai deutlich zu. Der Höhepunkt der Legesaison wird im Juni erreicht, in dem die meisten Eiablagen erfolgen. Auch die im südspanischen Doñana-Nationalpark lebenden *T. g. graeca* zeigten im Zeitraum von April bis

Eine *T. marginata* beim Absetzen ihres Geleges in Griechenland Foto: P. Fritz

Die Legesaison von *Testudo hermanni* erreicht im Juni ihren Höhepunkt. Das Bild zeigt eine *T. h. boettgeri* in Griechenland. Foto: J. Maier

Juni die größte Aktivität des Jahres (ANDREU 1987; DÍAZ-PANIAGUA et al. 1996). Die Paarungsaktivitäten konzentrieren sich in dieser sehr warmen Region Spaniens auf das zeitige Frühjahr und klingen bereits Ende Mai ab, um erst nach dem Abflauen der Sommerhitze im September wieder zuzunehmen. In Doñana erfolgten die Eiablagen der Weibchen von *T. g. graeca* von Mitte April bis Mitte Juni (DÍAZ-PANIAGUA et al. 1996), die Unterart *T. g. ibera* hingegen legte ihre Eier in Rumänien bevorzugt im Juni (FUHN & VANCEA 1961). Im Südwesten Spaniens produziert die Maurische Landschildkröte normalerweise 2–3 Gelege pro Jahr, wobei der zeitliche Abstand zwischen zwei Gelegen in der Regel 21–29 Tage beträgt (DÍAZ-PANIAGUA et al. 1996). Auch die in Griechenland lebenden *T. g. ibera* setzen im Mittel 2–3 Gelege pro

Saison ab (HAILEY & LOUMBURDIS 1988). Die Breitrandschildkröte legt die Eier in ihrer natürlichen Heimat im Zeitraum von Mitte Mai bis Juni (HAILEY & LOUMBURDIS 1988; BRINGSØE et al. 2001).

Um zu einem geeigneten Nistplatz zu gelangen, verlassen die sonst vergleichsweise standorttreuen Weibchen ihr angestammtes Areal und begeben sich auf Wanderschaft. Geeignete Stellen finden die Tiere beispielsweise in Senken oder am Fuß von Hügeln, aber auch an Waldrändern und -lichtungen, gelegentlich sogar auf Feldern oder in Weingärten. Für die Eiablage wählen die Weibchen aller Arten thermisch möglichst günstige Stellen, die aber in Abhängigkeit vom jeweiligen Habitat unterschiedlich ausfallen können. So werden in eher kühlen Biotopen gezielt wärmebegünstigte und sonnige

Diese *T. h. hercegovinensis* hat im Zivilisationsmüll in ihrem Lebensraum in Dalmatien einen idealen Eiablageplatz gefunden, denn hinter dem alten Fensterflügel herrschen deutlich höhere Temperaturen
Fotos: M. Schweiger

Bereiche aufgesucht, an denen für die Eizeitigung geeignete Temperaturbedingungen vorherrschen. In warmen und trockenen Arealen wählen die Weibchen hingegen eher schattigere Bereiche, an denen sie in einer ansonsten heißen Umgebung kühlere Bedingungen vorfinden.

Die Weibchen der europäischen Landschildkröten bevorzugen für die Eiablage Bodenbereiche, die ausreichend Sonnenschein erhalten und eine grabfähige, aber nicht zu lockere Konsistenz aufweisen. Es erstaunt immer wieder, welche scheinbar „knochentrockenen" und „steinharten" Stellen die Schildkröten dabei für ideal erachten und dann auswählen, um dort ihre Eier abzusetzen. Deutlich schwieriger wird es, wenn der Bodengrund zu locker bzw. zu krümelig ist, denn dann gerät das Ausheben der Nistgrube zu einer wahren Sisyphusarbeit, da die Grubenwände ständig abbrechen und das Ausheben einer stabilen Nestgrube einfach nicht gelingen mag. Ist diesem Fall geben die Schildkröten den Versuch an dieser Stelle meist auf und beginnen an einem anderen Ort mit anscheinend festerer Bodenstruktur erneut. Die Weibchen setzen ihre Gelege auch sehr gern in unmittelbarer Nähe zu wärmespeichernden Steinen und Felsen, aber auch im Wurzelbereich von Pflanzen sowie im Schutz lichter Büsche ab. Besonders günstige Areale werden von einzelnen Weibchen oft wiederholt, manchmal sogar über Jahre hinweg immer wieder aufgesucht.

An bewährten Stellen können viele Weibchen ihre Gelege auf relativ engem Raum absetzen. Ich kenne eine Stelle an der Westküste der griechischen Peloponnes-Halbinsel, an der etliche *T. h. boettgeri* zur Eiablage gezielt aus der umgebenden Macchie in Senken im Dünenbereich einwandern und dort ihre Gelege vergraben. Als ein anderes Beispiel ist mir ein von dichtem Wald eingefasstes, brachliegendes Feld in der Toskana bekannt, wo ich an sonnigen Maitagen bis zu 15 Weibchen von *T. h. hermanni* auf einer Fläche von ca. 100 m² bei der gleichzeitigen Eiablage beobachten konnte. Zumeist wird man bei Exkursionen im natürlichen Lebensraum der Tiere aber nicht durch die beim Graben angetroffenen Weibchen auf besonders geeignete Eiablagestellen aufmerksam, sondern durch die Vielzahl herumliegender Eischalen. Diese stammen sowohl von Gelegen, aus denen die Jungtiere erfolgreich geschlüpft sind, als auch von Gelegen, die von Fressfeinden geplündert und zerstört wurden. Tatsächlich ist der Prädationsdruck gerade auf die Schildkrötengelege ausgesprochen hoch, und vielerorts wird ein Großteil der abgesetzten Eier z. B. von Wildschwein, Stachelschwein, Marder, Fuchs oder Dachs ausgegraben und gefressen. So zeugen nur noch die Überreste der Eier von den zumindest in thermischer Hinsicht idealen Ablagebedingungen.

Geschlechtertrennung in menschlicher Obhut?

Anfänger in der Schildkrötenhaltung und empfindsame Gemüter erschrecken angesichts der forschen und aggressiv anmutenden Balzbemühungen der Männchen. Ihre Rammstöße und Bisse sind aber natürliche Verhaltensweisen, die nicht nur in menschlicher Obhut, sondern in identischer Form auch im Freiland zu beobachten sind. Das Verhalten dient dazu, das Weibchen zum Einziehen der Beine und zum Stehenbleiben zu veranlassen, sodass das Männchen aufreiten und die Kopulation vollziehen kann. Sofern dieses Verhalten nicht über mehrere Wochen hinweg andauert und die Weibchen ausreichend Rückzugsmöglichkeiten haben, besteht für den Halter kein Grund zu Besorgnis.

Ein wertvoller Praxistipp zur Vermeidung von Stress für die Schildkröten lautet, die Tiere im Frühjahr rasch in die Frühbeete und Gewächshäuser zu setzen und bei geeigneter Witterung ins Freiland zu lassen. Problematisch wird das männliche Balzverhalten eigentlich nur unter beengten Platzverhältnissen, wenn die Schildkröten nach der Auswinterung zu lange im Haus untergebracht sind und einander kaum aus dem Weg gehen können.

Vor allem in älterer Schildkrötenliteratur wird empfohlen, die Geschlechter der europäischen Landschildkröten dauerhaft getrennt zu halten und nur zur Paarungszeit im Frühjahr kurzzeitig zusammenzuführen. Diese Maßnahme zielt darauf ab, den Weibchen dauerhaften Stress durch die andauernden Paarungsaktivitäten der Männchen zu ersparen. Ich halte derartig pauschale Empfehlungen für schwierig, da sowohl erhebliche Unterschiede zwischen den verschiedenen Arten bestehen als auch deutliche Charakterunterschiede zwischen Individuen. Der überwiegende Teil der Männchen geht nach der Winterruhe zielstrebig zu Werke und bemüht sich entschlossen um die Gunst der Weibchen. Von einzelnen Individuen mit einem besonders ausgeprägten Paarungsbedürfnis abgesehen, reguliert sich dieses Verhalten meist nach einer kurzen Hochphase auf ein entspanntes Maß. Aber keine Regel ohne Ausnahme, denn gerade bei *T. graeca* ist der Anteil der Männchen mit außerordentlich aggressivem Sexualverhalten größer als bei *T. hermanni* oder *T. marginata*. Aber auch Männchen der anderen europäischen Landschildkrötenarten beschränken sich in ihrem Werbeverhalten in menschlicher Obhut manchmal nicht auf die Balzzeit, sondern

Bei manchen Männchen hält der Paarungstrieb unvermindert an, sodass trächtige Weibchen weder in Ruhe zum Fressen noch zu einer ungestörten Eiablage kommen Fotos: M. Wirth

buhlen noch darüber hinaus um die Gunst der Weibchen. Hat man derart paarungswütige Männchen im Bestand, deren Fortpflanzungsdrang nicht auf natürliche Weise im späten Frühjahr mit dem Beginn der Eiablagesaison zurückgeht, sollte man sie zeitweise abtrennen, um den Weibchen eine ungestörte Eiablage zu ermöglichen. Aus meiner Sicht entspricht aber selbst bei *T. graeca* eine dauerhafte Geschlechtertrennung weder den natürlichen Bedingungen noch ist diese Maßnahme bei adäquaten Haltungsbedingungen überhaupt erforderlich, denn in einem ausreichend großen und strukturierten Gehege haben die Tiere die Möglichkeit, einander aus dem Weg zu gehen.

Ausgangsbasis für die Bemühungen ist zunächst eine harmonierende Zuchtgruppe. Die Gruppe sollte idealerweise mehr Weibchen als Männchen umfassen, damit sich die beharrliche Aufmerksamkeit der Männchen auf verschiedene potenzielle Partnerinnen verteilt. Ein ausgewogenes Geschlechterverhältnis liegt nach meiner Erfahrung bei Griechischen Land- und Breitrandschildkröten bei 1 : 2 (Männchen : Weibchen) und bei der Maurischen Landschildkröte aus den genannten Gründen bei 1 : 3. Bei der gemeinsamen Haltung mehrerer Männchen ist immer darauf zu achten, dass unterlegene Exemplare nicht dauerhaft unterdrückt werden und aufgrund des Rivalitätsgebarens stärkerer Geschlechtsgenossen keine Ruhephasen oder Rückzugsmöglichkeiten finden.

Immer wieder fällt auf, dass einzelne Weibchen besonders begehrt sind und hoch in der Gunst der männlichen Aufmerksamkeit stehen, während andere kaum beachtet werden. Ich empfehle daher, eher diese stark umworbenen Weibchen als die Männchen zeitweise abzutrennen.

Zusammengefasst ist es nach meiner Meinung nicht erforderlich, Männchen- und Weib-

Manche Halter praktizieren eine Geschlechtertrennung und setzen die Tiere nur kurzzeitig zu Paarung zusammen. Dies erfordert auch getrennte Innengehege im Schutzhaus.
Foto: M. Wirth

chen-Gehege zu unterhalten. Vielmehr sollte man einen abgetrennten Bereich als Ausweichgehege einplanen, der ebenfalls Zugang zu einem beheizten Schutzhaus bieten und in allen Belangen dem Hauptgehege entsprechen muss. Hier können gegebenenfalls unterlegene oder ausgesprochen aggressive Männchen abgetrennt oder offensichtlich vom Paarungsgeschehen gestresste Weibchen separiert werden.

Ein ständiger Wechsel zwischen Trennen, Umsetzen und Vergesellschaften sollte aber vermieden werden, da sich in Schildkrötengruppen natürliche Hierarchien ausbilden. Wird das Gefüge aber regelmäßig gestört, entsteht auf diese Weise erheblich mehr Unruhe als durch die phasenweise Balz der Männchen. Ein Umsetzen sollte daher auf ein möglichst geringes Maß beschränkt werden. Die Geschlechter prinzipiell nur im Frühjahr zu vergesellschaften, halte ich auch daher für falsch, da die Bedeutung der zum Teil sehr ausgeprägt auftretenden Herbstpaarungen – obwohl noch nicht hinreichend untersucht – für den Fortpflanzungserfolg vermutlich nicht zu unterschätzen ist.

Der Legehügel

In der Fortpflanzungszeit ist der Pfleger gefordert, den Schildkrötenweibchen geeignete Eiablagestellen anzubieten. Das wird in den meisten Freilandanlagen durch das Anlegen eines sogenannten Nist- oder Legehügels realisiert. Durch die Gestaltung eines idealisierten Eiablageplatzes kann man so den Tieren bestmögliche Legebedingungen schaffen, aber ein Legehügel hat auch den praktischen Vorteil, dass sich dort die Eiablagen auf wenige Quadratmeter konzentrieren, was ein Aufspüren der Gelege erleichtert.

Planung und Realisierung eines Legehügels sollten so früh wie möglich in Angriff genommen

Das Anlegen eines Legehügels beginnt mit dem Aufschütten der Grundform aus geeignetem Bodengrund sowie großen Steinen und wird anschließend mit einer punktuellen Bepflanzung vervollständigt Foto: M. Wirth

Ein richtig ausgerichteter und gut strukturierter Legehügel bietet optimale Nistplätze im Landschildkrötengehege Foto: M. Wirth

licherweise noch nicht geschlechtsreif sind. Auf diese Weise lernen die Tiere den für die späteren Eiablagen vorbereiteten Platz bereits in jungen Jahren als wärmebegünstigtes Areal kennen und schätzen und nutzen es anfangs gern für Sonnenbäder und zur Thermoregulation.

Um die richtige Stelle für einen Legehügel in einem neuen Gehege zu ermitteln, gilt es zunächst – wie beim Aufstellen des Schutzhauses oder dem Anlegen von Trockenplätzen –, Sonnenverlauf und Schattenwurf im späten Frühjahr und beginnenden Frühsommer (= Eiablagesaison) im Tagesverlauf zu beobachten. Wenn in einer bereits bestehenden Anlage ein Legehügel errichtet werden soll, lassen sich hierbei gut die Lieblingsstellen der Tiere verwenden, die bisher für Sonnenbäder, eventuell aber auch schon für Eiablagen genutzt wurden. In diesem Fall wird das Anlegen des Legehügels zu einer Optimierung eines bereits bewährten Bereichs. Ein idealer Legehügel sollte aus einem grabfähigen, aber nicht zu lockeren Substrat bestehen. Die

werden. Am besten berücksichtigt man ihn gleich beim Anlegen und Strukturieren des Freigeheges, auch wenn die Schildkröten zu diesem Zeitpunkt mög-

richtigen Bodenverhältnisse vorausgesetzt, kann z. B. die beim Ausheben des Fundaments für das Schutzhaus anfallende Erde zum Errichten des Hügels verwendet werden. Ist der Aushub stark lehmhaltig, muss die Erde mit Sand o. Ä. vermischt und aufgelockert werden, bis die richtige Konsistenz erreicht ist. Ist im Garten nicht ausreichend „guter" Mutterboden verfügbar, eignet sich nach Vinke & Vinke (2004a) auch ein Gemisch aus zwei Dritteln Rindenhumus und einem Drittel Sand.

Der Legehügel sollte eine Höhe von etwa 50–100 cm und eine Länge von 2–3 m haben, damit auf einer relativ großen Fläche unterschiedliche Bedingungen realisiert werden können. Vinke & Vinke (2004a) empfehlen, dem Hügel einen gebogenen, bananenförmigen Grundriss zu geben, wobei die längere, äußere Seite gen Süden ausgerichtet sein sollte. So können die Schildkrötenweibchen zwischen Hangbereichen wählen, die in östliche, südöstliche, südliche und südwestliche Richtung zeigen.

Der Legehügel sollte nicht einfach nur eine kahle, unbedeckte Fläche sein, sondern eine gute Strukturierung aufweisen. Dazu empfiehlt sich eine spärliche Bepflanzung mit niedrigen Büschen, die stellenweise lichten Schatten werfen und als Windschutz dienen.

Etwa die Hälfte der gesamten Grundfläche sollte vegetationsfrei gehalten werden. Somit stehen den Schildkröten auf dem Legehügel vollsonnige, aber auch halbschattige und schattige Bereiche in einer warmen Umgebung zur Verfügung. Für die Bepflanzung eignen sich etwa winterharte Yucca- oder Palmlilien-Arten (*Yucca*), Lavendel (*Lavandula angustifolia*), Salbei (*Salvia*) oder der Fünffinger-Strauch (*Potentilla fruticosa*). Die Pflanzen müssen regelmäßig zurückgeschnitten werden, damit der Legehügel nicht aufgrund der üppig wuchernden Vegetation seine wärmebegünstigten Eigenschaften verliert.

Beim Anlegen errichte ich zunächst Trockenmauern aus aufeinandergesetzten Natursteinen, die den Legehügel an den erhobenen Seiten abstützen und begrenzen. Anschließend schütte ich auf der Südseite der Steine die aufbereitete Gartenerde auf, allerdings nicht bis an den oberen Rand, sondern nur bis zur vorletzten Lage aus Steinen. Dadurch erhält der Legehügel eine Begrenzung, die sich bei Sonnenschein gut aufheizt und als passiver Wärmespeicher dient. Die Bepflanzung mit kleinen Büschen erfolgt im Anschluss, wobei ich darauf achte, die Pflanzen mit deutlichem Abstand zueinander einzusetzen. Abschließend gieße ich den gesamten Legehügel ausgiebig mit dem Gartenschlauch, sodass auch die tieferen Erdschichten vom Wasser erreicht werden, bevor ich die Erde mithilfe einer Gartenschaufel fest andrücke und verdichte.

Die Eiablage in der Freilandanlage

In mitteleuropäischen Breiten erfolgen die Eiablagen der europäischen Landschildkröten meist am späten Vormittag und am frühen Nachmittag. Aber keine Regel ohne

Geeignete Eiablageplätze werden mithilfe von Probegrabungen, aber auch durch ausgiebiges Beriechen ausfindig gemacht Foto: M. Wirth

Ein Weibchen von *T. h. boett-geri* bei der Eiablage auf dem Legehügel. Nach dem Heraus-pressen der Eier wird die Le-gegrube mit den Hinterbeinen sorgfältig verschlossen.
Fotos: M. Wirth

Ausnahme, denn immer wieder lassen sich Weibchen beobachten, die erst am späten Nachmittag mit dem Ausheben der Nistgrube beginnen und deren Eiablage sich dann bis in die Dämmerung hinein erstrecken kann. Hat die Eiablageperiode erst einmal begonnen, kann es sein, dass an manchen besonders günstigen Tagen mehrere Weibchen praktisch zeitgleich ihre Eier legen. Dies ist insbesondere am ersten richtig heißen Nachmittag des Jahres der Fall, an dem die Temperatur Werte von 25–28 °C erreicht, aber auch Tage mit schwülwarmem Wetter, an denen im weiteren Tagesverlauf Wärmegewitter drohen, animieren die Schildkröten zur Eiablage.

Bei der Auswahl eines geeigneten Nistplatzes gehen Schildkrötenweibchen ausgesprochen sorgfältig vor, denn die Qualität des Eiablageplatzes entscheidet letztlich über Erfolg oder Misserfolg der Fortpflanzungsbemühungen. Weil die europäischen Landschildkröten keine Brutpflege betreiben, sondern die Eier nach der Ablage sich selbst überlassen, haben sie auch keine Möglichkeit, die Inkubationsbedingungen während der Zeitigung zu beeinflussen.

Die bevorstehende Eiablage kündigt sich durch eine große Unruhe des Weibchens an, das prüfend und schnüffelnd durch das Gehege streift. Augenscheinlich zusagende Bereiche werden dabei ausgiebig mithilfe des Geruchssinns, teilweise sogar mit dem Maul untersucht und mit Grabversuchen auf ihre Tauglichkeit geprüft. Neben dem Lichteinfall und den Temperaturbedingungen entscheidet auch die Bodenfeuchtigkeit darüber, ob der Legehügel angenommen wird. Für den Pfleger besteht die Kunst darin, das richtige Maß zu finden und gegebenenfalls korrigierend einzugreifen. Denn einerseits muss der Legehügel eine gute Drainage haben, damit Regenwasser rasch versickern oder ablaufen kann, andererseits sollte der Bodengrund aber auch eine gewisse Grundfeuchtigkeit aufweisen. Hat das Weibchen schließlich eine geeignete Stelle gefunden, erfolgen das Ausheben der Nistgrube und das Absetzen des Geleges in recht kurzer Zeit.

Breitrandschildkröten setzen in unseren Breiten ihre Gelege von Mitte Mai bis Juli, zum Teil aber auch bis in den August hinein ab. Die jährliche Eiproduktion von *T. marginata* beträgt durchschnittlich 14,4 Eier (HAILEY & LOUMBOURDIS 1988), der Abstand zwischen den bis zu drei Gelegen etwa 25–30 Tage. Die Fruchtbarkeit der Griechischen Landschildkröte ist nach HAILEY & LOUMBURDIS (1988) abhängig von der Größe des Weibchens, wobei mittelgroße Weibchen die meisten, kleine oder große bzw. alte Muttertiere hingegen im Mittel weniger Eier legen. Auch die Weibchen von *T. h. boettgeri* produzieren meist zwei Gelege in einer Saison, unter guten Bedingungen mit einem beheizten Schutzhaus und einer aufgrund eines ausreichenden Wärmeangebots langen jährlichen Aktivitätsphase gelegentlich auch ein drittes. Die Legesaison beginnt bei dieser Art bereits Ende April/Anfang Mai und erstreckt sich bis in den Juli, in kälteren Jahren teilweise auch bis in den August. Wie bei der Breitrandschildkröte beträgt auch bei *T. hermanni* der Abstand zwischen zwei Gelegen ca. vier Wochen.

Problem Legenot

Wenn trächtige Schildkrötenweibchen fertig ausgebildete Eier tragen, sie aber nicht ablegen können, wird das eventuell schwere gesundheitliche Probleme nach sich ziehen, z. B. eine Legenot, die sogar zum Tod des betroffenen Tieres führen kann. Die Ursachen für das Zu-

rückhalten der Eier sind vielfältig, zumeist aber direkt oder indirekt auf falsche bzw. unzureichende Haltungsbedingungen zurückzuführen. Die Eiretention kann Ausdruck eines schlechten Allgemeinzustandes des Weibchens sein, der eventuell auf eine mangel- oder fehlerhafte Ernährung, eine unzureichende Kalziumversorgung oder auf Vitaminmangel zurückzuführen ist. Auch häufige Störungen durch andere Schildkröten bzw. den

Finden Landschildkrötenweibchen keine geeigneten Eiablageplätze, kann dies eine Legenot zur Folge haben. Diese *T. h. hermanni* nutzt eine wärmebegünstigte Stelle zwischen Steinen, die sich bei Sonneneinstrahlung erwärmen. Foto: M. Wirth

Insbesondere in kühlen und verregneten Frühsommern legen Schildkröten ihre Eier oft nicht im Freiland, sondern im Inneren des Schutzhauses unter einem Spotstrahler ab
Foto: M. Wirth

kundiger Tierarzt aufgesucht werden, anderenfalls droht der Verlust der Schildkröte. Aufgrund der vielfältigen Ursachen einer Legenot ist es schwierig, herauszufinden, was im jeweiligen Fall maßgeblich gewesen sein könnte. Dennoch sollte man beim Auftreten einer Legenot die Haltungsbedingungen der Schildkröten genau unter die Lupe nehmen und sich um Verbesserungsmöglichkeiten bemühen.

In kühleren oder regenreichen Regionen empfiehlt es sich, den Legehügel mit passiven Wärmespeichern, z. B. eingegrabene wassergefüllte Kanister oder Steinsäulen, oder mit technischen Hilfsmitteln zu beheizen. Entsprechende Tipps und Praxisbeispiele findet man beispielsweise bei VINKE & VINKE (2004a), BIDMON (2006b) und FRIESLEBER (2008), diese werden aber von mir aufgrund des recht milden Klimas an meinem Wohnort nicht praktiziert. Im Fall sehr widriger Witterungsbedingungen in der Eiablagesaison verwende ich lediglich eine Abdeckung aus einer großen Hohlkammerplatte, die über dem Legehügel angebracht wird und somit eine deutliche Verbesserung der kleinklimatischen Verhältnisse auf dem Legehügel erzielt. Insbesondere in kühleren oder verregneten Frühsommern legen Schildkröten ihre Eier nicht im Freiland ab, sondern suchen sich einen wärmebegünstigten Ablageplatz etwa im Inneren von Gewächshäusern oder Frühbeeten z. B. am Rand des Strahlungsbereiches eines Spotstrahlers.

Pfleger vor oder während der Eiablage oder Veränderungen in der Gruppenstruktur bzw. des Geheges können das Absetzen des Geleges der Grund dafür sein. Unzureichende äußere Bedingungen können verhindern, dass das trächtige Tier keinen geeigneten Eiablageplatz gefunden und deshalb die Eiablage aufgegeben hat. Mögliche äußere Faktoren sind nach VINKE & VINKE (2004a) z. B. fehlende oder ungeeignete Eiablageplätze, ungeeigneter Bodengrund zum Anlegen der Nistgrube, zu geringe Deckung oder unzureichende Temperaturbedingungen (zu kalt, zu warm, kein Schatten). Darüber hinaus kann zu trockenes oder zu feuchtes Substrat die Eiablage unmöglich machen. Zeigt ein Tier Anzeichen einer möglichen Legenot, muss unverzüglich ein reptilien-

Bergung der Gelege

Landschildkröten sind wahre Meister beim Verbergen der fertiggestellten Nistgrube. Wer es kennt, wird es bestätigen: Hat das Weibchen den Ablageort erst einmal verlassen, ist es praktisch meist unmöglich zu erkennen, wo das Tier sein Gelege abgesetzt hat. Da die Eiablagen oftmals am späten Vormittag und in der Mittagszeit erfolgen, gestaltet sich die Suche nach den vergrabenen Gelegen vor allem für Berufstätige schwierig. Daher behelfen sich gewiefte Schildkrötenhalter technischer Hilfsmittel in Form von als Überwachungskameras eingesetzten Webcams. Die über den Tag erfolgten Aufzeichnungen lassen sich abends bequem am Computer auswerten und weisen den Weg zum Aufspüren der Gelege. Andere Schildkrötenliebhaber setzen auf eine einfachere, aber ebenfalls recht wirksame Methode. Dieses von KIRSCHE (1997) und anderen Autoren (z. B. VINKE & VINKE 2004a; MINCH 2010) beschriebene Verfahren setzt auf die Verwendung unterschiedlich gefärbter Substratschichten, wie z. B. hellem Sand und dunkler Erde, die übereinander geschichtet den Legehügels bedecken. Hebt ein Weibchen seine Nestgrube aus, wird es dabei nicht nur den oberflächlichen hellen Sand, sondern auch dunkle Erde vom Boden der Grube auswerfen. Diese hinterlässt nach dem Verschließen des Nests dunkle Spuren im hellen Sand und zeigt, an welcher Stelle die Eier zu finden sind. Erfahrene Pfleger, die ihre Schildkröten und deren individuelles Eiablageverhalten gut kennen, wissen oft auch ohne Hilfsmittel, wann und wo sie nach den abgesetzten Eiern suchen müssen. Hat sich beispielsweise das auffällige Suchverhalten eines Weibchens nach mehreren Tagen gelegt, ohne dass eine Eiablage beobachtet wurde, hat das Absetzen wohl unbemerkt stattgefunden, und die Suche kann beginnen. Gerade weil viele Weibchen ihre Nistgruben oft am selben Ort anlegen, finden sich die Eier häufig an bereits in der Vergangenheit genutzten Stellen.

Zur Bergung der Eier aus der Nistgrube empfiehlt es sich, vorsichtig mit den Händen zu graben. Der Einsatz z. B. von Löffeln muss ausgesprochen vorsichtig erfolgen, birgt er doch das Risiko, dass einzelne Eier oder sogar das ganze Gelege zerstört werden. Bei der Überführung in den Inkubator gilt es, Lageveränderungen der Eier zu vermeiden, da es ansonsten zum Absterben der Embryonen kommen kann. Man kann z. B. jedes Ei während des Ausgrabens

Das Ausgraben der Gelege muss sehr vorsichtig erfolgen, um eine Beschädigung der Eier zu vermeiden
Fotos: M. Wirth

auf der Oberseite mit einem weichen Bleistift markieren. Eine Ausnahme stellen frisch abgesetzte Eier dar, bei denen das Drehen noch unkritisch ist, da der Embryo erst 24–48 Stunden nach der Eiablage seine Position im Ei einnimmt. Vor der Überführung in den Inkubator sollten die Eier unter Leitungswasser grob gesäubert werden. Somit wird das Risiko verringert, dass Bakterien oder Pilze eingeschleppt werden, die sich sonst unter den feuchtwarmen Bedingungen im Inkubator explosionsartig vermehren könnten.

Nach der Bergung der Eier sollten diese mit einem Abstand von mindestens 1 cm zueinander etwa zur Hälfte in das Inkubationssubstrat eingegraben werden. Das Inkubationssubstrat sollte leicht feucht, aber keinesfalls nass sein. In der Praxis haben sich verschiedene Substrate bewährt, die Erfahrungen, Meinungen und Vorlieben gehen dabei aber auseinander. Viele Züchter vertrauen auf Vermiculit, Perlit oder ein Gartenerde-Sand-

Gemisch (2 : 1). Es gibt aber auch erfolgreiche Methoden, die Eier gänzlich ohne Substrat beispielsweise auf Gitterrosten, Schaumstoff oder Styropor zu zeitigen. Detaillierte Informationen zu sage und schreibe zwanzig verschiedenen Brutsubstraten, unter Angabe der jeweiligen Vor- und Nachteile sowie deren mögliche Eignung für die Zeitigung von Schildkrötengelegen, bietet PHILIPPEN (2011b), eine in dieser Form sicherlich einzigartige Zusammenstellung. Ergänzend hierzu kann auch JASSER-HÄGER & WINTER (2007) zurate gezogen werden, die ebenfalls verschiedene Inkubationssubstrate und deren Eigenschaften diskutieren.

Inkubation

Für die Eizeitigung werden verschiedene kommerzielle Geräte wie Motor- oder Flächenbrüter angeboten, die prinzipiell gute Schlupfquoten ermöglichen. Eine sehr empfehlenswerte Lektüre, die nicht nur die verschiedenen Inkubatorentypen

Viele Halter setzen auf die von BUDDE (1980) empfohlene Inkubationsmethode und damit auf einen selbst gebauten Brutkasten Foto: H.P. Mattern

vorstellt, sondern auch einen kurzweiligen Abriss über die Entwicklungsgeschichte der künstlichen Inkubation von Reptilieneiern bietet, ist der Artikel von PHILIPPEN (2011a), der dem interessierten Leser wärmstens ans Herz gelegt sei. Eine Marktübersicht über kommerzielle Inkubatoren liefert KUNZ (2011a, b), weiteres Grundlagenwissen das Buch von KÖHLER (2004). Wichtige Informationen rund um das Thema Inkubation aus der Praxis bietet auch die Zusammenfassung von JASSER-HÄGER & WINTER (2007) zu ihrem Inkubationsprojekt für Landschildkröten. Hierfür wurden über mehrere Jahre hinweg mit detaillierten Fragebögen Informationen zur Zucht beispielsweise von *Testudo h. boettgeri* (83 Halter, 254 Muttertiere, 1.320 Schlüpflinge) und *T. graeca ibera* (56 Halter, 112 Weibchen, 854 Schlüpflinge) zusammengetragen und ausgewertet.

Viele Züchter europäischer Landschildkröten setzen auf die von BUDDE (1980) empfohlene Inkubationsmethode und damit auf einen selbst gebauten Brutkasten. Dabei werden die Eier in kleinen, oben offenen Kunststoffschalen in ein kleines Aquarium gestellt, das wiederum auf einem Unterbau aus Ziegelsteinen in einem mit einer Glasscheibe abgedeckten, zu etwa drei Viertel der Ziegelsteinhöhe mit Wasser gefüllten Aquarium platziert wird. Beheizung und Regulierung der Wassertemperatur erfolgen mit einem Aquarienheizstab, wodurch die gewünschte Bruttemperatur eingestellt wird. Mit einer schräg über den Eiern angebrachten Glasscheibe („Tropfscheibe") wird verhindert, dass sich das an der Abdeckscheibe bildende Kondenswasser auf die Eier tropft; es läuft nun vielmehr seitlich ab. VINKE & VINKE (2004a) haben das bewährte Verfahren dahingehend verfeinert, dass sie statt einer Abdeckscheibe ein Frotteehandtuch über das Aquarium legen, sodass auch auf das Anbringen einer Tropfscheibe verzichtet werden kann. Der Nachteil dieser Modifikation liegt darin, dass der Wasserstand aufgrund der Verdunstung regelmäßig kontrolliert und gegebenenfalls aufgefüllt werden muss. Auf diese Weise wird aber die hohe Luftfeuchtigkeit nahe der Sättigungsgrenze

Inkubation von Landschildkrötengelegen in einem Motorbrüter Foto: M. Wirth

in der von BUDDE eigentlich für die Inkubation von Wasserschildkrötengelegen konzipierten Methode auf optimale Werte von ca. 70 % reduziert.

Im Unterschied etwa zu Säugetieren wird bei Schildkröten, wie auch bei verschiedenen anderen Reptiliengruppen, das Geschlecht des Embryos nicht von Geschlechtschromosomen, sondern von der Temperatur bestimmt. Man spricht folglich von einer temperaturabhängigen Geschlechtsfixierung (temperature-dependent sex determination, TSD). Die sogenannte Pivotaltemperatur gibt dabei den Scheitelpunkt an, bei dem ein Geschlechterverhältnis von 1 : 1 entsteht; während höhere Temperaturen das Geschlechterverhältnis zugunsten der Weibchen

Dieses Gelege von *T. h. hermanni* wird auf Sand inkubiert Foto: M. Wirth

und niedrigere Temperaturen zugunsten der Männchen verschieben. Einen guten Einstieg zum Thema TSD bei Schildkröten bieten die Arbeiten von PIEAU & DORIZZI (2004, 2005).

Die Möglichkeit, die Geschlechtsausprägung über die Bruttemperatur zu beeinflussen, wird von vielen Landschilfkröten in der Praxis gezielt eingesetzt, denn zumeist ist ein möglichst hoher Anteil weiblicher Schlüpflinge gewünscht, der bei höheren Temperaturen entsteht. Zu hohe Temperaturen aber führen vermehrt zu Schildanomalien. Es gilt, einen Kompromiss einzugehen. Obwohl die exakten Bedingungen für die temperaturabhängige Geschlechtsfixierung bei europäischen Landschildkröten noch nicht abschließend geklärt sind, lassen sich beispielsweise nach VINKE & VINKE (2006b) mit folgenden Temperaturbereichen hohe Weibchenquoten bei wenigen Schildanomalien erzielen: *Testudo h. boettgeri*: 31–33 °C; *T. h. hermanni*: 32–33 °C;

T. hermanni hercegovinensis: 30,5–31,5 °C; *T. graeca ibera*: 32 °C und *T. marginata*: 32–33 °C. Detaillierte Angaben zum Einfluss der Inkubationstemperatur auf die Geschlechtsausprägung bei *T. h. boettgeri* finden sich bei EENDEBAK (1995b, 2001), der eine Pivotaltemperatur von 31,5 °C sowie einen vergleichsweise engen Temperaturbereich ermitteln konnte, unterhalb dessen sich ausschließlich Männchen und oberhalb ausschließlich Weibchen entwickeln. Informationen zur Geschlechtsfixierung bei der Maurischen Landschildkröte liefert PIEAU (1975, 2002), der Untersuchungen an Gelegen von *Testudo g. graeca* durchgeführt hat. Die Eier wurden bei vier verschiedenen Temperaturen inkubiert, wobei bei 26,5 °C (+/- 0,5 °C) 100 % und bei 29,5 °C (+/- 0,5 °C) 97 % der Schlüpflinge männlich waren. Aus allen bei 31,5 °C (+/- 0,5 °C) und 32° C (+/- 1 °C) gezeitigten Eiern schlüpften hingegen ausschließlich Weibchen. Demgemäß wird von PIEAU (2002)

Geschlechtsverhältnis von *Testudo hermanni boettgeri**

Inkubationstemperatur	Anzahl Männchen	Anzahl Weibchen	Männchenanteil
25 °C	2	0	100 %
26 °C	4	0	100 %
28 °C	5	0	100 %
30 °C	11	0	100 %
31 °C	11	3	79 %
32 °C	6	17	26 %
33 °C	0	11	0 %
34 °C	0	4	0 %

*in Abhängigkeit von der Inkubationstemperatur, modifiziert nach EENDEBAK (1995b)

für *Testudo g. graeca* die Pivotaltemperatur im Bereich von 30–31 °C vermutet.

Die Schlupfquote bei Landschildkröten variiert in Abhängigkeit von vielen verschiedenen Faktoren, die sowohl auf Parameter der Haltungs- und Inkubationsbedingungen, aber auch auf die Gruppenzusammensetzung und selbst auf individuelle Unterschiede zwischen verschiedenen Weibchen zurückzuführen sein können. Insbesondere Anfängern in der Schildkrötenhaltung fällt es schwer, festzustellen, ob ein geringer Schluperfolg möglicherweise auf eine niedrige Befruchtungsrate (Fertilitätsrate) oder aber auf unzureichende Inkubationsbedingungen zurückzuführen ist. Ob ein Ei befruchtet ist oder nicht, lässt sich aber bei europäischen Landschildkröten bereits nach einer Inkubationsdauer von 6–8 Tagen prüfen, da sich ab diesem Zeitpunkt beim Durchleuchten der Eier die sich entwickelnden Blutgefäße erkennen lassen.

Es scheint aber auch allgemein Unterschiede hinsichtlich des Schlupferfolgs für die verschiedenen europäischen Landschildkrötenformen zu geben. JASSER-HÄGER & WINTER (2007) haben im Rahmen einer Umfrage unter Landschildkrötenhaltern für *T. hermanni boettgeri* anhand der Angaben von 83 befragten Personen für 254 Muttertiere eine durchschnittliche Befruchtungsrate von 69 % sowie eine durchschnittliche Schlupfrate (als Prozentsatz der befruchteten Eier) von 74 % ermittelt. Daraus konnte eine Reproduktionsrate von 51 % berechnet werden. Etwas besser stellte sich das Ergebnis der Inkuba-

Eizeitigung in einer Jäger-Kunstglucke. Hier dient Vermiculit als Inkubationssubstrat. Foto: M. Wirth

Landschildkrötengelege können auch substratfrei beispielsweise auf Gitterrosten, Schaumstoff oder Styropor gezeitigt werden Foto: M. Wirth

tion von Gelegen bei *T. graeca ibera* dar, denn hier ergab sich bei 56 Haltern für 112 Weibchen eine Befruchtungsrate von 75 % sowie eine Schlupfrate von 82 %. Die daraus berechnete Reproduktionsrate lag bei 62 %.

Die durchschnittliche Schlupfquote für die Breitrandschildkröte lag beispielsweise bei RIENER (2009) bei beachtlichen 88 %, die Befruchtungsrate für zwei Weibchen bei fast 100 %. Die von RIENER (2009) für *T. marginata* erzielte Schlupfquote liegt damit deutlich höher als z. B. die von EENDEBAK (1995a) für *T. hermanni boettgeri* ermittelte Fertilitätsrate von 69,5 % und Schlupfrate von 42,1 %. Ebenfalls für *T. hermanni boettgeri* wurden von HAILEY & LOUMBOURDIS (1988) mit 71 % bzw. von EHRENGART (1971) mit 79,4 % zwar bessere Schlupfraten angegeben, aber auch diese liegen deutlich unter den Angaben für *T. marginata*. Von RIENER (2009) wurde auch in einem direkten Vergleich zu unter identischen Bedingungen gehaltenen *T. h. boettgeri* für *T. marginata* nicht nur ein deutlich höherer, sondern auch ein konstanterer und stabilerer Schlupferfolg erzielt, eine Beobachtung, die auch von RUDLOFF (1990) beschrieben wurde.

Sonstige Arbeiten im Schildkrötengehege

Der Pflegeaufwand im Schildkrötengehege ist in den Monaten Mai und Juni vergleichsweise gering. Die Arbeiten im Gehege sollten auf ein Minimum reduziert werden, um die Schildkröten nicht bei ihren Fortpflanzungsaktivitäten zu stören. Mit zunehmender Tageslichtdauer werden die Schildkröten immer früher aktiv. Zahl und Dauer der Sonnenbäder sind rückläufig, und die Schildkröten machen sich mit Erreichen

In den Monaten Mai und Juni vertilgen Landschildkröten große Mengen an Wiesenkräutern Foto: M. Wirth

der erforderlichen Betriebstemperatur auf die Nahrungssuche.

Wie im Freiland scheinen die Schildkröten in dieser kräftezehrenden Jahreszeit nahezu unersättlich und verschlingen große Futtermengen. So ist der Pfleger insbesondere bei der Suche nach ausreichenden Mengen frischen Grünfutters gefordert. Glücklicherweise kommt einem da Mutter Natur entgegen, denn es lassen sich jetzt selbst große Mengen an Wiesenkräutern rasch und mit geringem täglichen Zeitaufwand sammeln. Geeignete Bestimmungsliteratur wie z. B. das hervorragende Buch von MINCH (2008) zeigt, welche Pflanzenarten infrage kommen. Sogar erfahrene Schildkrötenhalter bekommen hier wichtige und fundierte Anregungen für die Anreicherung des Speiseplans ihrer Tiere. Wenngleich sauberes Trinkwasser und Kalk, z. B. in Form eines ganzen oder zerstoßenen Sepiaschulps, natürlich das ganze Jahr über zur Verfügung stehen müssen, ist gerade in dieser Zeit auf ein ausreichendes Angebot zu achten, auf das sich nicht nur die Weibchen begierig stürzen.

Mediterrane Pflanzenpracht

Auch die gärtnerischen Fähigkeiten des Schildkrötenpflegers sind in den Monaten Mai und Juni gefragt, denn jetzt ist das Angebot attraktiver und für die Gehegebepflanzung geeigneter Pflanzenarten in den Gärtnereien besonders groß. Möchte man das Schildkrötengehege entsprechend gestalten, stehen jetzt viele Pflanzen zur Verfügung, die einen mediterranen bzw. exotischen Eindruck hinterlassen, wie z. B. verschiedene Yucca-, Kakteen-, Agaven- und Palmenarten. Während es von den Palmen nur wenige frostharte Arten gibt, steht von den anderen Gruppen inzwischen eine breite Auswahl

191

Im Mittelmeerraum heimische Pflanzenarten wie diese Feige (*Ficus carica*) aus Italien verbreiten mediterranes Flair im Schildkrötengehege, sind aber nur bedingt oder nicht winterhart Foto: M. Wirth

Exotische Pflanzenarten können in Töpfen im Gehege aufgestellt werden, müssen aber im Gewächs- oder Wohnhaus überwintern Foto: M. Wirth

ganzjährig für das Freiland geeigneter Arten zur Verfügung, die in vielen Gärtnereien bereits ab Ende April angeboten werden.

Für die meisten der winterharten Exoten müssen aber Vorkehrungen für die kalte Jahreszeit getroffen werden, denn sie mögen z. B. keine „nassen Füße". Eine gute Drainage etwa aus Sand, Bims oder Kalksplit verhindert Staunässe und schafft die erforderlichen trockenen Verhältnisse. Den winterharten Exoten macht in unseren Breiten weniger die Kälte zu schaffen als vielmehr die Feuchtigkeit aufgrund von Regen und Schnee. Die Kombination aus Feuchtigkeit und Frost kann auch bei eigentlich winterharten Arten tödlich enden. Mit einem Winterschutz in Form einfacher Dachkonstruktionen aus Glas oder Kunststoff können diese Probleme sicher vermieden werden, und man hat lange Jahre Freude an den Pflanzen (BRUE-KERS 1998).

Winterharte *Yucca*-Arten wie Y. *flaccida*, Y. *filamentosa*, Y. *gloriosa* oder Y. *recurvifolia*, um nur einige zu nennen, sind eine Bereicherung für jede Schildkrötenanlage. Diese Palmlilien gedeihen auch in Mitteleuropa ohne Winterschutz. Etablierte Pflanzen wachsen rasch und bilden im Lauf der Jahre große Horste mit zahllosen Schöpfen, die von den Schildkröten sehr gern als Versteckplätze angenommen werden. Die Palmlilien blühen re-

Unter den Feigenkakteen (*Opuntia* spec.) gibt es viele auch in unseren Breiten winterharte Spezies Foto: M. Wirth

Rosmarin (*Rosmarinus officinalis*) verträgt Kälte nicht; die ähnlich aussehende Rosmarinblättrige Weide (*Salix rosmarinifolia*) hingegen ohne Probleme Foto: M. Wirth

gelmäßig und sind im Frühsommer mit ihren bis zu 2 m hohen, weiß glänzenden Blütenständen ein wunderbarer Blickfang.

Kakteen der Gattung *Opuntia* sind im Mittelmeerraum weit verbreitet. Insbesondere der Feigenkaktus *O. ficus-indica* bildet in südeuropäischen Gefilden riesige, übermannshohe Bestände, die in Gärten, zwischen Feldern oder inmitten der Macchie anzutreffen sind. Ihre kinderfaustgroßen Früchte sind eine echte Delikatesse für die Schildkröten, und ich habe in Griechenland und auf Mallorca häufig Schildkröten beim Verzehr der Kaktusfeigen beobachtet. *Opuntia ficus-indica* ist leider nicht winterfest. Daher stehen diese Urlaubsandenken aus ver-

schiedenen Ländern bei mir nur in der warmen Jahreszeit in großen Terracotta-Töpfen im Schildkrötengehege. Mehr als hundert andere Opuntien-Arten sind aber auch bei uns vollkommen winterhart (BRUEKERS 1998; KÜMMEL & KLÜGELING 1987). Hierzu gehören z. B. *O. phaeacantha camanchica*, *O. polyacantha*, *O. compressa* und *O. fragilis*.

Obwohl wie die Opuntien ebenso ursprünglich aus Amerika stammend, sind Agaven auch in Südeuropa ein häufiger Anblick. Geeignete Arten für eine Freilandanlage sind beispielsweise *Agave chrysantha*, *A. toumeyana*, *A. utahensis*, *A. havardiana*, *A. neomexicana* und *A. montana*. Die Spezies A. *schottii*, A. *striata*, A. *gentryi*, *A. americana* var. *protoamericana* und noch

Winterharte *Yucca*-Arten sind
eine Bereicherung für jede
Schildkrötenanlage
Foto: M. Wirth

ein paar andere er-
tragen etwa -15 bis
-18 °C, aber nur bei einem trockenen Standort.
Für die Pflege von Agaven sind ein ganzjährig
(!) sonniger Standort, ein steinig-kiesiger Boden
(ohne Sand!), viele größere Steine als Wärmespeicher darum herum, eine Kiesabdeckung an
der Oberfläche und möglichst ein Standort an
einem geneigten Hang erforderlich. Bei den
Agaven hatte ich aufgrund winterlicher Feuchtigkeit bereits Ausfälle. Daher stehen auch diese
Pflanzen bei mir in Töpfen im Gehege und
wandern im Winter ins Gewächshaus.

Ebenfalls im Gewächshaus bzw. in einer
Gärtnerei überwintern meine Olivenbäume (*Olea
europaea*) und Feigen (*Ficus carica*). Beide
Arten gehören zu meinen absoluten Lieblings-
pflanzen und sind für mich aus dem Schildkrötengehege nicht mehr wegzudenken.

Mit Palmen habe ich bisher keine eigenen
Erfahrungen gesammelt, aber auch hier gibt
es geeignete Arten wie die Hanfpalme (*Tra-
chycarpus fortunei*), die amerikanische Nadel-
palme (*Rhapidophyllum hystrix*) und den
Zwergpalmetto (*Sabal minor*). Da sie als nur
bedingt winterhart gelten, sind für ihre Pflege
die sorgfältige Auswahl eines geeigneten Stand-
orts und umfassende Wintervorkehrungen erforderlich (BRUEKERS 1998; 2000).

Einige groß werdende Pflanzenarten können
aufgrund ihrer geringen Kältetoleranz normalerweise nicht frei ausgepflanzt werden. So war
ich im Garten von Peter Buchert doch sehr erstaunt, eine stattliche Korkeiche (*Quercus suber*)
und herrliche Olivenbäume, die ganzjährig im
Freien verbleiben, bewundern zu können (WIRTH
2009b). Aber auch für uns, die nicht im wärmebegünstigten Landau wohnen und bei denen

Hauswurz-Arten aus der Gattung *Sempervivum* sind immergrüne sukkulente Pflanzen, die mit ihrer horstartigen Wuchsform an Agaven erinnern, im Unterschied zu diesen aber winterfest sind
Foto: M. Wirth

die Temperaturen nicht ausreichen, gibt es eine Möglichkeit: Man ersetzt die kälteempfindlichen Südeuropäer durch ähnlich aussehende winterharte Arten, und arbeitet mit „Doppelgängern". So kann der Olivenbaum z. B. durch die auch als Russische Olive bezeichnete Schmalblättrige Ölweide (*Elaeagnus angustifolia*), die Weidenblättrige Birne (*Pyrus salicifolia*) oder einen zum Baum gezogenen Sanddorn (*Hippophaë rhamnoides*) ersetzt werden. Alle drei Arten haben ebenfalls herrlich silberfarbene Blätter, trotzen aber im Gegensatz zu ihrem mediterranen Pendant dem Frost. Die Weidenblättrige Birne hat ebenfalls einen knorrigen Wuchs, und die Schmalblättrige Ölweide trägt sogar olivenförmige Früchte. Die Bitterorange (*Poncirus trifoliata*) gehört zu den Zitrusbäumen, treibt im Frühjahr wohlriechende Blüten und bringt im Sommer mandarinengroße Früchte hervor. Brauchen jüngere Bitterorangen in kühleren Regionen in den ersten Jahren noch einen Winterschutz, so macht ihnen danach im Gegensatz zur echten Zitrone oder Orange der Frost nichts mehr aus. Auch der Rosmarin verträgt Kälte nicht, die ähnlich aussehende Rosmarinblättrige Weide (*Salix rosmarinifolia*) hingegen ohne Probleme. Hauswurz-Arten aus der Gattung *Sempervivum* sind immergrüne sukkulente Pflanzen, die mit ihrer horstartigen Wuchsform ein wenig an Agaven erinnern. Im Unterschied zu diesen sind sie aber frost- und nässeunempfindlich. Allerdings haben Schildkröten Hauswurz zum Fressen gern, und so müssen diese Pflanzen außerhalb der Reichweite der Tiere eingesetzt werden, z. B. in einer Trockenmauer oder in einem Hochbeet.

In den Sommermonaten be-
stimmen Sonnenschein und
Hitze das Schildkrötenleben
wie hier auf der Peloponnes-
Halbinsel (Griechenland)
Foto: B. Trapp

Juli und August — Sommerhitze

Mit dem Beginn des Frühsommers nehmen Paarungs- und Eiablageaktivitäten etwas ab. Aufgrund der hohen Sommertemperaturen in den Monaten Juli und August sind die Schildkröten abermals gezwungen ihr Verhalten zu ändern, es beginnt der Schildkrötensommer.

Schildkrötensommer im Freiland

Der natürliche Lebensraum europäischer Landschildkröten in Südeuropa ist im Sommer geprägt von sehr hohen Temperaturen, seltenen Niederschlägen meist in Form heftiger Gewitter, ausgedörrten Böden und einer weitestgehend vertrockneten Vegetation. Waldbrände, ob natürlichen Ursprungs oder von Menschenhand gelegt, treten vielerorts auf. Unter physiologischem Aspekt stellt ein heißer Sommer für die Schildkröten ebenso eine Stresssituation dar, wie ein strenger Winter. Die einzige Möglichkeit der Tiere, auf die schwierigen Bedingungen zu reagieren, besteht in Verhaltensänderungen, die sich vor allem, aber nicht nur, im Aktivitätsrhythmus ausdrücken.

Zeigen die Tiere im Frühjahr eine unimodale Aktivität und sind besonders während der wärmsten Mittagsstunden aktiv, meiden sie im Sommer gerade diesen Tagesabschnitt, um so der größten Hitze des Tages zu entgehen. Der Aktivitätsrhythmus ist jetzt bimodal (zweigipfelig), und die Schildkröten sind insbesondere am frühen Vormittag und späten Nachmittag aktiv. Die tägliche Aktivität der Schildkröten endet in der Regel, wenn die Sonnenstrahlen nicht mehr direkt auf den Boden treffen. Aufgrund der im Sommer zu diesem Zeitpunkt immer noch hohen Umgebungstemperaturen können einzelne Tiere aber auch bis in die Dämmerung hinein, teilweise sogar noch darüber hinaus beobachtet werden.

Die Mittagszeit hingegen verbringen die Tiere im Schatten. Europäische Landschildkröten ziehen sich hierzu gern in den lichten Schatten dichter Büsche oder niedriger Bäume zurück. Mancherorts werden auch tiefe Höhlen im Boden oder unter großen Felsblöcken aufgesucht. Von der Breitrandschildkröte weiß man, dass bewährte Schlupfwinkel zum Teil über viele Jahre hinweg immer wieder von den gleichen

Testudo h. boettgeri im Habitat im August (Westen der Peloponnes, Griechenland)
Foto: B. Trapp

Individuen aufgesucht werden. Hier ruhen und dösen sie, bis die Hitze gegen Ende des Tages moderaten Temperaturen weicht. Erst dann werden die Schildkröten wieder aktiv und begeben sich auf Nahrungssuche. Besonders in Waldlebensräumen, aber auch in höheren Lagen, kann sich diese Verteilung auflösen, und die Schildkröten sind auch im Sommer ganztägig aktiv. Durch den Baumschatten herrschen in Wäldern auch während der Tagesmitte noch erträgliche Temperaturen und erlauben etwa die Fortsetzung der Nahrungsaufnahme, während auf Freiflächen außerhalb des Waldes die heiße Sonne die Schildkröten in den Schatten zwingt (HAILEY et al. 1984).

Aufgrund der hohen Sommertemperaturen sind manche Schildkröten, wie diese *T. g. ibera*, ausnahmsweise bis in die Dämmerung hinein aktiv
Foto: M. Wirth

In höheren Lagen oder in Waldlebensräumen wie hier im griechischen Thessalien sind die Schildkröten auch im Sommer ganztägig aktiv
Foto: B. Trapp

In außerordentlich heißen Regionen zieht sich *T. marginata* zur Ästivation in tiefe Höhlen zurück. Bewährte Schlupfwinkel werden dabei über viele Jahre hinweg aufgesucht. Foto: M. Schweiger

den Beginn des morgendlichen Temperaturanstiegs bei etwa 20–25 °C für ihr aktives Verhalten nutzen. Gegen Ende desselben Monats hingegen sind nur noch 10–25 % der Tiere nach 11 Uhr außerhalb ihrer Versteckplätze anzutreffen. Hierfür werden im Unterschied zum Frühjahr nicht mehr die Überwinterungsplätze aufgesucht, sondern vielmehr einfache Verstecke in und unter der Vegetation.

Sommerruhe

Der Sommer ist allgemein durch einen deutlichen Aktivitätsrückgang der Schildkröten charakterisiert, der einerseits mit dem Abklingen der Fortpflanzungsaktivitäten und andererseits mit den steigenden Umgebungstemperaturen zusammenhängt. Bemüht man wieder die Untersuchungen von HUOT-DAUBREMONT & GRENOT (1997) bzw. CHEYLAN (1981) an *T. hermanni* in Südfrankreich, so ist im Sommer die Dauer der genutzten Tagesperiode mit 13 Stunden identisch zur Frühjahrsphase, doch sind die einzelnen Schildkröten jetzt nur noch halb so lang unterwegs. War ein Einzeltier im Mai und Juni im Durchschnitt täglich 4,8 Stunden aktiv, sind es im Sommer nur noch 2,4 Stunden. Während im Frühjahr die inaktiven Phasen vor allem auf Schlechtwetterperioden fallen, werden im Sommer die ausgesprochen heißen Tage bzw. Stunden gemieden. Die Hochphasen der Aktivität entfallen auf den Zeitraum zwischen 7 und 10 Uhr sowie auf den Nachmittag gegen 16 Uhr. Zu Beginn des Monats Juli sind die Schildkröten noch vergleichsweise aktiv, wobei viele Tiere insbesondere

In besonders trocken-heißen Regionen ästivieren die Schildkröten und ziehen sich ähnlich wie bei der Winterruhe in unterirdische Verstecke zurück, um dort die ungünstige Periode zu überdauern. Die Dauer der Sommerruhe ist abhängig von der Witterung. Als Beispiel seien die im westlichen Taygetos in Griechenland lebenden Breitrandschildkröten angeführt, deren Sommerruhe sich über den Zeitraum von Juni bis August erstreckt (BOUR 1995; WILLEMSEN 1991). In Südwestspanien ästiviert *T. graeca* in den Monaten Juli bis September (DÍAZ-PANIAGUA et al. 1995; PÉREZ et al. 1998). Interessanterweise wird in dieser Ruhephase – trotz der hohen Umgebungstemperaturen – der Stoffwechsel herunterreguliert, sodass die Schildkröten, ähnlich zur Winterruhe, während der Ästivation praktisch kein Gewicht verlieren. Wie dies angesichts der außerhalb des Verstecks herrschenden Lufttemperaturen von teilweise über 40 °C physiologisch möglich ist, konnte bis dato noch nicht abschließend geklärt werden und bleibt vorerst ein Geheimnis. Mit der Ästivation vermeiden die Schildkröten aber nicht nur eine Phase extrem hoher Temperaturen, sondern überstehen auch eine im

Wo keine Sommerruhe erfolgt, verbringen die Schildkröten die heißesten Stunden des Tages im Schatten
Foto: M. Wirth

Hinblick auf das Nahrungsangebot und das Vorhandensein von Trinkwasser ungünstige Periode unbeschadet.

In Regionen, in denen Landschildkröten auch während des Sommers aktiv bleiben, vermeiden die Tiere unnötige Anstrengungen. Dennoch konnte ich auch mitten im August auf der Peloponnes Auseinandersetzungen zwischen adulten Männchen der Griechischen Landschildkröte beobachten, die sich gegenseitig über den glühend heißen Sand des Dünengürtels trieben. Auch die Fortpflanzungsbereitschaft kommt im Hochsommer nicht vollständig zum Erliegen. So habe ich im Schatten von Flusstälern oder in Eichenwäldern auch in dieser Zeit noch Paarungen sowohl bei der Griechischen Landschildkröte, als auch der Breitrandschildkröte beobachtet.

Schildkrötensommer in der Freilandanlage

Wie im Freiland lassen auch bei den in unseren Freilandanlagen lebenden Landschildkröten die Aktivitäten im Juli/August spürbar nach. Die Tiere nutzen jetzt besonders den frühen Vormittag und den späten Nachmittag für ihre Sonnenbäder und die Nahrungssuche. Die Frühjahrseiablagen sind abgeschlossen, und es werden nur noch vereinzelt Zweit-, möglicherweise sogar Drittgelege abgesetzt.

Auch in menschlicher Obhut passen sich die Schildkröten an die steigenden Temperaturen und die Sonnenintensität an und verbringen die heißeste Zeit des Tages im Schatten von Büschen und Bäumen oder ziehen sich in das Schutzhaus zurück. Ist ein Schutzhaus mit guter Isolierwirkung im Frühjahr erforderlich, um den Tieren auch unter kühlen Bedingungen jederzeit das Erreichen der Vorzugstemperatur zu ermöglichen, so birgt es im Sommer die Gefahr einer Überhitzung. Verzichten Sie daher nicht auf das Anbringen automatischer Fensterheber, die bei Überschreiten bestimmter Temperaturwerte ein Gewächshausfenster oder einen Frühbeetdeckel anheben und die zu warme Luft entweichen lassen. Spezielle Fensterheber (siehe www.samenkiste.de), die für die Schildkrötenhaltung optimiert und nicht wie die in Baumärkten an-

Schildkrötenfreigehege im **Hochsommer** Foto: M. Wirth

gebotenen Versionen für den Obst- und Gemüseanbau konzipiert wurden, öffnen sich erst bei höheren Temperaturen und schließen früher. So erhalten die Schildkröten optimale Temperaturbedingungen in ihrem Schutzhaus.

In besonders heißen Sommern bzw. in wärmebegünstigten Regionen wie z. B. der Rheinebene empfiehlt es sich, im Sommer eine teilweise bis vollständige Beschattung des Schutzhauses mit entsprechenden Schattierhilfen vorzunehmen, um dauerhaft zu hohe Temperaturen zu vermeiden. An den Seitenwänden kann dies z. B. über das Anbringen von Jalousien geschehen. Gegen einen übermäßigen Lichteinfall von oben werden im Zubehörhandel spezielle Vorrichtungen aus Schattiergewebe angeboten, die an Seilsystemen aufgehängt zu einer Art Zwischendach werden. Da das Gewebe mit Aluminiumfäden durchzogen ist, wird die einfallende Sonneneinstrahlung reflektiert. Eine andere Möglichkeit besteht darin, Teile der Vergla-

Auch im Freigehege ziehen sich die Landschildkröten in der Tagesmitte in den lichten Halbschatten von Büschen zurück Foto: M. Wirth

Zur Vermeidung einer Überhitzung ist im Sommer eine teilweise bis vollständige Beschattung des Schutzhauses mit Schattierhilfen notwendig Foto: M. Wirth

sung mit einer speziell für diesen Zweck erhältlichen Farbe anzustreichen und so die Sonneneinstrahlung zu reduzieren. Die Farbe kann wie normale Wandfarbe aufgebracht und bei Bedarf wieder rückstandsfrei entfernt werden.

Auch von der Gehegebepflanzung geschaffene Schattenplätze sind unverzichtbar. In meinen Gehegen suchen die Schildkröten den Schatten der winterharten Yuccastauden, Brombeer-, Himbeer- und Johannisbeersträucher sowie Ginster-, Salbei und Rosmarinbüsche auf. Auch der Fingerstrauch (*Potentilla fruticosa*) liefert den von den Schildkröten bevorzugten lichten Halbschatten und sieht mit seinen kleinen gelben Blüten zudem sehr ansprechend aus. In meinen Schildkrötengehegen ziehen sich die Tiere im Hochsommer oft bereits am späten Vormittag in den Schatten der Vegetation zurück und verbringen dort die heißesten Tagesstunden, offensichtlich völlig entspannt vor sich hin dösend. An außergewöhnlich heißen Tagen ziehen sich bei mir auch einige Schildkröten in die Schlaf-

häuser im Gewächshaus zurück, wo relativ konstante Temperaturen bei einer vergleichsweise hohen Luftfeuchtigkeit herrschen.

Natürliche Ernährung im Sommer

Nicht nur das Aktivitätsmuster der Schildkröten ändert sich in Abhängigkeit von der Witterung im Sommer, sondern auch das Nahrungsspektrum. Während im Frühjahr das Angebot an Futterpflanzen aufgrund der Winterregenfälle noch ausgesprochen üppig ist und den Schildkröten eine breite Palette frischen Grüns zur Verfügung steht, ändern sich die Bedingungen bereits im Spätfrühling, wenn aufgrund der steigenden Temperaturen die Vegetation austrocknet. Tatsächlich ist etwa in Griechenland oder Sardinien in vielen Regionen die Frühjahrsvegetation der Wiesen bereits Ende Mai verdörrt, gelbe und braune Farbtöne prägen dann das Landschaftsbild, und die Schildkröten müssen sich bei der Nahrungssuche deutlich mehr anstrengen als im Frühling, der Zeit des Nahrungsüberflusses.

Während sich *T. h. boettgeri* im Frühjahr an der Nordküste Griechenlands auf den üppigen Wiesen vorwiegend von Strand-Wegerich (*Plantago maritima*) und Hornklee (*Lotus peregrinus*) sowie anderen Hülsenfrüchtlern (*Fabaceae*) und Süßgräsern (*Poaceae*) ernährt, bildet im Sommer der Große Knorpellattich (*Chondrilla juncea*) die Hauptnahrung. Die Blüten von Mohnblumen (*Papaver*) und Hundskamillen (*Anthemis*) werden aber ebenfalls gefressen (STUBBS et al. 1985). Wenn insgesamt nur wenig Nahrung zur Verfügung steht, frisst die Griechische Landschildkröte auch die Blätter von Hartlaubgewächsen, Bäumen und Sträuchern. Hierzu zählen z. B. Steineiche (*Qercus ilex*), Korkeiche (*Q. suber*), Steinlinde (*Phillyrea angustifolia*, *P. media*) und Immergrüner Kreuzdorn (*Rhamnus alaternus*). Untersuchungen an *T. h. hermanni* auf Korsika zu den jahreszeitlichen Veränderungen der Nahrungszusammensetzung und -präferenz zeigten, dass die Bandbreite der gefressenen Blütenpflanzen über den Jahresverlauf sehr stark variiert (CHEYLAN 2001). Die Vielfalt der von den Tieren verzehrten Pflanzenarten erreicht im Hochsommer sowie jeweils am Anfang und

Gelbe und braune Farbtöne prägen das Landschaftsbild im Hochsommer, und die Schildkröten müssen sich bei der Nahrungssuche deutlich mehr anstrengen als im Frühling Foto: M. Wirth

Im Hochsommer sind Landschildkröten insbesondere an Gewässerrändern wie hier im Lebensraum von *T. h. hermanni* im Maurenmassiv (Südfrankreich) anzutreffen, da hier noch frisches Grün und Trinkwasser zur Verfügung steht Foto: M. Wirth

Im natürlichen Lebensraum sind die Futterpflanzen zu Heu verdörrt Foto: M. Wirth

riabilität – also zu den Zeitpunkten im Jahr, an denen die Auswahl an Blütenpflanzen am geringsten ist. Das bedeutet, dass die Griechische Landschildkröte ein spezialisiertes Fressverhalten zeigt, wenn die Umweltbedingungen und damit das Nahrungsangebot dies zulassen. Im Sommer hingegen, wenn die zur Verfügung stehende Nahrung begrenzt ist, ist das Fressverhalten nicht selektiv, d. h., die Schildkröten müssen fressen, was da ist.

Gerade in der trockenheißen Jahreszeit suchen Schildkröten oftmals Bereiche auf, die nicht nur Schatten und niedrigere Temperaturen bieten, sondern an denen auch noch frisches und saftiges Grün am Ende der jährlichen Vegetationsperiode ihre größte Va-

Die Blüten des Roseneibischs sind im Sommer eine begehrte Kost Foto: M. Wirth

verfügbar ist. In natürlichen Habitaten sind die Tiere dann insbesondere in Flussniederungen, an Gewässerrändern und in Wäldern anzutreffen. Leider stößt die Vorliebe der Tiere für frisches Grün im Mosaik von Kultur- und Brachflächen bei Bauern, die ihre Anbaugebiete bewässern und den Schildkröten so ein trügerisches Schlaraffenland vor die Nase setzen, auf wenig Gegenliebe, und viele Schildkröten werden auch heute noch als „Landwirtschaftsschädlinge" erschlagen.

Sommerfütterung in menschlicher Obhut

Was bedeuten die im Freiland gewonnenen Erkenntnisse über die Ernährung für den Schildkrötenhalter, der seine Tiere naturnah und doch artgerecht versorgen möchte? Wohl niemand wird auf die Idee kommen, einen Waldbrand im heimischen Gehege zu legen, um die Lebensbedingungen des Mittelmeerraums zu simulieren, und genauso wenig sollte man annehmen, die Schildkröten bräuchten jetzt weniger Trinkwasser als im restlichen Jahr, „weil das in der Natur ja schließlich auch so ist", wie ich leider mehr als einmal von Schildkrötenhaltern hören musste. Auch im Hochsommer muss den Schildkröten jederzeit sauberes Trinkwasser zur Verfügung stehen! Das gilt für die europäischen Landschildkröten ebenso wie für jene Arten, die aus trockenen tropischen Lebensräumen stammen (DENNERT 2001).

Das Nahrungsangebot hingegen sollte nicht mehr so wasser- und nährstoffreich sein wie im Frühjahr. Die in unseren Breiten auch im Hochsommer noch reichlich verfügbaren Wildkräuter sollten allmählich zu einem immer größer werdenden Anteil in abgetrockneter Form gereicht werden. Wie in WIRTH & FRITZ (2011) empfohlen, wird nur etwa alle drei Tage eine größere Menge frischen Wiesengrüns gesammelt, das dann am ersten Tag frisch, am zweiten Tag angetrocknet und am dritten Tag in getrocknetem Zustand angeboten wird, bevor schließlich wieder frisches Futter gesammelt wird. Ebenfalls zu-

des Futters zu erhöhen. Durch Zugabe von geraspelten Karotten oder eines kleinen Teils Salatgurke lassen sich die trockenen Bestandteile erheblich besser untermischen.

Man kann Wiesenkräuterheu aber auch problemlos selbst herstellen. Hierzu sollten die frisch gesammelten Kräuter an einem schattigen und trockenen Ort beispielsweise an Wäscheleinen aufgehängt werden. Die auf diese Weise getrockneten Pflanzen lassen sich in lockeren Haufen lagern und werden von den meisten Schildkröten nach einer kurzen Gewöhnungsphase sehr gern genommen. Wertvolle Hinweise zur Bandbreite der für die Schildkrötenernährung infrage kommenden Pflanzenarten bietet einmal mehr das hervorragende Buch von MINCH (2008). Lassen Sie sich ruhig einmal inspirieren

Sommerfütterung mit Nachtkerzenblüten
Foto: M. Wirth

und gehen Sie mit diesem Buch auf Futtersuche, Ihre Schildkröten werden es Ihnen danken!

Wahre Leckerbissen sind im Sommer die jetzt in Hülle und Fülle zur Verfügung stehenden Blüten ungiftiger Pflanzen. Insbesondere die Blüten von Eibisch (z. B. *Althea officinalis*, *Hibiscus syriacus*), Rosen (*Rosa*) sowie der Nachtkerze (*Oenothera*) werden als Zusatzfutter von den Schildkröten sehr gern gefressen.

gefüttert werden können Heucops (Agrobs GmbH, siehe z. B. DENNERT 2000a, b), oder das in Zoohandlungen erhältliche feine Kräuterheu mit einem hohen Blütenanteil.

Das Heu, in welcher Form auch immer, sollte mit Wiesenkräutern vermischt werden, um gerade zu Beginn der Gabe die Akzeptanz

Damit die Schildkröten den kommenden Winter unbeschadet überstehen, muss die Entwurmung bereits im Sommer erfolgen Foto: M. Wirth

Selbstverständlich müssen die gereichten Blüten frei von Herbiziden und Insektiziden sein. Im Frühsommer reifen in meinen Gehegen Himbeeren, Brombeeren und Johannisbeeren an den Sträuchern heran, und werden, einmal abgefallen, sofort mit großer Begeisterung verzehrt.

Gesundheitsvorsorge – rechtzeitig vor der Überwinterung

Eine wichtige Maßnahme, die den Schildkrötenpfleger im Sommer fordert, ist die Entwurmung der Landschildkröten. Verschiedene Wurmarten sind als Darmparasiten bei Schildkröten im Freiland und in menschlicher Haltung weit verbreitet. Diese Parasiten schädigen die Darmschleimhaut, beeinträchtigen die Aufnahme der in der Nahrung enthalten Nährstoffe und können zu Durchfall, aber auch zu einem Darmverschluss führen. Nach Kölle (2000) sind mehr als 80 % der in Menschenhand gehaltenen Schildkröten von Endoparasiten befallen. Eine Wurmlast, z. B. aus Madenwürmern (*Oxyurida*) oder Spulwürmern (*Ascaridida*) gehört daher leider zum Schildkrötenalltag und sollte in regelmäßigen Abständen durch Kotuntersuchungen kontrolliert und gegebenenfalls beseitigt werden.

Im natürlichen Lebensraum von *Testudo h. hermanni* habe sowohl in Italien wie auch in Südfrankreich und auf Mallorca in vielen frisch abgesetzten Kothaufen eine erheblich Wurmlast beobachten können. In extremen Fällen überstieg der Anteil der ausgeschiedenen Parasiten im

209

Kot den der Nahrungsüberreste. Unter optimalen Lebensbedingungen im natürlichen Lebensraum haben die Schildkröten in der Regel kein Problem mit dem Wurmbefall, da sich zwischen ihnen und den Parasiten eine Art Gleichgewicht einstellt. Unter den räumlich beengten Verhältnissen in Menschenhand, wo deutlich mehr Schildkröten auf engem Raum zusammenleben als im Freiland, reinfizieren sich die Tiere aber ständig, da sie immer wieder mit Kot in Kontakt kommen und die Menge der Würmer im Körper ständig zunimmt (DENNERT 2000c). Nach KÖLLE (2000) kann sich das Gleichgewicht auch bei suboptimalen Haltungsbedingungen oder Stress infolge eines Transports oder einem überbesetzten Gehege zu Ungunsten der Schildkröten verschieben und zu klinischen Symptomen wie beispielsweise Abmagerung, Appetitlosigkeit, Durchfall und Apathie führen. Als Halter kann man eine möglicherweise vorliegende Infektion mit Würmern an der Konsistenz des Schildkrötenkots erkennen. Ist der Kot bei einer gesunden Schildkröte fest, wurstförmig und dunkel, so kann er bei einem Parasitenbefall matschig oder gar flüssig werden. Spätestens wenn dieses Warnsignal bemerkt wird, ist der Gang zu einem reptilienkundigen Tierarzt unerlässlich.

Liegt ein hinreichender Wurmbefall vor, wird der Tierarzt die Entwurmung in Abhängigkeit vom Ergebnis der Kotuntersuchung mittels geeigneter Präparate vornehmen. Von einer Verabreichung der starken Medikamente in Eigenregie rate ich entschieden ab, da eine unsachgemäße Anwendung lebensbedrohliche Folgen für die Schildkröten haben kann. Im Regelfall ist eine Behandlung aller in einem Gehege lebender Schildkröten erforderlich, da von Würmern befallene Schildkröten mit dem Kot fortgesetzt Wurmeier ausscheiden und dadurch rasch andere Schildkröten anstecken.

Die Prozedur muss mit einem ausreichenden zeitlichen Abstand zur Winterruhe durchgeführt werden, am besten im Juli, spätestens im August, da zu diesem Zeitpunkt der Stoffwechsel der Schildkröten noch auf vollen Touren läuft. Die Behandlung erfordert mehrfache Gaben der entsprechenden Medikamente und entsprechend eine gewisse Zeit, auch sollten die Schildkröten nach der Behandlung noch mindestens sechs Wochen lang aktiv sein und fressen (BAUR & HOFFMAN 2004). Somit ist gewährleistet, dass die Medikamente im Schildkrötenkörper vor der Überwinterung vollständig abgebaut und die abgestorbenen Würmer ausgeschieden werden können. Nach Anwendung der Wurmkur vergehen nach KÖLLE (2000) oft mehr als 14 Tage, in Einzelfällen sogar bis zu vier Wochen, bis die letzten Würmer abgehen. Auf keinen Fall sollten Landschildkröten unmittelbar vor der Einwinterung behandelt werden, da dann Komplikationen, bis hin zum Tod, nicht nur potenziell möglich, sondern sogar wahrscheinlich sind.

Auch im Hochsommer muss den Schildkröten jederzeit frisches Trinkwasser zur Verfügung stehen Foto: M. Wirth

Sonstige Aufgaben für den Pfleger im Hochsommer

Ähnlich wie die Schildkröten hat auch ihr Pfleger im Hochsommer eine vergleichsweise ruhige Zeit, denn der tägliche Pflegeaufwand hält sich in Grenzen. Es ist meist nur erforderlich, den Tieren ausreichende Mengen der richtigen Nahrung sowie frisches Trinkwasser zur Verfügung zu stellen. Besondere Aufmerksamkeit fordert die möglicherweise noch nicht beendete Legeperiode, da es auch im Hochsommer vereinzelt zu späten Eiablagen kommen kann.

Weil der Boden des Legehügels aufgrund seiner sonnenexponierten Lage schnell austrocknet, besteht die Gefahr, dass er in der Sommerhitze hart wie Stein und den Schildkröten das Graben erschwert bzw. unmöglich wird. Aus diesem Grund sollten der Legehügel regelmäßig angefeuchtet, die Oberflächenbeschaffenheit geprüft und, falls erforderlich, der Boden leicht aufgelockert werden. Spätestens jetzt ist auch die Zeit gekommen, Vorkehrungen für den anstehenden Schlupf der Jungtiere zu treffen. Das oder die Jungtiergehege müssen kontrolliert und gegebenenfalls ausgebessert werden.

Aus meiner Sicht sollten größere Umbaumaßnahmen im Schildkrötengehege generell im Hochsommer vorgenommen werden, und nicht, wie oft praktiziert, im Winter. Sommerliche Bauarbeiten sind zwar eine schweißtreibende Angelegenheit, aber sicherlich im Interesse der Schildkröten, denn die Untersuchungen von Chelazzi & Calzolai (1986) an *T. hermanni* haben gezeigt, dass ihr Thermoregulationsverhalten stark von der Ortskenntnis der Tiere abhängig ist. In unbekannter Umgebung benötigen die standorttreuen Schildkröten bis zu drei Stunden (!) länger, um auf die für ein aktives Verhalten erforderlichen Temperaturen zu kommen, während Tiere in einer vertrauten Umgebung die besten Plätze für das Sonnenbad kennen und entsprechend schneller ihre Vorzugstemperatur erreichen. Wird das Schildkrötengehege nun aber im Winter, und damit zu einem Zeitpunkt, wenn die Schildkröten im Winterquartier

Größere Umbaumaßnahmen im Schildkrötengehege sollten generell im Hochsommer erfolgen, damit die Tiere Zeit haben, sich an die geänderten Verhältnisse zu gewöhnen
Foto: M. Wirth

ruhen, grundsätzlich umgestaltet, müssen sich die Tiere beim Erwachen im Frühling neu orientieren und die für die Thermoregulation besten Plätze erst finden. Angesichts der in unseren Breiten sowieso unzureichenden Temperaturbedingungen im Frühjahr wird der Start ins neue Schildkrötenjahr auf diese Weise vom Pfleger zusätzlich erschwert. Werden Umbaumaßnahmen hingegen im Hochsommer und damit bei optimalen Temperaturbedingungen vorgenommen, haben die Tiere genügend Zeit, sich an die neuen Bedingungen zu gewöhnen, und kennen im folgenden Frühjahr, aus der Überwinterung kommend, bereits die besten Plätze für das lang ersehnte Sonnenbad.

Testudo h. boettgeri Ende Oktober in ihrem griechischen Lebensraum (Westpeloponnes, Griechenland)
Foto: B. Trapp

September und Oktober – Spätsommer und Herbstbeginn

Im September und Oktober neigt sich der Sommer im mediterranen Lebensraum wie auch hierzulande dem Ende zu. Wenngleich bei Sonnenschein im Freilandgehege, zumindest aber im Frühbeet oder Gewächshaus, tagsüber noch mollige Wärme entsteht, sinken die Nachttemperaturen im ungeschützten Freiland gelegentlich unter 10 °C. Nicht nur wegen der zurückgehenden Temperaturen, sondern auch aufgrund der verkürzten Tageslichtlänge bereiten sich in unseren Breiten die europäischen Landschildkröten langsam auf die Überwinterung vor, während im Freiland im September die Schlupfperiode der Jungtiere ihren Höhepunkt erreicht. Die bei künstlicher Inkubation in menschlicher Obhut gezeitigten Jungtiere sind allerdings schon geschlüpft, und der Pfleger hat im Spätsommer und zu Herbstbeginn alle Hände voll zu tun, um sich um die Jungtiere zu kümmern und gleichzeitig auch die anstehende Überwinterung vorzubereiten.

Spätsommer im Freiland

In den Heimatbiotopen der europäischen Land-schildkröten klingt die Sommerhitze mit dem Einsetzen der spätsommerlichen Regenfälle im September vielerorts ab. Mussten die Schild-kröten während des Sommers überwiegend mit vertrockneten Pflanzenteilen und solchen mit geringem Nährwert vorliebnehmen, steht aufgrund der Niederschläge im Spätsommer und Herbst wieder ein breiteres Nahrungsan-gebot zur Verfügung. Die Schildkröten wissen das zu schätzen und stürzen sich auf die noch einmal austreibenden Wiesenkräuter, aber auch auf die Früchte, die von Bäumen und Sträuchern abfallen. Die Breitrandschildkröten im westli-chen Taygetos und die Maurischen Land-schildkröten im süd-westlichen Spanien, die eine sommerliche Ruhephase (Ästiva-tion) eingelegt hat-ten, verlassen jetzt ihre Zufluchtsorte und werden wieder aktiv. Nach der langen Tro-ckenzeit genießen sie die einsetzenden Nie-derschläge und nutzen sich bildende Pfützen zur Wasseraufnahme und für ein Bad. Der im Enddarm befindliche ausgezehrte und harte Kot, dem während der langen Trockenperiode allmählich das Wasser entzogen wurde, weicht dabei auf und kann ausgeschieden werden (BIDMON 2006a).

Vielerorts kommt es im Spätsommer und Anfang Herbst wieder zu einer deutlichen Zu-nahme der Balz- und Paarungsaktivitäten. In manchen Untersuchungen, wie z. B. von STUBBS & SWINGLAND (1985), WILLEMSEN (1991) sowie HUOT-DAUBREMONT & GRENOT (1997), wurde für *T. hermanni* im Spätsommer sogar eine stärker ausgeprägte sexuelle Aktivität als im Frühjahr beobachtet. Auch bei *T. marginata* und *T. graeca* in Spanien (BRAZA et al. 1981; ANDREU 1987) setzen mit dem Abklingen der Sommerhitze die Paarungsaktivitäten wieder ein.

Mit dem Einsetzen spätsom-merlicher Regenfälle klingt die Sommerhitze ab, und das Nahrungsangebot wird wieder breiter, so auch in diesem Ha-bitat auf der Peloponnes-Halbinsel (Griechenland)
Foto: B. Trapp

Niederschläge und Temperaturrückgang läuten im Mittelmeerraum allmählich den Herbst ein, weshalb auch die Schildkrötenaktivität abnimmt. Das Bild zeigt eine *T. h. boettgeri* aus der Umgebung des Skutarisees (Montenegro). Foto: M. Wirth

Nach Regenfällen entstehende Pfützen werden von Schildkröten wie dieser *T. h. boettgeri* in Montenegro zum Ausgleich ihres Wasserhaushalts aufgesucht Foto: M. Wirth

Gleichzeitig wird von den Regenfällen und dem damit einhergehenden Temperaturrückgang auch im Mittelmeerraum langsam der Herbst eingeläutet, wobei allmählich die Aktivität der Schildkröten zurückgeht. Der Herbst wird daher auch als Prähibernationsphase bezeichnet. Das Verhalten der in Südfrankreich lebenden *T. h. hermanni* in dieser Zeit wird von CHEYLAN (1981) und HUOT-DAUBREMONT & GRENOT (1997) wie folgt beschrieben: Wenngleich die mittlere Umgebungstemperatur von 26,4 °C im Juli/August im September und Oktober auf 16,1 °C zurückgeht und von den Schildkröten im September nur noch elf Stunden des Tages anstelle von 13 Stunden im Sommer po-

Herbstpaarungen sind bei *T. marginata*, hier Mitte Oktober auf der Peloponnes-Halbinsel, keine Seltenheit
Foto: B. Trapp

tenziell genutzt werden können, steigt doch die individuelle tägliche Aktivitätsdauer sogar etwas an und beträgt im Durchschnitt 2,5 Stunden, da die Schildkröten versuchen, den Temperaturrückgang mit vermehrten Sonnenbädern zu kompensieren. Wie im Frühjahr wird der Aktivitätsrhythmus auch im September wieder eingipfelig (unimodal). Während die ersten Tagesstunden zwischen 8 und 11 Uhr besonders der Thermoregulation vorbehalten sind, fällt die Hauptaktivität auf das Ende des morgendlichen Temperaturanstiegs bei ca. 22 °C kurz vor der Mittagszeit, bevor die Schildkröten gegen 12 Uhr bereits wieder in ihren Verstecken verschwinden.

Im Oktober nutzen die Tiere nur noch acht Stunden des Tages für aktives Verhalten, das größtenteils auf Sonnenbäder ausgerichtet ist. Trotz immer wieder auftretender Wärmeperioden mit Sonnenschein ist im Oktober ein abrupter Aktivitätsrückgang zu verzeichnen, und nur

noch 20–25 % der Schildkröten sind gleichzeitig aktiv. Im Unterschied zum Sommer, wenn sich die Tiere für inaktive Phasen einfach in die Vegetation zurückziehen, werden die Nächte im Oktober bereits in unterirdischen Verstecken verbracht, um somit möglichen nächtlichen Kälteeinbrüchen zu begegnen.

Zum Verhalten der Breitrandschildkröte im Herbst liegen unterschiedliche Angaben vor. Während WILLEMSEN (1991) die Aktivität von *T. marginata* im griechischen Gytheion als witterungsabhängig unimodal mit einem Aktivitätspeak um die Mittagszeit oder am Abend beschreibt, beobachtete BOUR (1995) im westlichen Taygetos-Gebiet zwei Aktivitätsmaxima, und zwar von 10–12 Uhr sowie von 16–18 Uhr. Nach den Angaben von CLARK (1963) wird, wie bei der Griechischen Landschildkröte, auch bei der Breitrandschildkröte eine ausgeprägte Herbstaktivität von den ab September einsetzenden Regenfällen ausgelöst. Diese Beobachtungen kann ich für verschiedene Regionen auf der

Peloponnes-Halbinsel bestätigen, wo ich nach dreitägigen Regenfällen Mitte September erheblich mehr Breitrandschildkröten aktiv angetroffen habe, als in den vorangegangen drei Wochen, in denen trockenheiße Bedingungen herrschten.

Schlupf der Jungtiere im natürlichen Lebensraum

Die im Frühjahr abgesetzten Gelege haben sich während des Sommer entwickelt, und im Spätsommer bzw. Herbst steht der Schlupf der Jungtiere an. In Abhängigkeit von der Region und vom Nistverhalten der Muttertiere sind inzwischen aber viele Gelege Eiräubern zum Op-

fer gefallen. In Gebieten, in denen die Weibchen ihre Nistgruben im Gelände verteilt und nicht an wenigen Stellen konzentriert anlegen, ist die Prädationsrate vergleichsweise niedrig, wie Untersuchungen an *T. g. graeca* im Südwesten Spaniens gezeigt haben (DÍAZ-PANIAGUA et al. 1997). So ist die Verlustrate bei den Gelegen durch Fressfeinde hier kleiner als 5 %, aber ca. 4 % der Eier zerbrechen bereits bei der Eiablage und weitere 10 % kommen unter natürlichen Bedingungen nicht zum Schlupf. In Regionen, in denen die Schildkrötenweibchen ihre

Im Mittelmeerraum steht im Spätsommer bzw. Herbst der Schlupf der Jungtiere an Foto: M. Wirth

Nach dem Schlupf führen Landschildkröten zunächst eine heimliche und versteckte Lebensweise. Sie lassen sich nur selten beim Umherwandern wie diese *T. h. hermanni* in Italien beobachten
Fotos: M. Wirth

Gelege an klimatisch günstigen Stellen gehäuft absetzen, kann der Verlust durch Fressfeinde dramatische Ausmaße annehmen, wie z. B. bei *T. h. hermanni* in der Maremma (Toskana) oder im Maurenmassiv (Südfrankreich) beobachtet. Sehr aufschlussreich sind in diesem Zusammenhang die Untersuchung von SWINGLAND & STUBBS (1985), die das Schicksal von 23 Nestern in der Provence dokumentierten: 39 % der Nester waren bereits in der auf die Eiablage folgenden Nacht, 65 % nach fünf Tagen und 95,6 % nach 37 Tagen geplündert. Das in derselben Studie durchgeführte Nachstellen der natürlichen Prädationsbedingungen mit 45 künstlich im selben Gelände angelegten Nestern, ergab eine ähnliche Verteilung, da 49 % der Nester nach einer Nacht, 72 % nach drei Nächten und 82 % bis zum 37. Tag von Eiräubern vernichtet wurden. Weitere, ebenfalls mit künstlich angelegten Nestern durchgeführte Versuche ergaben auf Korsika eine Plünderungsrate von 83 % nach 17 Tagen (NOUGARÈDE 1998), in der Toskana von insgesamt 86 % (CARBONE 1988).

Der Schlupf der Jungtiere erfolgt im Freiland nicht zu einem festen Zeitpunkt, sondern variiert in Abhängigkeit vom Zeitfenster, in dem regional die Eiablagen stattgefunden haben, sowie in Abhängigkeit von den lokalen Temperatur- und Witterungsbedingungen. Es bestehen aber auch Unterschiede zwischen den verschiedenen europäischen Landschildkröten. Im Südwesten Spaniens erscheinen junge Maurische Landschildkröten (*T. g. graeca*) Mitte August bis Ende September an der Erdoberfläche, und damit in einem Zeitraum, der noch als sommertrocken gilt (IBANEZ et al. 1989; DÍAZ-PANIAGUA et al. 1997). Anders sehen die Verhältnisse bei *T. hermanni* aus, denn bei dieser Art schlüpfen die Jungtiere meist erst nach dem Einsetzen der spätsommerlichen Regenfälle. Nach CHEYLAN (2001) ist dies beispielsweise in Südfrankreich schon Ende Juli möglich, während für den Nordosten Griechenlands der August als frühester Schlupftermin genannt wird (HAILEY & LOUMBOURDIS 1990). In weiten Teilen des Verbreitungsgebietes der Griechischen Landschildkröte verlässt der Großteil der Jungtiere, von frühen Ausreißern abgesehen, im September das Ei, so z. B. auch auf Korsika, wo nur ausnahmsweise bereits im August Jungtiere schlüpfen, das Gros schlüpft aber im Zeitraum von Mitte September bis Mitte Oktober (NOUGARÈDE 1998). Ich habe in der Toskana in mehreren Jahren frisch geschlüpfte *T. h. hermanni* in der ersten Oktoberwoche nach vorangegangenen starken Regenfällen und bei bereits deutlich herabgesetzten Temperaturen entdeckt. Hält man sich vor Augen, wie knochentrocken und hart die Böden im Mittelmeerraum angesichts der intensiven Sonneneinstrahlung während des Sommers werden können, wird klar, dass es kleinen Schildkröten kaum möglich ist, die Erdoberfläche aus eigener Kraft zu durch-

Das Fressverhalten junger Schildkröten (hier *T. h. boettgeri*, Montenegro) unterscheidet sich von dem erwachsener Tiere, denn sie versuchen, innerhalb kurzer Zeit möglichst viel Nahrung aufzunehmen, um sich rasch wieder verstecken zu können
Foto: M. Wirth

Viele Schildkrötengelege werden von Fressfeinden geplündert, wie hier ein Gelege von *T. h. hermanni* in der Toskana
Foto: M. Wirth

brechen, wenn diese nicht zuvor durch Regenfälle aufgeweicht wurde.

Das Verlassen des Nests nimmt bei der Griechischen Landschildkröte im Freiland geraume Zeit in Anspruch, und es dauert mehrere Tage, bei ungünstiger Witterung sogar noch länger, bis sich die Schlüpflinge an die Erdoberfläche gegraben haben (CHEYLAN 2001). Ähnliches gilt auch für *T. g. graeca*, deren Schlüpflinge nach dem Verlassen der Eier noch 1–23 Tage im Nest verharren können (IBANEZ et al. 1989; DÍAZ-PANIAGUA et al. 1997).

Sehr variabel ist die Inkubationsdauer der europäischen Landschildkrötenarten in den jeweiligen Regionen. So schlüpfen *T. g. graeca* im Südwesten Spaniens nach 78–114 Tagen (IBANEZ et al. 1989; DÍAZ-PANIAGUA et al. 1997), *T. g. ibera* im Kaukasus nach 60–110 Tagen, im Durchschnitt nach 80 Tagen (BANNIKOW 1951; INOZEMTSEV & PERESHKOLNIK 1994). Für die Breitrandschildkröte sind keine (BRINGSØE et al. 2001), für die Griechische Landschildkröte nur wenige Angaben zur natürlichen Zeitigungsdauer verfügbar: NOUGARÈDE (1998) ermittelte im Freiland auf Korsika die Inkubationsdauer zweier Gelege von *T. h. hermanni* mit 98 bzw. 115 Tagen, für vier weitere in einem Gehege im Verbreitungsgebiet abgesetzte Gelege mit durchschnittlich 98 Tagen. In Südfrankreich dauert die Eizeitigung von *T. h. hermanni* im Mittel drei Monate (CHEYLAN 1981), die von *T. h. boettgeri* in Rumänien hingegen wird mit maximal 110–124 Tagen (CRUCE & RADUCAN 1976) angegeben. Immer wieder wird spekuliert, ob nicht auch die Schlüpflinge europäischer Landschildkröten, wie es von einigen anderen Schildkrötenarten bekannt ist, nach dem Schlupf in den Nistgruben überwintern und im folgenden Frühjahr erstmalig an der Erdoberfläche erscheinen (z. B. BANNIKOW 1951; INOZEMTSEV & PERESHKOLNIK 1994). Untersuchungen zu dieser spannenden Fragestellung liegen bis dato aber nicht vor.

Dass die Weibchen die Gelege an Stellen mit einer ausreichenden Grundfeuchtigkeit im Boden vergraben, kommt den Schlüpflingen zugute, da sie anfangs empfindlich gegenüber

Zwei junge Dalmatinische Landschildkröten, entdeckt beim Sonnenbaden im Schutz einer Brombeerhecke
Foto: M. Wirth

Trockenheit und Hitze sind. Sie entfernen sich in ihren ersten Lebensjahren nur wenig vom Schlupfort und führen dort eine heimliche und sehr versteckte Lebensweise. Im Unterschied zu älteren Artgenossen, die ihre Sonnenbäder meist außerhalb des dichten Buschwerks nehmen, verlassen Schlüpflinge selten die schützende Vegetation. Sie sonnen sich meist, und oft gleich in der Gruppe, auf kleinen Freiflächen innerhalb der Büsche, wo zudem frisches Grün sprießt. Daher findet man frisch geschlüpfte Schildkröten meist nicht im Freiland, sondern in ihren Versteckplätzen, z. B. unter Totholz, flachen Steinen oder Müll. Diese versteckte Lebensweise wurde in einer Populationsstudie an *T. h. hermanni* auf Korsika auch wissenschaftlich bestätigt, denn die Wahrscheinlichkeit, ein zweijähriges Jungtier wiederholt aufzuspüren, war sechsfach geringer als bei erwachsenen Tieren (HENRY et al. 1999). Ein plausibler Grund dafür ist der hohe Prädationsdruck, da Jungtiere eine Vielzahl Fressfeinde wie Säugetiere, Vögel und Reptilien haben. In der genannten Studie wurde auch die Überlebensrate junger *T. h. hermanni* dokumentiert, die in den ersten beiden Lebensjahren durchschnittlich 52 % beträgt. Im Süd-westen Spaniens ver-enden fast 40 % der Schlüpflinge von *T. g. graeca* aufgrund natürlicher Ursachen, weitere werden von Fressfeinden getötet, von Weidetieren zertrampelt oder auf Straßen überfahren (KELLER et al. 1998). Auch im Alter von 1–4 Jahren lebt *T. g. graeca* in dieser Region gefährlich, denn 92 % der in einem 70 Hektar großen Untersuchungsgebiet tot aufgefundenen Schildkröten gehörten zu dieser Altersgruppe (PÉREZ et al. 1998).

Der Panzer bietet Jungtieren anfangs kaum Schutz, da er beim Schlupf nur schwach verknöchert ist. Es dauert etwa 3–4 Jahre, bis das Knochengerüst des Panzers größtenteils geschlossen und ausgehärtet ist. Die letzten Knochenfenster schließen sich sogar erst nach fünf Jahren (CHEYLAN 2001). Mit fortschreitender Größe und Verknöcherung des Panzers sinkt auch der Prädationsdruck auf die jungen Schildkröten, die dann zunehmend häufiger im offenen Gelände anzutreffen sind. Ein weiterer wichtiger Unterschied zwischen alt und jung ist das Aktivitätsmuster. So ist die tägliche und jährliche Aktivitätsperiode z. B. junger *T. hermanni* kürzer als die ihrer adulten Artgenossen (CRUCE & RADUCAN 1975; CHEYLAN 1981; HAILEY et al. 1984).

Im natürlichen Lebensraum sind Jungtiere häufiger als semiadulte und adulte Tiere an Stellen mit einer erhöhten Boden- und Luftfeuchtigkeit anzutreffen, wie z. B. unter abgestorbenem Pflanzenmaterial, Grasbüscheln oder in Erdhöhlen. Dort treten die Jungtiere stellenweise in sehr hoher Dichte auf, was ich mehrfach beobachten konnte, z. B. bei *T. h. boettgeri* in Dünenbereichen an der Westküste der griechischen Peloponnes und im Süden Montenegros in an Sumpfgebiete grenzenden, mit Buschwerk bestandenen Wiesen, bei *T. h. hermanni* in der Toskana in unmittelbarer Nähe eines künstlich aufgestauten Gewässers sowie bei *T. h. hercegovinensis* in Dalmatien im Bereich von Senken in der Macchienlandschaft.

Das Nahrungsspektrum junger Schildkröten unterscheidet sich nur geringfügig von dem erwachsener

Tiere, wohl aber ihr Fressverhalten. Adulte Landschildkröten verbringen, in Abhängigkeit der Jahreszeit, einen großen Teil der aktiven Zeit mit der Nahrungssuche und -aufnahme, wobei die Tiere langsam durch das Habitat wandern und ab und zu von Pflanzen fressen. Jungtiere versuchen dagegen innerhalb kurzer Zeit möglichst viel Nahrung aufzunehmen, um sich anschließend rasch wieder zu verstecken. Vorteilhaft für sie ist dabei, dass mit dem Einsetzen der spätsommerlichen Niederschläge auch die über den Sommer ausgedörrte Pflanzenwelt wieder wächst. So steht den Jungtieren kurz nach dem Schlupf ein gutes Nahrungsangebot zur Verfügung.

Der Schlupf in menschlicher Obhut

In der Haltung und bei künstlicher Inkubation schlüpfen Landschildkröten schneller und im Jahresverlauf auch früher als im Freiland. Die Eizeitigung im Freiland dauert dagegen erheblich länger, manchmal fast doppelt so lange! Ursachen sind die recht konstanten Temperaturen im Brutschrank, während diese

Bei künstlicher Inkubation schlüpfen Landschildkröten schneller und im Jahresverlauf auch früher als im Freiland. Das Bild zeigt den Schlupf einer *Testudo marginata*. Foto: B. Trapp

Inkubationsdauer*

Inkubations-temperatur	Anzahl der Eier	Ø Inkubations-dauer
25 °C	2	82,0
26 °C	7	83,0
27 °C	3	72,0
28 °C	20	65,7
29 °C	10	56,1
30 °C	31	57,8
31 °C	48	57,7
32 °C	64	55,6
33 °C	101	56,1
34 °C	26	56,4

* für *Testudo hermanni boettgeri* in Abhängigkeit von der Temperatur, modifiziert nach EENDEBAK (1995b).

im natürlichen Lebensraum aufgrund der nächtlichen Abkühlung sowie von Hitze- und Schlechtwetterperioden stärker schwanken.

Bei künstlicher Inkubation schlüpfen die Jungtiere der verschiedenen Unterarten der Griechischen Landschildkröte sowie von *T. graeca ibera* und *T. marginata* meist nach ca. 52–70 Tagen (KIRSCHE 1967; NÖLLERT 1987; ARTNER 1998; MÜLLER 2000; EGER 2006; VINKE & VINKE 2006b). EENDEBAK (1995a, b, 2002) konnte zeigen, dass Inkubationsdauer und Bruttemperatur sich nicht linear zueinander verhalten, sondern dass es einen Sprung bei 27,5 °C gibt: Sind die Temperaturen niedriger (25–26 °C), beträgt die Zeitigungsdauer mehr als 80 Tage, bei

höheren Temperaturen (29–34 °C) schlüpfen die Jungtiere in weniger als 60 Tagen. Dieselbe Studie ergab auch den Temperaturbereich, bei dem eine Embryonalentwicklung überhaupt möglich ist, denn sowohl unterhalb von 23–24 °C als auch über 35 °C sterben die Jungtiere im Ei ab.

Unter idealen Inkubationsbedingungen schlüpfen gewöhnlich Jungtiere, bei denen der Dottersack vollständig resorbiert und der Bauchpanzer bereits geschlossen ist. Diese Jungtiere können nach einem kurzen Bad in lauwarmem Wasser zum Ausgleich des Flüssigkeitshaushaltes direkt in vorbereitete Aufzuchtbehälter überführt werden. Schlüpflinge, bei denen aufgrund eines vorzeitigen Schlupfes noch Dottersackreste vorhanden sind, sollten entweder vorsichtig zurück in das Ei geschoben oder auf einen Untergrund aus feuchter Küchenrolle in ein kleines Plastikgefäß ("Heimchendose") gesetzt und wieder in den Inkubator gelegt werden, bis der Dottersack vollständig eingezogen ist.

Schlüpflinge nicht verhätscheln, sondern artgerecht behandeln

Angesichts des zarten Erscheinungsbildes frisch geschlüpfter Schildkröten schießen unerfahrene Halter in ihrem Bemühen um das Wohl der Tiere gern über das Ziel hinaus. Weniger ist manchmal

Größenvergleich: Breitrandschildkröten-Zwillinge neben einem "normalen" Geschwistertier aus demselben Gelege und einem 50-Cent-Stück
Foto: M. Wirth

mehr, auch bei der Aufzucht junger Land-schildkröten! Diese dürfen nicht verhätschelt, sondern müssen artgerecht behandelt und so zu gesunden Schildkröten aufgezogen werden. Beispielsweise kann zu viel Wärme und Nahrung zu unnatürlich raschem Wachstum mit Proble-men beim Skelett- und Panzeraufbau führen. Davon zeugen zahllose deformierte Schildkröten, deren Rückenpanzer aufgrund falscher Hal-tungsbedingungen nicht gesund und glatt, son-dern eher wie eine Tafel Schokolade aussieht. Man muss sich vor Augen halten, dass junge europäische Landschildkröten im selben Le-bensraum wie die anderen Altersklassen mit den gleichen Habitatbedingungen zurechtkom-men müssen. Dies betrifft besonders die klima-tischen Bedingungen, denn obwohl die Jungtiere oft feuchtere Standorte aufsuchen, herrschen im Jahres- und im Tagesgang auch dort ähnliche Temperaturbedingungen wie in der gesamten Umgebung. Die Jungtiere durchlaufen daher im Freiland ebenso eine Winterruhe und, wenn es die regionalen Gegebenheiten erfordern, auch eine Ästivation zur Vermeidung unwirtlicher Sommerbedingungen.

Die Haltungsansprüche frisch geschlüpfter Landschildkröten ent-sprechen folglich denen ihrer

adulten Artgenossen und vieles von dem, was allgemein über die Schildkrötenhaltung ge-schrieben wurde, gilt daher auch für die jüngsten Vertreter. Es gibt aber auch einige spezielle Be-dürfnisse der Jungtiere, die sich aus ihrer ab-weichenden Lebensweise ergeben. Diese werde ich nachfolgend genauer erläutern und be-schreiben, inwiefern die Haltungsbedingungen für eine erfolgreiche Aufzucht junger Land-schildkröten an deren Biologie und Größe an-gepasst werden sollten. Mit dem heutigen Wis-sensstand ist es möglich, Jungtiere so aufzu-ziehen, dass man sie im Erwachsenenalter äu-ßerlich nicht von ihren wildlebenden Artgenossen unterscheiden kann.

Kardinalsfehler bei der Jungtieraufzucht

Bei der Aufzucht mediterraner Landschildkröten können verschiedene Fehler auftreten, die zu schweren gesundheitlichen Problemen, sogar bis zum Tod, führen können und vermieden werden sollten. Hierzu zählen falsche Ernährung, Überfütterung, Überhitzung, zu trockene und/oder zu warme Haltung ohne Ruhephasen und ein zu häufiges Baden der Jungtiere. Vor allem eine unterbliebene oder unter falschen Bedin-gungen abgehaltene Winterruhe führt zu Pro-blemen bei der Aufzucht. Man muss daher überall das richtige Maß finden und artgerechte Be-dingungen

Weniger ist manchmal mehr: Auch frisch geschlüpfte Schildkröten müssen artge-recht gehalten und sollten nicht verhätschelt wer-den Foto: M. Wirth

realisieren, denn erst diese ermöglichen ein gesundes Wachstum und das Erreichen eines hohen Schildkrötenalters.

Die Hauptfaktoren für eine erfolgreiche Aufzucht

Die richtige Unterbringung

Bei vielen Züchtern haben sich für die Haltung frisch geschlüpfter Tiere große, oben offene Plastikwannen hervorragend bewährt. Solche Behälter sind im normalen Handel in vielen Ausführungen und Dimensionen kostengünstig erhältlich, sie sind robust, witterungsbeständig und leicht. Die Wannen haben eine überschaubare Größe und erlauben eine gute Kontrolle in den ersten Lebensmonaten, was bei Jungtieren, die direkt nach dem Schlupf in ein geräumiges Frühbeet gesetzt werden, kaum möglich wäre. Im Unterschied zu normalen Terrarien ermöglichen diese Behälter eine gute Luftzirkulation und ausreichende Nachtabsenkung der Temperatur, was auch in der Natur der Fall ist.

Ideal für die Aufzucht sind oben offene Boxen, die im Gewächshaus aufgestellt werden Fotos: M. Wirth

Eine Aufzuchtwanne sollte feuchte und trockene Bereiche aufweisen. In beiden Bereichen müssen mehrere Versteckplätze vorhanden sein, sodass die Schildkröten zwischen feuchten und trockenen Rückzugsorten wählen können. In den Behälter wird unten eine ca. 3 cm hohe Drainageschicht aus Kies eingefüllt, die Staunässe vermeiden hilft. Darauf kommt eine 10–15 cm hohe Schicht aus einem Bodengrund, der nicht zur Staubbildung neigt und sich gut anfeuchten lässt, ohne dabei zu vernässen. Sehr gut geeignet ist z. B. Gartenerde, aber auch „Floraton 3-Erde" oder ein Gemisch aus Kokosfaserziegeln und Wasser sowie etwas Sand oder feiner Kies. Wichtig für die erfolgreiche Aufzucht ist eine ausreichende Feuchtigkeit, das Substrat muss daher täglich kräftig übersprüht werden. Die Feuchtigkeit darf beim Sprühen nicht nur die obere Bodenschicht durchtränken, sondern auch mittlere Bereiche erreichen. Gegebenenfalls kann mit einem Schlauch (z. B. Aquarienschlauch) und einem kleinen Trichter Wasser gezielt in tiefere Bodenschichten gefüllt werden.

In der feuchten Wannenhälfte lassen sich mit flach ausgestochenen Wiesenstücken oder mit feuchtem Sphagnum-Moos Bereiche schaffen, in denen die kleinen Schildkröten ihre bevorzugte

Bei einer Verglasung des Schutzhauses mit dem UV-durchlässigen „Alltop" erhalten die Jungtiere auch im Inneren ausreichend UV-Strahlung Foto: M. Wirth

Boden- und Luftfeuchtigkeit finden. Eine dünne Lage aus Wiesenkräutern stellenweise verteilt, simuliert die natürliche Krautschicht. Der Wiesenschnitt trocknet in den folgenden Tagen zwar an der Oberfläche ab, bleibt aber im Inneren einige Zeit feucht, und wird nach etwa einer Woche durch frisches Material ersetzt. Die Wiesenstücke und die künstliche Mulchschicht werden von den Schildkröten gern angenommen, da sie dort ausreichend Feuchtigkeit finden und im Verborgenen auf Nahrungssuche gehen können. Trockene Versteckplätze aus mehreren flach, aber hohl aufliegenden Korkrindenstücken vervollständigen die Einrichtung. Ein Spotstrahler, dessen Wattstärke sich nach dem Standort richtet und der so über einen Thermotimer gesteuert wird, dass in seinem Lichtkegel eine Temperatur von 36–40 °C entsteht, sollte über der trockenen Hälfte als Sonnenplatz angebracht werden, damit die Tiere ihre Vorzugstemperatur erreichen können.

Das richtige Mikroklima

Das Mikroklima im Aufzuchtbehälter sollte eher feucht-warm als trocken-heiß sein und die Verhältnisse der Aufenthaltsplätze von Schildkrötenschlüpflingen im natürlichen Lebensraum widerspiegeln. Auf die Bedeutung einer hohen Luftfeuchtigkeit für ein gesundes Panzerwachstum verweisen z. B. WESER (1989), WIESNER & IBEN (2003) sowie BIDMON & JENNEMANN (2006). Bei zu trockener Haltung droht die Gefahr eines pyramidalen und irreversiblen Wachstums des Rückpanzers („Höckerbildung"). Lange Zeit wurde eine falsche Ernährung als alleinige Erklärung für die Deformationen angenommen, heute wird vermutet, dass neben einer artgerechten Ernährung und dem Einhalten einer Winterruhe vor allem eine hohe Luftfeuchtigkeit von entscheidender Bedeutung für ein glattes Panzerwachstum ist.

Nach dem Überführen der herangewachsenen Schildkröten in Jungtiergehege müssen weiterhin ausreichend feuchte Versteckplätze zur Verfügung stehen, um auch künftig eine Höckerbildung zu vermeiden. Im Frühbeet und Gewächshaus lässt sich neben regelmäßiger Wasserzufuhr auch über den Einsatz von Ultraschallverneblern, die über Zeitschaltuhren gesteuert werden, eine erhöhte Luftfeuchtigkeit realisieren. Werden diese Geräte am frühen Morgen in Betrieb genommen, simulieren sie eine nächtliche Taubildung, die sichtlich zum Wohlbefinden der Tiere beiträgt und eine deutliche Aktivitätssteigerung zur Folge hat.

Der richtige Standort

Ein weiterer Vorteil der Plastikwannen ist, dass die Jungtiere in den Boxen problemlos an unterschiedliche Standorte transportiert werden können. Der ideale Platz ist im Inneren eines Gewächshauses oder eines großen Frühbeets, da hier die Grundbedingungen am besten sind. Hier werden die nötigen Tagestemperaturen erreicht, gegebenenfalls mit Unterstützung eines Frostwächters oder einer Heizung, und es kommt zu einer Nachtabsenkung, sodass im Unterschied zur Haltung im Zimmerterrarium sowohl Stauwärme als auch gleichförmig hohe Temperaturen vermieden werden.

Ausreichend UV-Strahlung

UV-Strahlung, besonders im UV-B-Bereich, ist unentbehrlich für die Bildung von Vitamin D_3, das benötigt wird, um das mit der Nahrung aufgenommene Kalzium zu verarbeiten und dem Knochenstoffwechsel zuzuführen. UV-Mangel während der Jungtieraufzucht führt zu schweren gesundheitlichen Problemen, wie z. B. massive Störungen des Knochenstoffwechsels, die eine Erweichung des Schildkrötenpanzers bzw. rachitische Erkrankungen zur Folge haben. Ist das Schutzhaus mit dem UV-durchlässigen „Alltop" verglast, erhalten die Jungtiere im Allgemeinen ausreichend UV-Strahlung. Bei UV-undurchlässiger Verglasung müssen die Plastikwannen regelmäßig ins Freiland gestellt werden.

Spotstrahler schaffen die lokal erforderlichen Temperaturen von 38–40 °C, Bodenheizungen sind ungeeignet
Foto: M. Wirth

Beim Aufstellen der Aufzuchtboxen im Freien dürfen diese nie in der prallen Sonne stehen, da sonst eine Überhitzungsgefahr besteht. Der beste Standort im Freien ist folglich halb sonnig und halb schattig. Auch bei einer zeitweisen Innenhaltung von Schildkröten ist eine ausreichende Versorgung mit UV-Strahlung sicherzustellen. Besonders bewährt hat sich dabei die „Osram Ultra-Vitalux" (300 W), die in ihrer Leistung unerreicht bleibt (LINDGREN 2004; HUFER 2005).

Schutz vor Überhitzung und Trockenheit
Aufgrund ihres geringen Körpervolumens reagieren Schildkrötenschlüpflinge empfindlich auf zu hohe Temperaturen, die daher im Aufzuchtbehälter sorgfältig zu überwachen sind. Als Grundtemperatur für Schlüpflinge sind tagsüber 22–26 °C ausreichend, sie müssen aber wie ältere Artgenossen jederzeit die Möglichkeit haben, im Lichtkegel eines Spotstrahlers ihre Vorzugstemperatur zu erreichen. Geeignet sind Strahler ab einer Leistung von 40–60 W, die lokal die nötigen Temperaturen von 38–40 °C erzeugen. Dauerhaft hohe Temperaturen fördern ein unnatürlich rasches Wachstum, weshalb auch bei Jungtieren unbedingt eine nächtliche Temperaturabsenkung einzuhalten ist. Nachttemperaturen von 12–14 °C werden dabei ohne Probleme vertragen. Eine Beheizung sollte nicht mittels einer Bodenheizung (z. B. Heizmatten oder -kabel) erfolgen, da diese auch tiefere Bodenschichten erwärmt, die die Schildkröten eigentlich als feucht-kühlen Rückzugsort nutzen, um sich bei zu hohen Temperaturen einzugraben. Auch trocknet eine Bodenheizung das Substrat rasch und dauerhaft aus, ein Nachteil, den es für eine erfolgreiche Aufzucht unbedingt zu vermeiden gilt.

Diese vorbildliche Freilandanlage für Jungtiere wurde auf einem Garagendach angelegt und ist zum Schutz gegen Fressfeinde vergittert
Foto: M. Wirth

Schutz vor Fressfeinden

Wie in der Natur haben Schildkrötenjungtiere auch in menschlicher Obhut potenziell mehr Feinde als adulte Tiere. Neben Prädatoren wie Fuchs, Marder, Hund und Katze gehören auch Mäuse und Ratten sowie verschiedene Vogelarten dazu. Gerade Rabenvögel wie Krähen und Elstern scheuen bei Gelegenheit nicht davor zurück, Schlüpflinge sogar direkt vor der Nase des Halters zu erbeuten. Haben die intelligenten Vögel gelernt, wo sich ein Beutezug lohnt, kehren sie immer wieder zurück und können bei ungeschützten Gehegen innerhalb weniger Tage auch einen großen Jungtierbestand auslöschen. Die Wannen mit den Schildkrötenbabys müssen selbst bei kurzem Freilandaufenthalt in direkter Nähe des Menschen immer mit einem Maschengitter abgedeckt sein, um Verluste zu vermeiden. Dies gilt auch beim Aufstellen der Behälter im Schutzhaus, hier können Ratten oder Mäuse einen Weg ins Innere finden. In meinem Bekanntenkreis kam es bereits mehrfach zu empfindlichen Verlusten durch die cleveren Nager, die zahlreiche Schlüpflinge und Jungtiere töteten, bevor sie selbst mit Fallen gefangen werden konnten.

Ernährung und Wasserversorgung

Was für die artgerechte Ernährung von Schildkröten bekannt und gefordert ist, gilt umso mehr bei Jungtieren, die ein sehr starkes Wachstum aufweisen und folglich ein ausgewogenes und naturnahes Nahrungsspektrum benötigen. Essenziell für ein gesundes Wachstum ist besonders die ausreichende Kalziumversorgung, anderenfalls drohen schwere Erkrankungen wie Panzererweichung bzw. Rachitis. Kalzium sollte in Form gemahlenen Sepiaschulps, gemahlener Eierschalen oder Vogelgrit (z. B. „Klaus Grit-Stein") jederzeit zur freien Verfügung stehen, aber auch in einer Mischung mit Vitamin D_3 (z. B. „Vigantoletten 1000", Merck) über das Futter gestreut werden.

Beim Anbieten von Trinkwasser scheiden sich die Geister: Während viele Halter ihren Jungtieren jederzeit verfügbares Wasser in

Aufgrund ihres sehr starken Wachstums benötigen gerade auch Jungtiere ein ausgewogenes und naturnahes Nahrungsspektrum Foto: M. Wirth

flachen Schalen anbieten, stellen es andere nur alle 2–3 Tage zur Verfügung, um anschließend die Gefäße wieder zu entfernen. Regelmäßiges Baden fördert zwar das Wohlbefinden und die Aktivität der Jungtiere, sollte aber nicht übertrieben werden, da Landschildkröten zu den sogenannten Enddarmfermentierern gehören und bei der Verdauung auf ihre symbiotischen Darmbakterien angewiesen sind (HATT et al. 2005). Diese Bakterien helfen im Darm beim Aufschluss der pflanzlichen Nahrung und bilden

Das Gehege sollte jederzeit der Größe der Schildkröten-jungtiere angemessen sein und folglich mitwachsen. Zunächst sollten die Schlüpflinge zur besseren Kontrolle in Boxen gepflegt werden.
Foto: M. Wirth

dabei kurzkettige Fettsäuren, die von den Schildkröten über die Darmwand aufgenommen werden. Weil die Möglichkeit eines Bades von Schildkröten aber nicht nur zur Deckung des Trinkbedürfnisses genutzt wird, sondern auch die Darmtätigkeit anregt, führt übermäßiges Baden zu einer unverhältnismäßig häufigen Kotabgabe. Dabei wird aber nicht nur unvollständig verdautes, weil zu früh abgesetztes Pflanzenmaterial ausgeschieden, sondern es werden auch viele der wichtigen Bakterien ausgestoßen. Es kommt zu einer Störung der Darmflora und zu einem zunehmend weicher werdenden Kot, Durchfällen und anderen Verdauungsproblemen, die zu einem sukzessiven Auszehren der Schildkröten führen können (BIDMON 2006a). Ein Abstand von zwei Wochen zwischen den Bädern scheint geeigneter, da dabei der abgesetzte Kot seine normale Konsistenz behält und die in der Nahrung enthaltenen Bestandteile gut verwertet werden.

Winterruhe

Jungtiere müssen für ein gesundes Wachstum bereits im ersten Lebensjahr eine Winterruhe abhalten. Diese ist auch für Schlüpflinge erforderlich und zwingende Voraussetzung für eine artgerechte Jahresrhythmik und für eine langfristige Gesundheit und ein glattes Panzerwachstum. Was es hierbei zu beachten gilt, erfahren Sie detailliert im nächsten Kapitel, das sich mit den Monaten November und Dezember befasst.

Das ideale Gehege für Jungtiere wächst mit

Nachdem die Schlüpflinge die ersten Lebensmonate gut überstanden haben und ihr Verhalten, die Nahrungsaufnahme und das Wachstum beobachtet wurden, spätestens aber nach der ersten Überwinterung, sollten die Tiere in ein spezielles Jungtiergehege überführt werden. Dieses richtet sich nach Größe und Anzahl der gehaltenen Jungtiere. Es gilt dabei die Maxime:

„So groß wie nötig, aber so überschaubar wie möglich." Im Idealfall sollten die Gehege und Schutzhäuser während des Heranwachsens angepasst werden und, wie etwa von Gerhard Eger praktiziert (WIRTH 2011), mit den Schildkröten „mitwachsen". Als erstes „echtes" Gehege für eine Jungtiergruppe eignet sich ein kleines Frühbeet mit einer Grundfläche von etwa 1 m², an das sich ein mit

Erstes „echtes" Gehege: kleines Frühbeet mit einer Grundfläche von ca. 1 m², an das sich ein mit Maschengitter abgedecktes Freigehege von 1–2 m² anschließt

Das Frühbeet und das Freigehege sollte spätestens dann erweitert oder durch ein größeres ersetzt werden, wenn die Jungtiere eine Größe von etwa einer halben Faust erreicht haben
Fotos: M. Wirth

Im Spätsommer kann man auch unter Haltungsbedingungen erneut eine Steigerung der Balz- und Paarungsbemühungen beobachten
Foto: M. Wirth

lege und zur Hälfte damit bedecke. Diese Schlupfwinkel werden sehr gut angenommen und lassen sich bestens kontrollieren. Ebenfalls bewährt hat es sich, den Hohlraum unter den Dachziegeln locker mit feuchtem Sphagnum-Moos zu füllen, in das sich die Jungtiere gern hineinwühlen, da sie dort eine gute Grundfeuchtigkeit vorfinden. Mit fortschreitendem Wachstum der Schildkröten sollte das Freigehege ihrer Größe angepasst und sukzessiv vergrößert werden. Das Frühbeet sollte aus meiner Sicht spätestens dann erweitert oder durch ein größeres ersetzt werden, wenn die Jungtiere eine Größe von etwa einer halben Faust erreicht haben.

Maschengitter abgedecktes Freigehege von 1–2 m² anschließt.

Für das Schutzhaus gelten hinsichtlich Isolierwirkung und Qualität die gleichen Anforderungen für Schlüpflinge wie für adulte Schildkröten. Auf die Einfriedung des Geheges sollte bei Jungtieren ein besonderes Augenmerk gerichtet werden, da diese wahre Kletterkünstler sein können. Die Bepflanzung von Jungtiergehegen sollte dichter sein als bei adulten Tieren und kann mit Kräutern wie Salbei, Thymian und Lavendel, Rankpflanzen wie Himbeere oder Brombeere, aber auch mit kleinen Exemplaren des Fünffingerstrauchs erfolgen. Das Jungtiergehege muss ausreichend Sonne erhalten und Trockenplätze sowie schattige und feuchte Bereiche bieten. Als Schlupfwinkel verwende ich seit vielen Jahren erfolgreich alte Dachziegel in Form halbierter Röhren, die als „Mönch und Nonne" bezeichnet werden, und die ich auf einen Haufen abgeschnittener Wiesenkräuter

Spätsommer und beginnender Herbst in der Freilandanlage

Im Unterschied zum Freiland, wo im Sommer starke Hitze und ein vielerorts eingeschränktes Nahrungsangebot die Fortpflanzungsaktivitäten zeitweise zum Erliegen bringen, klingen diese hierzulande nicht vollständig ab, lassen aber in der Regel nach. Im Spätsommer kann man im Gehege dann wieder eine Steigerung der Balz- und Paarungsbemühungen beobachten.

Bei der Fütterung der Schildkröten sollte im Spätsommer und Herbst der Anteil frischer Wildkräuter wieder erhöht, der Heuanteil reduziert werden. Viele Futterpflanzen sind auch in unseren Breiten bis weit in den Oktober hinein verfügbar, der Aufwand für den Pfleger, eine hinreichend große Menge zu sammeln, ist aber größer als in Frühjahr oder Sommer. Wenn die Wildkräuter nicht mehr ausreichen, ist das von BIDMON (2006a) beschriebene Herbst- bzw. Winterfutter, das in Form einer Komplettfuttermischung selbst hergestellt und zur Ergänzung bzw. zur Anreicherung von Salaten wie Zuckerhut, Romana oder Endivie genutzt werden kann, eine gute Alternative.

Mit sinkenden Temperaturen und aufgrund der kürzeren Tageslichtlänge nehmen die Schildkröten allmählich weniger Nahrung auf

Es muss eine Sichtkontrolle von Augen, Nase und Maul erfolgen Foto: M. Wirth

und beginnen, sich langsam auf die Winterruhe vorzubereiten. Wie in der Übergangzeit im Frühjahr ist auch im Herbst eine Beheizung des Schutzhauses über starke Strahler erforderlich, eventuell durch eine Gewächshausheizung ergänzt, um den Schildkröten auch mit Beginn des Herbstwetters noch täglich das Erreichen der Vorzugstemperatur zu ermöglichen. Dadurch können mediterrane Landschildkröten meist bis weit in den Oktober hinein am Futter gehalten werden.

Gesundheitscheck vor der Einwinterung

Einige Zeit vor der Einwinterung sind sämtliche Schildkröten einem regelmäßigen Gesundheitscheck zu unterziehen, denn nur gesunde Tiere dürfen regulär in die Überwinterung gehen. Akut erkrankte oder erst kürzlich von einer Erkrankung genesene Schildkröten dürfen nicht in die Hibernation geschickt werden, da anderenfalls der mögliche Tod der Tiere in der Über-

winterung droht.

Daher muss man das Verhalten aller Schildkröten ab Anfang September intensiv beobachten und auf mögliche Verhaltensänderungen achten, die auf Gesundheitsprobleme hinweisen. In regelmäßigen Abständen von ca. 7–10 Tagen sollten die Tiere auch im Rahmen einer kurzen aber genauen Sichtkontrolle auf Symptome oder Verletzungen untersucht werden. Nach HIGHFIELD & HIGHFIELD (2011) sind dabei insbesondere die nachstehenden Dinge zu beachten.

Gewicht

Um die Überwinterung gut zu überstehen, benötigen Landschildkröten ausreichend Körperfettreserven, die als Energie- und Wasserspeicher dienen (HIGHFIELD & HIGHFIELD 2011). In menschlicher Obhut gehaltene Schildkröten sollten sich, wie ihre frei lebenden Artgenossen, immer auffallend schwer und nicht leicht anfühlen. Hier eine detaillierte Tabelle mit Angaben zum erforderlichen Körpergewicht bei verschiedenen Größen anzugeben, halte ich für kritisch. Wenngleich mit der sogenannten „Jackson-Kurve" bzw. dem „Jackson-Quotient" (JACKSON 1980) eine Methode entwickelt wurde, die der Berechnung des für die Überwinterung erforderlichen Körpergewichts von *T. graeca* und *T. hermanni* dienen soll, kann das Verfahren nur bei richtiger Anwendung und richtiger Größenmessung hilfreiche Aussagen liefern. Die von JACKSON aus Carapaxlänge und Körpergewicht ermittelten Werte geben einen Aufschluss über den Ernährungszustand der Schildkröten. Es ist aufgrund abweichender Panzerformen und -proportionen nicht auf andere Arten wie z. B. die Breitrandschildkröte anwendbar (z. B. SINN 2004). Das Verfahren weist aber auch Schwächen auf (MÜLLER & SCHWEIGER 2002), denn es eignet sich nicht für kleine Schildkröten und berücksichtigt keine eventuellen Panzerdeformationen. Besonders das Körpergewicht der Landschildkröten kann entsprechend der Füllmengen in Darm und Blase erheblich schwanken, und das auch innerhalb sehr kurzer Zeit. An dieser Stelle würde eine detaillierte Diskussion der Methode den Rahmen sprengen und der interessierte Leser sei daher auf die Originalpublikation verwiesen. Es lassen sich zudem im Internet entsprechende Kalkulatoren für die Gewichts- und Wachstumsberechnung, z. B. für Griechische Landschildkröten, finden, deren Aussagen aber in jedem Fall auf ihre Plausibilität und Verlässlichkeit hin kritisch hinterfragt werden sollten.

Augen

Die Augen dürfen nicht eingefallen sein und tief in den Höhlen liegen. Diese Symptome können auf eine mögliche Auszehrung des betroffenen Tieres hinweisen. Beide Augen sollten klar sein und keine Anzeichen von Schwellungen, Entzündungen oder Ausfluss zeigen.

Nase

Die Nasenöffnungen der Schildkröten dürfen keinen chronischen Ausfluss zeigen. Eine dauerhafte Sekretausscheidung erfordert unverzüglich eine tierärztliche Untersuchung und Isolierung, da verschiedene Formen des „Runny Nose Syndrome" hochansteckend sind.

Schwanz und Kloake

Sowohl der Schwanz als auch die Kloake sollten auf Anzeichen von Entzündungen untersucht werden. Entzündungen der Kloake gehen oft mit einem übel riechenden Ausfluss einher.

Panzer

Der Panzer muss sich fest und nicht weich anfühlen. Es gilt besonders, auch auf lokale weiche oder schlecht riechende Bereiche zu achten.

Beine

Untersuchen Sie die Beine der Schildkröten auf mögliche Schwellungen oder Ausbeulungen, da bei Reptilien nicht selten Abszesse auftreten, die unbehandelt zu ernsten Gesundheitsproblemen führen können.

Ohren

Schildkröten haben voll ausgebildete Innen- und Mittelohren, die unter der Haut verborgen sind, aber keine Außenohren. Die Haut über dem Ohr, unmittelbar hinter dem Kieferknochen, sollte immer flach oder leicht konkav sein. Schwellungen können Ohrabszesse andeuten, die sich bei Schildkröten zu bedrohlichen Problemen auswachsen können.

Maul

Die Innenseite des Mauls muss auf Unregelmäßigkeiten untersucht werden. Das vorsichtige Öffnen des Mauls ist bei semiadulten und adulten Schildkröten mit etwas Übung nicht schwierig, Unerfahrene sollten sich darin aber von einem Tierarzt unterweisen lassen. Mögliche Symptome, die auf Erkrankungen hinweisen, sind beispielsweise gelbliche, käsige Ablage-

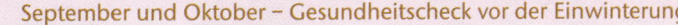

Vor der Einwinterung müssen alle Landschildkröten einen gründlichen Gesundheitscheck durchlaufen, bei dem sowohl Ober- wie auch Unterseite gründlich betrachtet werden Fotos: B. Trapp

rungen, eine ungesunde rote oder violette Färbung der Maulschleimhaut oder des Gaumens, sowie kleine Einblutungen.

Sollten Ihnen derlei Symptome bei der Untersuchung auffallen, muss unverzüglich ein reptilienkundiger Tierarzt aufgesucht werden. Dieser kann dann entscheiden, ob tatsächlich eine Erkrankung vorliegt, die behandelt werden muss. Im Zweifelsfall und bei Unsicherheit, und hier möchte ich mich HIGHFIELD & HIGHFIELD (2011) anschließen, sollte man lieber immer den Rat von Experten suchen! Denn wenn den Schildkröten Gesundheit und ein guter Allgemeinzustand bescheinigt wird, steht auch der Vorbereitung auf die Überwinterung nichts mehr im Weg.

Der Winter steht vor der Tür: *Testudo h. boettgeri* in einem Tieflandlebensraum in Grie-chenland Foto: B. Trapp

November und Dezember — Ein- und Überwinterung

Während für unsere Landschildkröten der Winter bereits im November Einzug gehalten hat und die Tiere
sich in der Einwinterung befinden, zeigen
ihre frei lebenden Artgenossen in manchen
Regionen noch eine gewisse Aktivität und
bereiten sich erst auf die Hibernation vor.

Herbst und Winterbeginn im Freiland

Der Beginn der Winterruhe ist bei europäischen Landschildkröten im Freiland weniger von der Art als von der Region abhängig und damit von der geografischen und der Höhenlage innerhalb des Verbreitungsgebietes. Betrachten wir z. B. die Griechische Landschildkröte: In Sisesti (Rumänien) am nördlichen Arealrand gehen die Tiere meist in der ersten Oktoberdekade in die Winterruhe, der früheste Zeitpunkt wird mit dem 12. September angegeben (CRUCE & RADUCAN 1975). In der Umgebung von Tirana in Albanien hingegen beginnt die Hibernation gewöhnlich erst gegen Ende November (HAXHIU 1995).

Ähnlich verhalten sich verschiedene Populationen von *T. h. hermanni* im westlichen Mittelmeerraum: Während die Schildkröten des Maurenmassivs im südostfranzösischen Département Var meist Ende Oktober/Anfang November ihre Überwinterung beginnen (HUOT-DAUBREMONT 1996), ist es bei den in Porto Vecchio im Süden Korsikas lebenden Tieren erst in der zweiten Dezemberhälfte soweit (NOUGARÈDE 1998).

In Abhängigkeit der klimatischen Bedingungen bestehen also erhebliche Unterschiede, die sich nicht nur im Beginn der Winterruhe, sondern auch in deren Ende und damit in der Überwinterungsdauer ausdrücken. Während die Dauer bei *T. h. boettgeri* zwischen drei und vier Monaten (Tirana) bis zu 5,5–6 Monaten (Sisesti) beträgt, schwankt sie bei *T. h. hermanni* z. B. zwischen drei (Korsika) und 4,5 Monaten (Maurenmassiv). Jungtiere, z. B. der Griechischen Landschildkröte, halten im natürlichen Lebensraum meist eine längere Winterruhe als ältere Tiere (CRUCE & RADUCAN 1975; CHEYLAN 1981, 2001; NOUGARÈDE 1998). Die Ursache hierfür ist nach CHERCHI (1956) in der geringeren thermischen Kapazität des kleinen Schildkrötenkörpers zu suchen, d. h. sie können die Temperatur we-

In Abhängigkeit von den klimatischen Bedingungen bestehen erhebliche regionale Unterschiede im Beginn der Winterruhe. Das Bild zeigt eine *T. h. boettgeri* im Pinios-Delta (Griechenland).
Foto: B. Trapp

niger gut bzw. nur über einen kürzeren Zeitraum halten und vertragen aus diesem Grund Extremtemperaturen schlechter als adulte Tiere.

Das Klima auf dem zentralen Balkan zwingt die dort lebenden Schildkröten im Extremfall fast die Hälfte des Jahres in die Hibernation, wärmere Gefilde hingegen erlauben den Tieren eine erheblich längere Aktivitätsperiode. Die im Südwesten Spaniens lebenden Maurischen Landschildkröten beginnen Mitte November ihre Winterruhe, die bis maximal Mitte Februar reicht (DÍAZ-PANIAGUA et al. 1995; PÉREZ et al. 1998). Im Doñana-Nationalpark sonnen sich die hier lebenden *T. g. graeca* sogar im November erheblich mehr als noch im Oktober, und es wird dann wieder häufiger Nahrung aufgenommen als in den vorangegangenen trocken-heißen Monaten.

Späte Schildkrötenaktivitäten

Im November sind die Landschildkröten noch nicht überall in der Winterruhe, sodass dieser Monat noch zur sogenannten Prähibernationsphase gezählt wird, die sich von September bis November erstreckt und dann in eine anhaltende Winterruhe übergeht. Betrachtet man einmal mehr die Angaben von HUOT-DAUBREMONT & GRENOT (1997) bzw. CHEYLAN (1981) für das Verhalten und das Aktivitätsmuster von *T. h. hermanni* in der Provence, zeigt sich, dass diese hier noch acht Stunden des Tages für aktives Verhalten nutzen können. Zwar beträgt die Tageslichtlänge im Süden Frankreichs Anfang November noch 10,18 Stunden, geht aber bis Ende des Monats auf 9,12 Stunden zurück. Ob-

Die Schildkröten verlassen nur noch sporadisch ihre Schlupfwinkel, wenn Wärmeperioden es ermöglichen. Die außerhalb des Verstecks verbrachte Zeit wird fast ausschließlich für Sonnenbäder und zur Thermoregulation genutzt. Foto: M. Wirth

wohl den Schildkröten immer noch einige Stunden des Tages für Aktivitäten zur Verfügung stehen, nutzt ein einzelnes Tier nur einen Bruchteil davon, denn für 274 Exemplare wurde im November eine mittlere tägliche Aktivitätsdauer von nur noch 0,4 Stunden ermittelt. Auch der prozentuale Anteil der inaktiven Tage steigt von 20,6 % im September/Oktober auf 72,6 % im November deutlich an, die Schildkröten sind statistisch betrachtet nur noch etwa jeden vierten Tag aktiv.

Ein wichtiger Faktor ist dabei sicherlich die zurückgegangene Umgebungstemperatur, die im September/Oktober im Mittel noch 16,1 °C erreicht, im November aber auf 9,1 °C abfällt. Dementsprechend verlassen die Schildkröten jetzt nur noch sporadisch ihre Schlupfwinkel, wenn Wärmeperioden es ermöglichen. Die außerhalb des Verstecks verbrachte Zeit wird fast ausschließlich für Sonnenbäder und zur Thermoregulation genutzt. Der größte Teil der noch aktiven Tiere ist am späten Vormittag gegen 11 Uhr anzutreffen. Die Körpertemperatur steigt

Die Aktivität der Breitrand-schildkröten ist im späten Herbst und Winter zwar stark eingeschränkt, dennoch lassen sie sich an sonnigen Tagen selbst im Winter regelmäßig bei aktivem Verhalten beobachten Foto: M. Wirth

Jungtiere, z. B. der Griechischen Landschildkröte, halten im natürlichen Lebensraum meist eine längere Winterruhe als ältere Tiere Foto: M. Wirth

im Tagesgang nur noch langsam an, und die Aufwärm-phase ist aufgrund der selbst in der Tagesmitte niedrigen Umgebungstemperatur von ca. 13 °C erheblich verlängert, auch der Abfall der Körpertemperatur am Nachmittag bzw. Abend erfolgt jetzt sehr rasch (HUOT-DAUBREMONT 1996).

Im Dezember sind europäische Landschildkröten, von wenigen Ausnahmen abgesehen, praktisch überall inaktiv. Eine Ausnahme bildet die Breitrandschildkröte. Deren Aktivität ist im späten Herbst und Winter zwar stark eingeschränkt, dennoch lassen sie sich an sonnigen Tagen selbst im Winter regelmäßig bei aktivem Verhalten beobachten (WILLEMSEN 1991; PANAGIOTA & VALAKOS 1992; BOUR 1995). Daher empfehlen BRINGSØE et al. (2001), bei T. marginata nicht von einer „Winterruhe" im eigentlichen Sinn zu sprechen. Eine mögliche Er-

klärung für die Winteraktivität bieten AUFFENBERG & IVERSON (1989), wonach große Schildkröten einen Vorteil bei starken und plötzlichen Temperaturschwankungen haben, wie sie im Herbst und Winter zunehmend auftreten. Einmal aufgeheizt, speichert der größere Körper mehr Wärme, die nur langsam wieder abgegeben wird, sodass große Schildkröten auch höher gelegene Gebiete und kältere Regionen erfolgreich besiedeln und einem Temperatursturz besser überstehen als kleinere Arten, die rasch auskühlen. Aber auch bei der Breitrandschildkröte gibt es regionale Unterschiede, denn während BUSKIRK (1990) die letzten *T. marginata* in Böotien (Mittelgriechenland) im November kurz vor einem Kälteeinbruch beobachten konnte, sind die im westlichen Taygetos der Peloponnes lebenden Tiere nach BOUR (1995) durchgehend aktiv und verschwinden hier nur an den kältesten Tagen im Dezember und Januar. BUSKIRK (1990) konnte in Böotien sogar noch am 1. November eine Paarung und einen männlichen Rivalitätskampf beobachten, in dessen Verlauf ein Männchen seinen Geschlechtsgenossen von einem Weibchen, auf das dieser aufgeritten war, heruntergestoßen und damit auf den Rücken geworfen hat. Nach CORTI et al. (2004, 2006) sind auch die im ausgesprochen warmen Südwesten Sardiniens beheimateten *T. g. nabeulensis*, und damit eine kleiner bleibende Form, durchgängig aktiv und halten keine Winterruhe. Interessanterweise werden die auf der Sinis-Halbinsel lebenden Tiere im Winter sogar beim Fressen sowie der Balz und Paarung beobachtet, während die Schildkröten auf der der Küste vorgelagerten Insel Mal di Ventre lediglich Thermoregulationsverhalten zeigen und sich Sonnenbädern widmen.

Winterruhe oder Kältestarre?

In der deutschen Literatur sind verschiedene Begriffe für die winterliche Ruhephase von Reptilien, die sich von Herbst bis in das Frühjahr erstreckt, gebräuchlich. Dabei ist die Definition klar: Reptilien halten eine Kälte- bzw. Winterstarre. Die Begriffe Winterschlaf und Winterruhe gelten nur für gleichwarme (homoiotherme) Tiere wie Säugetiere und Vögel, aber gerade der letztere wird immer wieder für Reptilien verwendet. Während manche Säugetiere wie z. B. Murmeltier oder Igel einen echten Winterschlaf halten und ihre Körpertemperatur, Herzschlagfrequenz und Atmung stark absenken und keine Nahrung mehr zu sich nehmen, sind bei der Winterruhe diese Vorgänge weniger stark ausgeprägt. So wachen z. B. Eichhörnchen und Bären häufiger auf und gehen gelegentlich sogar auf Nahrungssuche. Wechselwarme (poikilotherme) Tiere, zu denen auch Amphibien und Reptilien zählen, fallen in eine Kältestarre, bei der aufgrund niedriger Umgebungstemperaturen die Körperfunktionen fast zum Erliegen kommen (AKERET 2008).

Trotz der klaren Definitionen wird im deutschsprachigen

Im Dezember sind europäische Landschildkröten, von wenigen Ausnahmen abgesehen, praktisch überall inaktiv
Foto: M. Wirth

Raum der Begriff „Winterruhe" auch für Amphibien und Reptilien verwendet und umgangssprachlich sogar häufiger gebraucht als „Kältestarre" (z. B. ENGELMANN et al. 1986; ROGNER 1995; SCHMIDT & HENKEL 1995; BEYNON et al. 1997). Demzufolge, und weil es mittlerweile üblich geworden ist, verwende ich im vorliegenden Buch wider besseren Wissens den Begriff der Winterruhe als Synonym zur Kältestarre.

Die Überwinterung von Landschildkröten ist ein ausgesprochen komplexes Themengebiet. Eine umfassende Abhandlung der physiologischen Vorgänge und veterinärmedizinischen Aspekte würde den Umfang dieses Artikels ebenso sprengen wie eine Diskussion der verschiedenen Möglichkeiten bei deren praktischen Umsetzung. Dem Leser seien daher die Artikel etwa von BIDMON (2001), BAUR & HOFFMANN (2004), BAUR & FRITZ (2009, 2010) sowie VINKE & VINKE (2006a) empfohlen.

Auslösung der Winterruhe

Die Winterruhe wird sowohl im Freiland als auch unter Haltungsbedingungen durch eine Kombination äußerer (exogener) und innerer (endogener) Reize eingeleitet. Äußere Umwelteinflüsse, auch Zeitgeber genannt, die das Verhalten der Landschildkröten beeinflussen sind Temperatur und Feuchtigkeit, aber auch die Fotoperiode und die Nahrungsansprüche bzw. -beschaffenheit (BAUR & FRITZ 2009). Diese Einflüsse stehen miteinander in enger Wechselwirkung, denn Herbst und Winter gehen nicht nur mit einem Temperaturrückgang, sondern auch mit einer Verkürzung der Tageslichtlänge, einer Zunahme der Niederschlagsmenge und mit einer Einschränkung des Nahrungsangebots einher. Die endogenen Reize werden auch als „innere Uhr" bezeichnet und steuern, allerdings nicht unabhängig von äußeren Reizen, den Tages- und den Jahresrhythmus. Zugrunde liegen komplexe Wechselwirkungen, die z. B. das Hormon- und Nervensystem, aber auch Drüsen wie die Zirbeldrüse und die Schilddrüse betreffen und die Stoffwechselvorgänge beeinflussen. Eine besondere Bedeutung für die Steuerung der inneren Uhr hat das Licht und vor allem die Tageslichtlänge sowie die Lichtintensität wie BAUR & HOFFMANN (2004) anschaulich erklären: Wie Menschen wissen auch Tiere, dass eine Zunahme der Tageslichtlänge den Frühling ankündigt, längere Tage als Nächte den Sommer auszeichnen, und eine stetige Verkürzung des Tageslichts bei gleichzeitig abnehmender Lichtintensität den nahenden Winter bringt.

Die Winterruhe wird sowohl im Freiland als auch unter Haltungsbedingungen durch eine Kombination äußerer und innerer Reize eingeleitet. Hierzu zählen z. B. die Verkürzung der Tageslichtlänge, eine Zunahme der Niederschlagsmenge sowie die Einschränkung des Nahrungsangebots. Foto: M. Wirth

Prüfstein Überwinterung

Unter den richtigen Bedingungen und mit der richtigen Vorbereitung und Nachbetreuung durch den Pfleger überdauern Schildkröten problemlos die kalte Jahreszeit. Eine wichtige Voraussetzung dabei ist, dass die Schildkröten im Jahresverlauf artgerecht gehalten und ernährt sowie rechtzeitig entwurmt wurden und mit einem ausreichenden Gewicht und ohne große Parasitenlast in die Winterruhe gehen. Gesundheitsprobleme oder gar der Verlust von Schildkröten während bzw. im Anschluss an die Winterruhe sind nicht zwingend Ausdruck falscher Überwinterungsbedingungen, sondern oft die Konsequenz einer falschen Haltung. Nicht nur unzureichende oder falsche Ernährung, sondern auch Dauerstress aufgrund eines übersetzten Geheges oder deutlichen Männchenüberhangs kann dazu führen, dass die Schildkröten dehydriert oder untergewichtig die Ruhephase antreten. Zu warme oder zu trockene Verhältnisse im Winterquartier können dann bestehende Probleme verstärken, sodass bereits geschwächte Tiere weiter abbauen und verenden bzw. im Frühjahr nicht mehr ausreichend Kraftreserven haben

Warum ist eine Überwinterung Pflicht?

Die Sorge, mit der gerade Anfänger in der Schildkrötenhaltung der Winterzeit entgegensehen, ist

unbegründet. Schildkröten haben sich in der Evolution über Millionen von Jahren an die Notwendigkeit solcher klimatisch bedingten Ruhephasen angepasst: Die können das, sind darauf eingestellt und haben selten Probleme damit!

In den Anfangsjahren der Landschildkrötenhaltung waren Todesfälle nicht selten, heute ist dies jedoch eher die seltene Ausnahme. Der Grund hierfür ist aber nicht, dass sich die Schildkröten in dieser Zeit und über wenige in Menschenhand geborene Generationen hinweg an die Bedingungen angepasst oder gar „robuster" geworden sind. Vielmehr ist der Kenntnisstand um die biologischen Bedürfnisse der Schildkröten im Rahmen der Überwinterung deutlich gewachsen, und die Halter betreiben heute einen deutlich höheren Aufwand, um alles richtig zu machen. Alle Formen der Überwinterung erfordern dabei die Aufmerksamkeit des Pflegers und regelmäßige Kontrollen. Wie HIGHFIELD & HIGHFIELD (2011) zu Recht anmerken, kann man nicht einfach die Schildkröten in die Überwinterung schicken und dann bis zum Frühjahr vergessen.

Wer Schildkröten die Winterruhe vorenthält,, etwa aus Angst, oder

Die Hibernation ist ein wichtiger Bestandteil des natürlichen Lebenszyklus und essenziell für eine artgerechte Haltung. Das Bild zeigt eine *T. h. boettgeri*. Foto: M. Wirth

Auch Jungtiere wie diese *Testudo g. ibera* müssen eine ausreichend lange Ruhephase im Winter durchlaufen, um zu gesunden, geschlechtsreifen Tieren heranzuwachsen
Foto: M. Wirth

um möglichen Schaden von ihnen fernzuhalten, tut genau das Falsche: Er nimmt den Tieren einen wichtigen Teil ihres natürlichen Lebenszyklus und hält sie nicht artgerecht. Eine fehlende Kältestarre führt zu schweren Störungen des Hormonhaushaltes mit vielfältigen Auswirkungen auf das Schildkrötenleben: Nicht nur die Fortpflanzung wird nachhaltig gestört, auch Wachstum und Immunsystem funktionieren nicht mehr richtig. Die Auswirkung sind ernsthafte Komplikationen und Erkrankungen, die zum Tode führen können – letztlich genau das, wovor der Halter sich gefürchtet hat.

Obwohl junge europäische Landschildkröten im Freiland zumeist eine längere Winterruhe abhalten als ihre adulten Artgenossen, praktizieren viele Halter gerade bei diesen Tieren eine verkürzte Hibernation. Eine Dauer von acht Wochen sollte meiner Meinung nach nicht unterschritten werden, um auch den Jungtieren eine ausreichend lange Ruhepause zu gestatten. Die Winterruhe ist bei Landschildkröten aufgrund der stark reduzierten Stoffwechselvorgänge auch eine physiologische Wachstumspause, die gerade bei Jungtieren, die die stärksten Wachs-

tumsraten haben, eine wichtige Bedeutung hat. Sogenannte „Dampfaufzuchten", die bei dauerhaft warmen Bedingungen sowie einem Überangebot an (meist auch falscher) Nahrung innerhalb kürzester Zeit eine für ihr Alter übermäßige Größe erreichen, zeigen daher ein ungesundes Panzerwachstum. Fragt man die Pfleger dieser Tiere nach den Haltungsbedingungen, hört man wiederholt, dass die Schildkröten ihr Dasein bei gleichbleibend hohen Temperaturen, ohne Jahreszeitensimulation und ohne Winterruhe fristen.

Eine interessante, wenngleich nicht wissenschaftlich basierte Umfrage unter den Mitgliedern eines französischen Internetforums für Schildkrötenhalter und -freunde (http://tortues-actions.naturalforum.net), wurde von ALINE & FRANCK (2006) im Internet veröffentlicht. Gegenstand war die Frage nach den Auswirkungen der Überwinterung auf die Mortalität bei Jungtieren der Gattung *Testudo*. Insgesamt kamen dabei Angaben zu 1.600 Schlüpflingen und Jungtieren im Alter von 1–5 Jahren der Arten *T. h. hermanni*, *T. h. boettgeri*, *T. marginata*, *T. g. ibera* und „*T. graeca*" aus ganz Frankreich zusammen. Die Ergebnisse sind verblüffend, denn es konnte ein Zusammenhang zwischen dem Abhalten einer Winterruhe sowie deren Länge mit der Todesrate unter den Schildkröten aufgezeigt werden: Je länger die Überwinterung, desto niedriger die Mortalität. In der Gruppe 1 (*T. h. hermanni*, *T. h. boettgeri*, *T. marginata*) ergaben sich unter 1.400 Schlüpflingen Mortalitätsraten von 23,08 % bei Tieren ohne Überwinterung, 9,52 % bei einer Überwinterungsdauer von 1–2 Monaten und 3,21 % bei einer Überwinterung von mindestens drei Monaten. In

Gruppe 2 (*T. g. ibera*, *T. graeca*) starben 30,25 % der Schlüpflinge, die nicht überwintert wurden, 7,84 % derjenigen, die 1–2 Monate hiberniert hatten und 5,28 % der Tiere, die eine Überwinterung von mindestens drei Monaten absolvierten. Für die restlichen 200 Jungtiere im Alter von 1–5 Jahren wurden, ohne eine Unterscheidung in Gruppen, Mortalitätsraten von 14,7 % (keine Überwinterung), 6,45 % (1–2 Monate Überwinterung) und 2,69 % (mind. drei Monate Überwinterung) ermittelt.

Wenngleich solche Erhebungen ohne standardisierte Bedingungen sicherlich nicht sonderlich strapazierfähig sind, so finde ich die Kernaussage, obzwar mit Skepsis betrachtet, doch interessant und eindringlich.

Die richtige Einwinterung

Ebenso wichtig wie die korrekte Überwinterung ist die richtige Einwinterung. Viele Ratschläge in älterer Literatur sind nach heutigem Wissensstand bestenfalls als überholt zu betrachten. Andere, wie die Unsitte, Schildkröten zur Darmentleerung wiederholt in warmem Wasser zu baden, sind kontraproduktiv, schaden mehr als sie nutzen und sollten tunlichst unterbleiben! Dennoch werden manche dieser „Pflegehinweise" heute noch verbreitet, und diese üble Vorgehensweise hat sich leider gerade in „Einsteigerbüchern" festgesetzt, sogar in tiermedizinischen Büchern finden sich entsprechende Hinweise. Die Bandbreite der „Ratschläge" reicht dabei von einmaligem Baden (ZWART 1975), über 2–3-maliges (JAROFKE & LANGE 1993; WILKE 1998) bis hin zu täglichem Baden über den Zeitraum einer Woche hinweg (WILKE & ANDERS 1997). Die Angaben zur Wassertemperatur reichen dabei von lauwarm bis 30 °C (GABRISCH & ZWART 1995). Völlig absurd sind Vorschläge wie von BOYER & BOYER (1996), nach denen man adulte Schildkröten alle vier, juvenile alle 2–3 Wochen aus dem Winterquartier nehmen und für zwei Stunden in 24 °C warmem Wasser baden soll! Was für eine Tortur ist das für die Schildkröten, wenn sie aus der Kältestarre gerissen, in warmem Wasser zwangsaufgewärmt und anschließend wieder gekühlt werden!

Die Tierärzte BAUR & HOFFMANN (2004) verweisen mit Nachdruck darauf, dass die Schildkröten in

Manche Schildkröten suchen sich im Freiland selbst einen Schlupfwinkel für die Überwinterung und graben sich möglicherweise eine Höhle, in der sie der Pfleger nicht mehr findet Foto: M. Wirth

der Zeit kurz vor der Hibernation noch eingeschränkt aktiv sind, aber keine Nahrung mehr zu sich nehmen und sukzessiv ihren Darm entleeren. Während der Winterruhe von Reptilien findet keine bzw. eine hochgradig reduzierte Verdauung statt (Skocylas 1978), und die Schildkröten haben sich anhand der zurückgehenden Temperaturen im Herbst, der verkürzten Tageslichtlänge und der geringeren Lichtintensität darauf eingestellt. Wenn sie dann über immer längere Perioden hinweg inaktiv sind und sich schließlich endgültig in den Boden eingraben, haben sie ihren Darm größtenteils entleert. Sie brauchen dabei keine menschliche „Unterstützung", die ihnen im Gegenteil einen großen Teil der für die Verdauung wichtigen symbiontischen Bakterien im Darm raubt. Warme Bäder kurbeln zudem den Stoffwechsel zu einem Zeitpunkt an, an dem er bereits deutlich reduziert ist, und werden folglich zu einer starken Belastung für das Herz-Kreislauf-System. Zur Deckung des Wasserhaushalts sollte den Schildkröten aber bis zur selbstständigen Einwinterung jederzeit Trink- und Bademöglichkeiten

angeboten werden. Baur & Hoffmann (2004) empfehlen, die Tiere kurz vor Antritt der Winterruhe in kühlem Wasser zu baden, damit diese Wasser aufnehmen können, nicht aber, um ihre Darmentleerung zu stimulieren.

Einwinterung in der Freilandanlage

Ich praktiziere eine Kombination aus einer natürlichen, langen Einwinterung im Freiland und einer kontrollierten Überwinterung in einem großen Kühlhaus, das von den Bedingungen her einem Kühlschrank entspricht.

Die Schildkröten haben bis Ende Oktober jeden Tag die Möglichkeit, im Gewächshaus und in Frühbeeten unter lokalen Wärmestrahlern ihre Vorzugstemperatur zu erreichen. Wie Kundert (2008) richtig anmerkt, liefert die zeitweise eingesetzte Wärmelampe, ähnlich der Sonne an warmen Oktobertagen, wertvolle Unterstützung bei der Vorbereitung der Winterstarre. Die Schildkröten haben somit nochmals die Möglichkeit, mittels Sonnenbädern ihre Vorzugstemperatur zu erreichen, den Verdauungsprozess abzuschließen und ihren Wasserhaushalt durch Trinken und selbstständiges Baden auf die lange Ruhephase vorzubereiten. Die Beleuchtungsdauer wird dann für die nächsten acht Wochen von zunächst drei Stunden täglich schrittweise auf eine Stunde reduziert. Bei mir sind die Strahler Anfang September, wenn sinkende Außentemperaturen und Schlechtwetterperioden auftreten, drei Stunden (10–13 Uhr) in Betrieb. Alle zwei Wochen wird die Beleuchtungsdauer um 30 Minuten verkürzt, indem

Um ein unkontrolliertes Eingraben zu verhindern, muss der Eingang zum Schutzhaus rechtzeitig verschlossen werden Foto: M. Wirth

die Lampen immer eine halbe Stunde später zugeschaltet werden. Je nach Witterung verschließe ich die Eingänge der Schutzhäuser meist Mitte Oktober, um so ein unkontrolliertes Eingraben der Tiere im Außengehege zu vermeiden.

Anfang November ist die Beleuchtung nur noch von 12–13 Uhr in Betrieb und wird erst danach ganz abgeschaltet. Eine Mehrkanal-Gewächshausheizung bzw. Infrarotwärmestrahler verhindern bis dahin, dass die Innentemperatur in den Schutzhäusern unter 8–10 °C sinkt. Auf diese Weise begeben sich nach und nach alle Schildkröten von selbst in die Schlafboxen, die aus wasserfesten Siebdruckplatten gefertigt und über einen hochklappbaren Deckel kontrollierbar sind. Der Bodengrund ist hier ca. 70 cm tief und besteht aus einem grabfähigen Gemisch aus lockerem Mutterboden und Bims (ca. 80 %) sowie Laub und Roggenstroh (ca. 20 %). Das Substrat in den Boxen wird in der Vorbereitungszeit immer wieder ordentlich mit dem Gartenschlauch gewässert und hält schließlich eine gute Grundfeuchtigkeit. Die Schildkröten kennen diese Plätze gut und beginnen sich zunächst noch oberflächlich, dann mit weiter sinkenden Temperaturen immer tiefer einzugraben. Ab Mitte November senke ich die Thermostatregelung der Heizelemente weiter ab, sodass ab diesem Zeitpunkt nur noch ein Unterschreiten von 5 °C verhindert wird. Die 50 cm hohen Boxen werden jetzt bis an den Deckel mit trockenem Eichen- und Buchenlaub aufgefüllt. Die Schildkröten bleiben hier bis zur zweiten Dezemberhälfte unter geschützten Bedingungen und werden erst dann in das Kühlhaus überführt.

Diese Methode kombiniert die Vorteile einer natürlichen Einwinterung im Schutzhaus mit denen der anschließenden kontrollierten Überwinterung im Haus und hat sich bei mir und vielen meiner Schildkrötenfreunde bestens bewährt, ist mit geringem Aufwand verbunden und führt nur in den seltensten Fällen zu Problemen. Bei anderen Formen der Einwinterung, z. B. aus der zeitweisen Innenhaltung heraus, entscheiden nicht die Witterung und die Schildkröten, sondern der Pfleger über den Zeitpunkt des Beginns. Dieser Weg ist folglich aufwendiger und erfordert eine mehrwöchige Umstellungsperiode, in der die Tiere schrittweise auf die Überwinterung vorbereitet werden müssen.

Bei einer naturnahen Einwinterung in der Freilandanlage ziehen sich die Schildkröten nach und nach in die Überwinterungsboxen zurück
Foto: M. Wirth

Individuelle Unterschiede bei der Einwinterung

Die Beteiligung individueller Mechanismen bei der Einwinterung sind auch für den Schildkrötenhalter offensichtlich: Trotz identischer äußerer Bedingungen streben nicht alle Schildkröten zur selben Zeit und mit derselben Geschwindigkeit der Winterruhe entgegen, sondern es lassen sich ausgeprägte individuelle Unterschiede beobachten.

Bei der Einwinterung muss darauf geachtet, und in regelmäßigen Abständen kontrolliert werden, ob die Tiere langsam, aber sicher zur Ruhe kommen. Es besteht zunächst kein Grund zur Sorge, wenn eine oder mehrere Schildkröten dafür etwas länger brauchen. Auch im Freiland treten die in einer Population lebenden Landschildkröten über einen gewissen Zeitraum hinweg verteilt die Winterruhe an, wie z. B. an der Griechischen Landschildkröte in den Eminska-Bergen in Bulgarien gezeigt wurde (IVANCHEV 2007a). Während im Freiland die letzten *T. h. boettgeri* ihr Winterquartier bis zum 22. Oktober aufgesucht hatten, wurden die in einer Freianlage unter seminatürlichen Bedingungen gehaltenen Schildkröten auch danach noch bei Sonnenbädern beobachtet. Das erste der Gehegetiere ging am 29.10., und damit zwei Tage nach einem Kälteeinbruch in die Hibernation, das letzte erst am 26. November.

Ist eine Schildkröte trotz sinkender Temperaturen und abnehmender Tageslichtlänge über einen deutlich längeren Zeitraum aktiv und reduziert ihren Stoffwechsel nicht, kann dies auf ein Problem hinweisen.

Dieses Tier sollte von einem reptilienkundigen Tierarzt untersucht werden, um eine eventuell vorliegende Erkrankung auszuschließen. Keinesfalls sollte man diese Schildkröte in die Winterruhe zwingen!

Die Einwinterung von Schlüpflingen

Auch Schlüpflinge und Jungtiere werden am besten direkt von der geschützten Außenhaltung im Frühbeet oder Gewächshaus in die Überwinterung überführt. Wie bei den adulten Schildkröten muss auch hier die Brenndauer der Wärmestrahler schrittweise über mehrere Wochen verkürzt werden, bis diese nur noch zwei Stunden täglich in der Mittagszeit brennen, bevor sie letztlich ganz abgeschaltet werden. Über einen Frostwächter oder eine Gewächshausheizung wird dann das Absinken der Temperatur unter 4–6 °C verhindert. Auf diese Weise reduzieren auch die kleinen Schildkröten bei sinkenden Temperaturen und immer kür-

zer werdenden Tageslichtlängen allmählich ihre Aktivitäten und vergraben sich schließlich im Bodengrund. Jetzt ist der Zeitpunkt gekommen, die Tiere endgültig in die Überwinterung zu überführen. Obwohl sich verschiedene Verfahren bewährt haben, bevorzugen viele Halter gerade bei Jungtieren aufgrund der besseren Kontrollmöglichkeiten eine Hibernation im Kühlschrank.

Zeitweise Innenhaltung von Jungtieren

Die zeitweise Innenhaltung von Schildkröten ist nicht einfach und sollte möglichst vermieden werden, um die innere Uhr der Schildkröten nicht durcheinander zu bringen. Jungtiere, die bereits sehr früh im Juni geschlüpft sind und seitdem einige Monate im Freiland fressen und wachsen konnten, können problemlos direkt aus dem Frühbeet in die Überwinterung überführt werden. Zahlreiche Jungtiere schlüpfen jedoch erst Ende August, teilweise sogar noch im September. Bei diesen Spätgeborenen kann es eventuell erforderlich sein, sie noch einige Zeit im Inneren des Hauses am Fressen zu halten und dann künstlich, über schrittweises Absenken von Temperatur und Beleuchtungsdauer, den Übergang in die Kältestarre einzuläuten. Solche „späten" Jungtiere werden von vielen Haltern erst im Dezember bzw. Januar in die Winterruhe geschickt, um sie dann mit dem Ende der Überwinterung im zeitigen Frühjahr zum Auswintern wieder in das Schutzhaus zu überführen.

Die schwierige Aufgabe für den Pfleger liegt darin, die Schildkröten rechtzeitig (!), d. h., solange sie noch voll aktiv

sind, ins Haus zu überführen, dort warm zu halten und unter hochwertige Lichtquellen (UV!) zu setzen. Im Normalfall sollten die Schlüpflinge daher bereits Ende August bis Mitte September ins Haus überführt werden, vor allem, wenn bereits in der Mitte des Sommers fortgesetzt ungünstige Wetterbedingungen herrschten. Werden sie zu spät umgesetzt, ist der Stoffwechsel der Schlüpflinge aufgrund des anziehenden Herbstes bereits reduziert, würde dann aufgrund der höheren Temperaturen wieder angeregt, um dann wiederum, vom Halter künstlich induziert, für die Überwinterung reduziert zu werden. Ein solches Vorgehen bringt die innere Uhr der Tiere nachhaltig durcheinander und führt zu einer großen Belastung, die zu unterlassen ist.

Bis die Schlüpflinge schrittweise auf die Hibernation vorbereitet werden, muss ihnen auch im Haus eine artgerechte Unterbringung bei weiterhin hochwertigem Futter geboten werden. Geeignet sind Glasterrarien mit großen Lüftungsflächen (Umbau von Standardterrarien), besser aber oben offene Behältnisse, wie die bereits genannten

Bis die Schlüpflinge schrittweise auf die Hibernation vorbereitet werden, ist auch im Haus eine artgerechte Unterbringung bei weiterhin hochwertigem Futter Pflicht
Foto: M. Wirth

Selbst eine zeitweise Innenhaltung von Schildkröten ist
anspruchsvoll und sollte
möglichst vermieden werden,
um die innere Uhr der Schildkröten vor der Hibernation
nicht durcheinanderzubringen
Foto: M. Wirth

Kunststoffwannen mit ihrem Transportvorteil. Wichtig auch bei der Innenhaltung ist eine ausreichende Boden- und Luftfeuchtigkeit, um ein gesundes Wachstum zu gewährleisten. Ein auf den Boden gelegtes, flach ausgestochenes Wiesenstück kann im Spätherbst und Winter, solange noch kein Schnee liegt, regelmäßig erneuert werden. Ist dies nicht mehr möglich, kann auch eine Schicht aus angefeuchtetem Sphagnum-Moos auf etwa der Hälfte der Grundfläche als „Krautschicht" dienen.

Maßgebend für eine erfolgreiche und artgerechte Innenhaltung ist die Beleuchtung. Wie alle Landschildkröten sollten auch Jungtiere eine hochwertige, ausreichend starke Lichtquelle erhalten, unter der eine lokale Strahlungswärme von ca. 40–45 °C herrscht. Der Strahler sollte nicht mittig, sondern in einer Behälterhälfte angebracht werden, sodass die Schildkröten zwischen warmen und kühlen Bereichen wählen können. Die Grundtemperatur sollte bei der Innenhaltung zunächst 24–28 °C betragen. Mindestens alle zwei Tage sollten die Jungtiere für etwa 20 Minuten mit einer Osram Vitalux (300 W) bestrahlt werden. Dieses Leuchtmittel, für das es trotz vollmundiger Versprechen der In-

dustrie bis dato keine adäquate Alternative gibt, erreicht im für die Vitamin-D-Synthese wichtigen UV-B-Bereich von 290–315 nm eine hinreichende Strahlungsintensität und hilft damit, Mangelerscheinungen und rachitischen Erkrankungen vorzubeugen (BIDMON 2006).

Wenn dann die im Zimmerterrarium gehaltenen Jungtiere auf die Überwinterung vorbereitet werden, muss der Pfleger auch im Haltungsraum schrittweise durch Reduktion von Temperatur und Tageslichtlänge den Winter einläuten. Dies setzt einen kühlen Raum, z. B. einen Kellerraum, voraus und ist daher nicht so einfach realisierbar wie im Freiland. Vier Wochen lang werden jetzt die Bedingungen gemäß nachstehendem Schema umgesetzt, wobei es meist erforderlich ist, in der Nacht ein Fenster zu öffnen, um die erforderliche nächtliche Temperaturabsenkung zu erreichen. In dieser Zeit sollte den Jungtieren kein Futter mehr angeboten werden, aber jederzeit frisches Trinkwasser. Gerade in der Zeit der Einwinterung ist auf eine ausreichende Substratfeuchtigkeit zu achten, damit die Jungtiere nicht dehydriert die Überwinterung beginnen.

Beim Durchlaufen des Einwinterungsprotokolls reduzieren die Jungtiere wie bei der Einwinterung im Schutzhaus kontinuierlich ihre Aktivitäten. Die Tiere verlassen ihre Versteckplätze immer seltener und unregelmäßiger und

Einwinterungsschema*

	Grund-temperatur am Tag	Nacht-temperatur	Beleuch-tungsdauer am Tag
Woche 1	20–22 °C	12–14 °C	3 h
Woche 2	15–18 °C	10–12 °C	2 h
Woche 3	12–14 °C	8–10 °C	1,5 h
Woche 4	ca. 10 °C	6–8 °C	1 h

*mit schrittweiser Absenkung der Tages- und Nachttemperatur über vier Wochen, um übergangsweise im Haus gehaltene Schlüpflinge auf die Überwinterung vorzubereiten

sind schließlich bereit für die Überführung in das Winterquartier.

Zur Innenhaltung adulter Landschildkröten

Neben der dauerhaften ist auch eine übergangsweise Innenhaltung erwachsener Landschildkröten nur in Ausnahmefällen und bei Vorliegen einer Erkrankung akzeptabel, ansonsten aus meiner Sicht abzulehnen. Leider werden aber immer noch viele Schildkröten von ihren Haltern etwa aufgrund ungeeigneter Haltungsbedingungen im Freiland ins Haus geholt. Damit tut man den Schildkröten jedoch keinen Gefallen, denn im Freiland haben sich die Tiere bereits auf die Überwinterung vorbereitet. Der Rückgang der Aktivität wird bei der Überführung in ein Innengehege jäh unterbrochen, denn im geschützten Haus erleben die Schildkröten wieder höhere Temperaturen, vor allem in der Nacht. Dies kann fatale Folgen haben, denn die Schildkröten haben vor der beginnenden Winterruhe ihren Stoffwechsel weitgehend reduziert. Plötzlich werden sie im Haus mit Licht und Wärme im Überfluss konfrontiert, der Stoffwechsel wird angeregt und die Tiere zunehmend aktiver, obwohl eigentlich die Winterruhe näher rückt. Ihr innerer Rhythmus gerät dabei durcheinander. Auf Fressen ist die Schildkröte nicht mehr eingestellt, der Appetit dementsprechend gering. Sie wird das angebotene Futter nicht oder kaum annehmen, aber für den Ruhezustand ist es zu warm. Dies führt zu einem ra-

Die Innenhaltung erwachsener Landschildkröten ist nur in Ausnahmefällen und bei Vorliegen einer Erkrankung akzeptabel, ansonsten aus meiner Sicht strikt abzulehnen Foto: B. Trapp

schen Auszehren der Schildkröte und dem Verlust wertvoller Reserven. Wird das Tier dann schließlich doch eingewintert, können die Folgen erst im Frühjahr sichtbar werden, wenn die dann geschwächte Schildkröte nicht mehr richtig in Schwung kommt.

Die richtigen Überwinterungsbedingungen

Landschildkröten suchen im natürlichen Lebensraum während der kalten Jahreszeit Zuflucht in selbst gegrabenen Löchern, Höhlen, unter Felsen oder in anderen Tierbauten. Entsprechend sind die Anforderungen für ein Winterquartier in menschlicher Obhut: Es soll dunkel sein, stabile Temperaturen aufweisen und frostfrei bleiben sowie eine ausreichende Feuchtigkeit aufweisen.

Die ideale Überwinterungstemperatur liegt nach derzeitigem Kenntnisstand zwischen 4 und 6 °C, und das sowohl am Tag als auch in der Nacht. Während dauerhaft zu niedrige Temperaturen und Frost zu Kälteschäden und Erfrierungstod führen können, müssen auch zu hohe Temperaturen vermieden werden, da sonst der Stoffwechsel nicht ausreichend reduziert wird. Der dann auftretende Energieverbrauch führt zur Auszehrung, eventuell sogar zum Verhungern der Schildkröte (HIGHFIELD & HIGHFIELD 2011). So ist z. B. bei einer Überwinterungstemperatur von 10 °C der Verlust an Körpermasse größer ist als im Bereich von 5–8 °C (ADRIAN 1987). Auch haben Tiere, bei denen die Kältestarre unterbrochen wird, einen deutlich höheren Körperfettverbrauch als jene mit ungestörter Ruhephase. BAUR & HOFFMANN (2004) empfehlen, bei der Hibernation von Schildkröten die Temperatur unter 8 °C zu halten, damit der Fettstoffwechsel in der Leber zum Erliegen kommt.

Die Anforderung an das Winterquartier: Es soll dunkel sein, stabile Temperaturen aufweisen und frostfrei bleiben sowie eine ausreichende Feuchtigkeit aufweisen
Foto: M. Wirth

Höhere Temperaturen können bis zum Ende der Winterruhe zum sogenannten Auszehrungssyndrom (posthibernales Anorexiesyndrom) führen, ein Krankheitsbild, das nach den Erfahrungen der beiden Tierärzte leider häufig als Folge falscher Überwinterungsbedingungen auftritt.

Keller oder Kühlschrank – die Überwinterung

Es gibt viele erprobte Methoden zur Überwinterung europäischer Landschildkröten. Die Bandbreite umfasst die Überwinterung im Gewölbekeller (z. B. RUDLOFF 1990; KIRSCHE 1997), die Kühlschrankmethode (z. B. ADAM 1993; HACKETHAL 1998; VOGEL 1999; THIERFELDT & HÖFLER-THIERFELDT 2002; PHILIPPEN 2008a), die Unterbringung in Lichtschächten (ULLRICH 2001; WAPELHORST 2008) sowie die geschützte Hibernation im Gewächshaus bzw. Frühbeet (z. B. FRIESLEBER 2005; HALLMEN 2008). Für welche Methode sich der Pfleger entscheidet, ist den Schildkröten vermutlich egal, solange die Qualität der Überwinterung, sprich die richtigen Temperatur- und Feuchtigkeitsbedingungen vorliegen. Um es nochmals zu betonen, bei der Überwinterung muss der Temperaturbereich so gewählt werden, dass keine Gefahr von Frostschäden besteht, dieser aber so niedrig sein, dass die Schildkröten ihre Energiereserven nicht aufzehren. Die Substrat- und Luftfeuchtigkeit sollte hoch genug sein, um den Wasserhaushalt der Tiere während der Hibernation nicht zu gefährden; die Tiere sollen es zwar feucht, aber nicht nass haben.

Über Jahrzehnte hinweg galt der gute alte, frostfreie Gewölbekeller mit einem Boden aus gestampfter Erde zu Recht als ideale Lösung. Doch – ein Nachteil des modernen Häuserbaus – stehen heute nur noch wenigen Schildkrötenhaltern solche Keller zur Verfügung. Die trockenen und warmen Verhältnisse heutiger Kellerräume sind für die Lagerung von Kartoffeln ebenso wenig geeignet, wie für die Überwinterung von Landschildkröten: Während Kartoffeln rasch zu keimen beginnen, können die Schild-

Für eine Kühlschranküberwinterung muss ein hochwertiger, moderner Kühlschrank verwendet werden, der zuverlässig und vibrationsarm ist
Foto: B. Trapp

kröten austrocknen und auszehren.

Bei vielen Haltern hat daher die Überwinterung im Kühlschrank die Kellermethode abgelöst. Allerdings darf hierbei kein in die Jahre gekommenes Altgerät zur Überwinterung von Schildkröten eingesetzt werden. Es sollte vielmehr ein hochwertiger, moderner Kühlschrank (oder Weinkühlschrank) verwendet werden, der zuverlässig und vibrationsarm seinen Dienst verrichtet. Er muss ausreichend Platz bieten, damit die Boxen mit den Schildkröten nicht zu nah an den Wärmetauscher in der Rückwand bzw. direkt unter das Eisfach gequetscht werden müssen, denn dort besteht Frostgefahr! Zur Aufrechterhaltung einer ausreichenden Luftfeuchtigkeit muss hier zudem Platz für eine Schale mit Wasser sein, die bei Bedarf aufgefüllt wird. Das Öffnen der Kühlschranktür (alle zwei Tage für ein bis zwei Minuten) stellt den Austausch der verbrauchten Luft sicher und darf

Ein frostfreier Gewölbekeller ist eine ideale Lösung für die Überwinterung, steht heute aber nur noch wenigen Schildkrötenhaltern zur Verfügung Foto: M. Wirth

nicht vernachlässigt werden. Der beste Standort für einen Überwinterungskühlschrank ist ein kühler Raum und eine Stelle, auf die kein direktes Sonnenlicht fällt. Zu kalt darf es dort aber auch nicht sein, da bei sehr niedrigen Raumtemperaturen der Wärmetauscher nicht mehr richtig arbeiten kann.

Keinesfalls sollte die Überwinterung im Haushaltskühlschrank neben den Lebensmitteln erfolgen, auch wenn „da noch ausreichend Platz ist". Was sich aus Hygienegründen eigentlich von selbst verbietet, ist für Außenstehende häufig der erste Gedanke, wenn sie erfahren, dass sich Schildkröten hervorragend im Kühlschrank überwintern lassen. Zu abwegig erscheint vielen, dass man für Schildkröten „extra" einen Kühlschrank anschafft. Wenn die wüssten – ich kenne einen Haushalt mit mehr als zwanzig großen Kühlschränken, von

denen aber nur einer Salat, Joghurt und Bier enthält! So ist das geringe Raumangebot, besonders für Halter, die eine große Schildkrötengruppe pflegen, der einzige Nachteil der Kühlschrankmethode.

Die „klassische" Überwinterung in einem kühlen und feuchten Gewölbekeller oder in einem Kühlschrank hat entscheidende Vorteile, da sie die richtigen Temperaturen von 4–6 °C und eine ausreichend hohe relative Luftfeuchtigkeit bietet, aber auch dem Pfleger eine regelmäßige Kontrolle gestattet. Keine Methode ist aber letztlich hundertprozentig sicher. In äußerst seltenen Fällen kann es auch unter anscheinend optimalen Bedingungen zu Verlusten kommen, z. B. durch einen Kühlschrankdefekt oder das Eindringen von Nagetieren in den Überwinterungskeller. Diese Gefahren sind aber äußerst gering und daher kein Grund zur Sorge, wohl aber für eine bestmögliche Vorbereitung und Umsetzung.

Geschützte Freilandüberwinterung

Mehrere Jahre lang habe ich meine Landschildkröten im Gewächshaus überwintert, dass für diesen Zweck bereits bei der Planung speziell vorbereitet und über eine Mehrkanal-Gewächshausheizung frostfrei gehalten wurde. Digitale Funkthermometer mit einer Minimum-Maximum-Anzeige und einem Warnsignal bei Unterschreiten einer kritischen Temperatur von 2 °C erlaubten mir die Kontrolle der Bedingungen im Schutzhaus vom Wohnhaus aus.

Zur Verminderung des Wärmeverlusts habe ich das gesamte Gewächshaus auf der Innenseite mit einer hochwertigen und dicken Noppenfolie verkleidet. Für diesen Zweck stehen im Handel selbstklebende Plastikstifte zur Verfügung, die auf die Hohlkammerplatten geklebt werden und als Befestigungselemente für die Folie dienen. Nach meiner Erfahrung sollten die Stifte trotz Klebefläche zur Sicherheit mit etwas Silikonkleber versehen werden, da sich die Stifte sonst lösen können, zumal die Folie in Abhängigkeit ihrer Größe durchaus ein gewisses Gewicht erreichen kann. Achtung: Es darf nur Silikon verwendet werden, das ausdrücklich für Hohlkammerplatten geeignet ist, weil das falsche Silikon die Platten beschädigen kann!

Die Überwinterungsgrube unter der Schlafbox der Schildkröten habe ich nach dem Ausschachten mit witterungsbeständigen Siebdruckplatten verschalt. Eine außen aufgeklebte Schicht aus dicken Styrodurplatten sorgt für eine gute Isolierung und ermöglicht im Untergrund konstante und sichere Temperaturbedingungen. Die hier eingegrabenen Schildkröten sind damit nicht nur gut gegen Kälte, sondern auch vor Wärmeeinbrüchen geschützt und können so eine ungestörte Ruheperiode halten. Eine Überwinterung im Freiland ohne Heizung ist aber definitiv nicht möglich, denn selbst die beste Isolierung kann nicht verhindern, dass in Frostperioden die Kälte die Schildkröten erreicht. Unabdingbar ist eine gute Drainage des Bodengrunds in den Überwinterungsgruben, ansonsten kann eventuell eindringendes Wasser nicht abfließen. Als Folge

Werden Landschildkröten im Gewächshaus überwintert, muss dieses über eine Mehrkanal-Gewächshausheizung frostfrei gehalten wurde. Flexible Alurohre werden mit Ringschellen daran befestigt und verteilen die warme Luft.
Fotos: M. Wirth

In der kalten Jahreszeit lässt sich durch das Anbringen von Noppenfolie Energie und folglich Geld sparen. Spezielle Noppenfolienhalter können mit einem Spezialkleber auch auf Kunststoffverglasungen geklebt werden.
Fotos: M. Wirth

kann sich das lockere Substrat verdichten, und es besteht die Gefahr, dass tief vergrabene Schildkröten ertrinken bzw. ersticken.

Erst in den letzten Jahren habe ich die durchgängige Überwinterung der Schildkröten im Gewächshaus aufgegeben und, wie bereits geschildert, nehme ich die Schildkröten nach dem selbstständigen Eingraben und einer kurzen Ruhephase bis ca. Mitte Dezember aus dem Gewächshaus und überführe sie für den größten Teil der Winterruhe ins Hausinnere. Der Grund dafür sind schlicht die Kosten. Da ich die Möglichkeit habe, die Schildkröten in einem computergesteuerten Kühlhaus zu überwintern, spare ich viel Energie, die zuvor für die Beheizung des Gewächshauses im Winter erforderlich war.

Bei mir hat sich die Überwinterung im Gewächshaus, und damit die ganzjährige Außenhaltung, unter den oben geschilderten Bedingungen aber bestens bewährt. Ich hatte nie Verluste unter den Schildkröten und zudem den Eindruck, dass den Tieren diese Bedingungen mit einem Minimum an Eingriffen durch den Pfleger sehr behagten. Als maßgeblich für den Erfolg betrachte ich aber die Anlage einer tiefen

Überwinterungsgrube, eine hochwertige Verglasung des Gewächshauses mit einer zusätzlichen Isolierung, ein stabiles und nagersicheres Fundament sowie eine Gewächshausheizung und stete Kontrolle über die entsprechende Messtechnik.

Überwinterungsboxen und Substrat

Als Überwinterungsbox eignen sich verschiedene Behälter. Bestens bewährt haben sich Kunststoffboxen mit Deckel, die für wenig Geld in unterschiedlichsten Ausführungen bei Discountern, Baumärkten oder Einrichtungshäusern erhältlich sind. Von Bedeutung ist die Behältergröße, denn bei größeren Volumen sinkt die Gefahr, dass das Substrat austrocknet. Die Box sollte daher so groß wie möglich und so klein wie nötig gewählt werden. Während bei der Kellerüberwinterung Behälter gewählt werden können, die die doppelte Höhe der Schildkröte haben, wird deren Größe für die Aufnahme im Kühlschrank zwangsweise kleiner ausfallen. Auf jeden Fall sollte die Box so geräumig sein, dass sich die Schildkröte darin drehen und eingraben kann. Adulte Schildkröten sollten einzeln untergebracht werden, sodass sie sich nicht gegenseitig stören. Schlüpflinge und Jungtiere können in ausreichend großen Behältern problemlos zu mehreren und sogar in Gruppen eingewintert werden. Der Deckel sollte Luftlöcher haben, und auch im Behälterboden müssen einige Löcher vorhanden sein, damit überschüssiges Wasser ablaufen und Staunässe vermieden werden kann. Boxen ohne Deckel sind meiner Meinung nach abzulehnen, da nur mit Abdeckung eine ausreichende Substratfeuchtigkeit gewährleistet ist und dem Austrocknen des Substrats vorgebeugt werden kann.

Bei der Frage nach dem richtigen Substrat scheiden sich die Geister. Es sollte in jedem Fall locker sein, muss Feuchtigkeit speichern, ohne dabei zu vernässen, und darf nicht stauben. Ich verwende als Grundschicht eine Lage Gartenerde oder Substrat aus aufgequollenen Kokosfaserziegeln. Das Substrat fülle ich mindestens so hoch ein, dass es der Höhe der Schildkröte entspricht, darüber kommt eine hohe Schicht aus trockenem Laub (z. B. Eiche, Buche). Nicht als Substrat verwendet werden sollten nach VINKE & VINKE (2006a) aufgrund der starken Staubbildung Torf oder Sand bzw. Rindenmulch oder -humus, die mit Schimmelsporen verunreinigt sein und zu Gesundheitsproblemen führen können.

Wie von HIGHFIELD (2002a) beschrieben, reagieren Jungtiere aufgrund ihres geringen Körpervolumens empfindlicher auf rasche Temperaturwechsel. Demgemäß ist bei ihnen bei starken Temperaturschwankungen die Gefahr von Erfrierungsschäden bzw. einem vorzeitigen Erwa-

Kunststoffboxen für die Überwinterung werden beispielsweise mit Gartenerde gefüllt, angefeuchtet und anschließend mit einer dicken Laubschicht aufgefüllt
Foto: M. Wirth

chen aus der Überwinterung größer als bei adulten Schildkröten. Eine einfache Methode zu deren Vermeidung besteht darin, den Jungtieren eine große Menge feuchten Substrats anzubieten, in das sie sich tief eingraben können. Das große Substratvolumen reduziert die Gefahr rascher Temperaturwechsel wie auch die Gefahr einer möglichen Austrocknung in der Überwinterung.

Jetzt kann die Überwinterung beginnen – und damit ein Abschnitt im Schildkrötenleben, der die Grundlage für ein darauffolgendes gesundes und aktives Jahr ist.

Januar und Februar – Schildkrötenwinter

Auch im Winter hat der Schildkrötenpfleger genug zu tun. Jetzt ist die Zeit, die eigene Haltung der Tiere kritisch zu hinterfragen und eventuelle Verbesserungen für die kommende Saison in Angriff zu nehmen. Auch für freilebende Landschildkröten in ihren Heimatbiotopen steht die Zeit im Winter nicht still, sondern wird von Temperaturschwankungen bestimmt.

Vielerorts, aber eben nicht überall, hat der Winter die Schildkrötenlebensräume noch fest im Griff. Das Bild zeigt das Pindos-Gebirge in Zentral-Griechenland im Februar. Foto: B. Trapp

Im natürlichen Lebensraum müssen die Landschildkröten im Winterquartier auch Frosttemperaturen überstehen. Diese *Testudo. g. ibera* überwintert in ihrem mit Mischwald bestandenen montanen Lebensraum im Nordosten Griechenlands in der mehr als einen Meter tiefen Laubschicht. Foto: M. Wirth

Überwinterungsbedingungen und -verhalten im Freiland

Obwohl inzwischen viele Aspekte der Freilandbiologie europäischer Landschildkröten gut untersucht sind und für zahlreiche Fragestellungen ausreichend Datenmaterial zur Verfügung steht, das sowohl Vergleiche zwischen verschiedenen Arten als auch zwischen unterschiedlichen Regionen ermöglicht, wurden bisher nur wenige Informationen zur Überwinterung im natürlichen Lebensraum veröffentlicht. Aus diesem Grund ist eine Studie von Ivanchev (2007b) äußerst interessant, die detaillierte Angaben zur Hibernation von *Testudo h. boettgeri* und *T. graeca ibera* liefert. Ihre Erkenntnisse sollten von Schildkrötenhaltern unbedingt zur Kenntnis genommen werden. Das Untersuchungsgebiet liegt in Bulgarien an der Küste des Schwarzen Meeres und erstreckt sich von Meereshöhe bis

250 m ü. NN. Es zeigt das für die Region typische Klima mit einer Niederschlagsmenge von durchschnittlich 550–600 mm pro Jahr und einer Jahresdurchschnittstemperatur von 12 °C. Die von Ivanchev erhobenen Daten beziehen sich sowohl auf freilebende Tiere als auch auf solche, die in einem eingezäunten Habitatbereich unter seminatürlichen Bedingungen gehalten wurden. Über vier Winter hinweg wurden die Temperaturen mit Datenloggern sowohl in den Höhlen der Schildkröten als auch auf der ungeschützten, darüber liegenden Erdoberfläche aufgezeichnet. Es ist erstaunlich, in welch geringer Bodentiefe die Schildkröten überwintern, denn die Höhlen

Überwinterungstemperaturen*

Saison	Messort	Mittlere Temperatur °C (Min./Max.)
Winter 2003/04	Umgebung	5,5 (-21 bis 32,5)
	Höhle Weibchen 1	6,1 (1 bis 19)
Winter 2004/05	Umgebung	0,4 (-26,5 bis 40)
	Höhle Weibchen 2	4,9 (-5 bis 15,5)
	Höhle Männchen	6,3 (1 bis 14,5)
Winter 2005/06	Umgebung	1,1 (-23 bis 30,5)
	Höhle zweijähriges Jungtier	4,3 (-4 bis 15)

*für vier T. h. boettgeri im Freiland, jeweils von Dezember bis April (nach IVANCHEV 2007b)

von Griechischen und Maurischen Landschildkröten erreichen meist eine Gesamttiefe von nur 15–20 cm, wobei die Erdschicht zwischen Rückenpanzer und Erdoberfläche nicht mehr als 10 cm beträgt. Im Inneren der Winterquartiere von T. h. boettgeri wurden während der gesamten Hibernation Temperaturen von -5 bis 15 °C gemessen, wobei die Temperaturen über einen Zeitraum von 44–70 Tagen zwischen 2–7,5 °C lagen, über etwa dieselbe Periode 8–15 °C betrugen und nur für 6–16 Tage zwischen 0 und 1,5 °C schwankten. Frosttemperaturen, die aber nicht unter -5 °C fielen, lagen über den Winter hinweg insgesamt an bis zu 30 Tagen vor. Temperaturen im niedrigen Minusbereich werden nach den Beobachtungen von IVANCHEV (2007b) von den Schildkröten zumeist problemlos überstanden, solange sie nicht noch tiefer fallen oder noch länger anhalten.

Am meisten hat mich an den Daten überrascht, welche lang anhaltenden Minustemperaturen die Schildkröten verkraften. Während einer 150 Tage andauernden Winterruhe lag die Temperatur in der Höhle eines adulten Weibchens von T. h. boettgeri 13 Tage lang permanent zwischen -4 und -0,5 °C (durchschnittlich -3 °C). Vier weitere kürzere Frostperioden von 4 Tagen, 15 Stunden, 6 Stunden und 3 Stunden folgten. Trotzdem überstand das Weibchen die Kältestarre in guter körperlicher Verfassung und brachte im anschließenden Jahr zwei Gelege hervor. Bemerkenswert war auch, dass im selben Winter die Bedingungen im Quartier eines Männchens in einer Entfernung

von gerade einmal 6 m völlig anders waren; die Temperatur fiel dort während der gesamten Überwinterung (140 Tage) nicht unter die Frostgrenze! Obwohl beide Tiere einen Winter, der an der Erdoberfläche Extremwerte von bis zu -26,5 °C mit sich brachte, unbeschadet überstanden, unterschieden sich die zu meisternden Herausforderungen erheblich, und dies trotz des geringen Abstands der Winterquartiere zueinander. Die Überwinterungsquartiere der beiden Tiere unterschieden sich dabei weder in Form noch Tiefe voneinander und waren zudem offenbar im selben Bodentyp angelegt worden. IVANCHEV (2007b) vermutete, dass offensichtlich andere Faktoren die Temperaturunterschiede in den Überwinterungsgruben verursachen, konnte diese aber nicht identifizieren. Die im darauffolgenden Jahr im Winterquartier eines zweijährigen Jungtiers durchgeführten Messungen ergaben Frosttemperaturen an 30 Tagen. Die Tiefstwerte in der Höhle lagen bei -4 °C, die an der Oberfläche bei bis zu -24 °C.

Trockene Kälte überstehen die Landschildkröten offensichtlich recht gut, gefährlich wird es, wenn Wasser und Kälte zusammentreffen. IVANCHEV (2007b) beobachtete, wie infolge außergewöhnlicher Witterung im Januar 2006 zunächst starker Regen fiel, sodass der Grundwasserspiegel die Winterquartiere der Schildkröten erreichte. Ein anschließender Temperatursturz auf -20 °C führte dann zu Ausfällen unter den Tieren, die in ihren Höhlen verendeten. Aber nicht nur die Schildkröten hatten Probleme mit diesen Wetterkapriolen, denn in der Küstenregion erfroren gleichzeitig auch viele wärmebedürftige Pflanzen, wie z. B. fast alle Feigenbäume. Die Beobachtungen bestätigen damit auch die Folgerungen von BIDMON (2001), nach denen Minustemperaturen für Schildkröten besonders dann gefährlich werden, wenn die Erdschicht, in der die Tiere überwintern, schlecht dräniert ist und große Mengen an Wasser enthält.

Aktivitäten während und am Ende der Überwinterung

Zahlreiche Reptilien, darunter auch viele Schildkrötenarten, verharren nicht regungslos in ihrem Winterquartier, wie der Begriff „Kältestarre" vielleicht vermuten lässt, sondern bewegen sich. Viele graben sich daher zunächst flach, und dann im Laufe des Winters mit sinkenden Außentemperaturen und zunehmender Frosttiefe immer tiefer in den Boden.

Die Körpertemperatur der Landschildkröten ist während der Hibernation nach HUOT-DAUBRE-MONT (1996) im Tagesverlauf konstant, was einleuchtet, da die Schildkröten ja keine Standortwechsel und folglich auch keine Thermoregulation vornehmen. Offenbar sind die Schildkröten aber in begrenztem Umfang in der Lage, bei Frost ihre Körpertemperatur über dem Gefrierpunkt zu halten: In der Provence lebende *Testudo h. hermanni*, die sich mindestens 10 cm tief eingegraben hatten, überstanden einen Kälteeinbruch mit Außentemperaturen bis zu -18 °C.

In wärmebegünstigten Regionen des Verbreitungsgebietes kann die Überwinterungsperiode europäischer Landschildkröten ausgesprochen kurz ausfallen. In Ausnahmen beschränkt sie sich sogar auf einige wenige, außerordentlich kalte Tage. Aber auch in nördlicheren Gefilden, wie im Untersuchungsgebiet von IVANCHEV (2007b), kommt die Aktivität der Schildkröten während der Überwinterung nicht vollständig zum Erliegen, wie man vielleicht annehmen

Gegen Winterende strecken Schildkröten an warmen Tagen Panzerteile, Kopf oder Beine aus dem Unterschlupf ins Freie, ziehen sich bei einem Kälteeinbruch aber wieder zurück Foto: M. Wirth

könnte. Aufgrund schwankender Temperaturen in den Winterquartieren sind insbesondere in Warmwetterperioden bzw. am Ende der Hibernation Bewegungen der Schildkröten zu registrieren. Diese Regungen umfassen an warmen Tagen das stundenweise, teilweise aber auch tagelange Exponieren von Panzerteilen, Kopf oder Beinen, die aus dem Unterschlupf ins Freie gestreckt werden. Kommt es anschließend zu einem Kälteeinbruch, ziehen sich die Schildkröten wieder in ihren Schlupfwinkel zurück. IVANCHEV (2007b) beobachtete Aktivitäten vor allem im März (die Winterruhe endet im Untersuchungsgebiet i. d. R. erst im April), traf aber auch auf eine männliche *T. g. ibera*, die ihren Unterschlupf bereits in der ersten Januarhälfte an drei aufeinanderfolgenden Tagen für jeweils einige Stunden verließ. Auch andere Wissenschaftler berichten von Unterbrechungen der Kältestarre bei warmen Perioden (z. B. STUBBS 1989a, b).

T. h. boettgeri beim Verlassen ihres Winterquartiers in der Umgebung der Metéora-Klöster nahe der Stadt Kalambaka (Thessalien, Griechenland) Foto: P. Fritz

sieht man ein Schildkrötenmännchen, das sich um die Gunst eines Weibchens bemüht, während dieses eifrig das erste Grün frisst und den Kavalier dabei keines Blickes würdigt.

Das Verlassen des Winterquartiers im Freiland

Mit steigenden Außentemperaturen wird es auch in den Winterquartieren der Schildkröten wärmer. In Bulgarien bereiten sich *T. h. boettgeri* und *T. g. ibera* auf das Verlassen ihrer Höhlen vor, wenn die Temperaturen im Innerem über einen längeren Zeitraum etwa 10 °C betragen. An die Oberfläche wagen sich die Schildkröten zunächst während der wärmsten Zeit des Tages. Dann nehmen sie die ersten Sonnenbäder, ziehen sich nachts aber wieder zurück. Meist nach etwa einer Woche verlassen sie dann endgültig das schützende Versteck und beginnen mit der Aufnahme von Nahrung und Wasser, wenn sich hierzu eine Gelegenheit bietet (IVANCHEV 2007b). Männchen beginnen bereits unmittelbar nach dem Verlassen der Winterquartiere mit der Balz, sobald sie ein Weibchen entdecken, beispielsweise bei *T. g. graeca* in Südwest-Spanien (DÍAZ-PANIAGUA et al. 1995). Der Fortpflanzungsdrang siegt bei ihnen sogar über den Heißhunger nach der entbehrungsreichen Hibernation, und oft

Kontrolle der überwinternden Schildkröten

Die Aufgaben für den Schildkrötenpfleger umfassen in der Winterzeit vor allem die regelmäßige Kontrolle der Bedingungen in den Überwinterungsboxen sowie der ruhenden Schildkröten.

Die Beobachtungen von IVANCHEV (2007b) haben zwar deutliche Schwankungen in natürlichen Überwinterungsquatieren der Landschildkröten aufgezeigt, sollten aber den Pfleger nicht verleiten, diese zu simulieren, sondern möglichst konstante Überwinterungsbedingungen zu realisieren. Daher müssen in kurzen Zeitabständen Temperatur und Feuchtigkeit in den Boxen kontrolliert werden. Das Absinken der Temperatur auf unter 2 °C muss vermieden werden, ebenso wie ein Anstieg auf mehr als 10 °C, sonst droht die Gefahr von Erfrierungen bzw. des vorzeitigen Erwachens der Tiere. Ein kurzer Temperaturanstieg auf über 10 °C ist nicht gleich schädlich, aber längere Phasen erhöhter Temperaturen brauchen die körpereigenen Glykogenreserven

In unserer Breiten bestimmen noch Frost und Schnee den Anblick der Freilandanlagen
Foto: M. Wirth

Die Temperaturbedingungen in den Winterquartieren müssen konsequent überwacht werden. Im Bild ein Funkthermometer mit Außensensor zur Kontrolle eines Gewächshauses.
Foto: M. Wirth

rasch auf und führen zur Auszehrung der Tiere (HIGHFIELD & HIGHFIELD 2011).

Zur Temperaturüberwachung in den Boxen eignen sich Funkthermometer oder Thermometer mit einem externen Fühler, der z. B. durch die Dichtung der Kühlschranktür geführt wird. Ich verwende sicherheitshalber zwei unabhängige Thermometer, von denen eines die Lufttemperatur und das andere die Substrattemperatur in den Boxen misst. Leichte Schwankungen sind in Ordnung, so lange sich diese im optimalen Temperaturbereich bewegen. Es ist normal, dass dabei das Thermometer für die Lufttemperatur größere Schwankungen anzeigt, als das im feuchten Substrat, das aufgrund seiner Pufferwirkung für einen ausgeglicheneren Temperaturgang sorgt. Ein akustisches Warnsignal der Messinstrumente, das bei Unter- bzw. Überschreiten bestimmter Temperaturwerte ertönt, trägt zur weiteren Absicherung bei. Die Substratfeuchte überprüfe ich in kurzen Abständen mit der bloßen Hand und feuchte gegebenenfalls nach.

Die Überprüfung der ruhenden Tiere umfasst nach BAUR & HOFFMANN (2004) eine Sichtkontrolle der Augen und Augenlider, der Nasenlöcher, des Mauls und der Kloake. Zudem sollte der Panzer auf Einblutungen untersucht werden. Der Wasserhaushalt der Tiere bzw. ein möglicher Wasserverlust lassen sich über den Zustand der Augenlider kontrollieren: Das untere Augenlid darf keine Furche bilden und weder verklebt noch eingesunken sein. Man sollte auf auffällige Atemgeräusche achten, die Anzeichen für eine Erkältung oder gar eine Lungenentzündung sein können. Staubendes Substrat kann ebenfalls Reizungen der Atemwege und anomale Atemgeräusche verursachen, und ist daher ungeeignet.

In regelmäßigen Abständen sollte eine Sichtkontrolle der ruhenden Schildkröten erfolgen Foto: M. Wirth

Für die Kontrollen muss man ein vernünftiges Maß finden: Eine alle 2–3 Wochen erfolgende Begutachtung ist nach meiner Erfahrung völlig ausreichend. Gerade Anfänger neigen aufgrund ihrer Unsicherheit zu übermäßigen Kontrollen und stören die ruhenden Tiere zu häufig. Lärm, Licht und Erschütterungen stören nicht nur Menschen beim Schlafen, sondern werden auch von den Schildkröten in der Hibernation wahrgenommen und sollten ausgeschlossen werden. Daher verzichte ich z. B. seit vielen seit vielen Jahren auf das Wiegen der Schildkröten während der Überwinterung. Obwohl immer wieder empfohlen, ist das bei guten Überwinterungsbedingungen aus meiner Sicht vollkommen unnötig.

tungsbedingungen ein Gewichtsverlust während der Überwinterung von 5–10 % im normalen Bereich und tolerierbar sei (z. B. JAROFKE & LANGE 1993; WILKE 1998). Dies wird mit heuti-

Der Wasserhaushalt der Tiere bzw. ein möglicher Wasserverlust lassen sich über den Zustand der Augenlider kontrollieren Foto: M. Wirth

Gewichtsverlust in der Winterruhe?

In älterer Literatur finden sich immer wieder die Angaben, dass unter Hal-

Relativer Verlust der Körpermasse*

T. h. boettgeri	Mittlerer Verlust an Körpermasse (%)	T. g. ibera	Mittlerer Verlust an Körpermasse (%)
Schlüpfling	9,1 (n = 4)	–	–
1-jährig	12,7 (n = 5)	–	–
2-jährig	6,2 (n = 8)	2-jährig	11,0 (n = 2)
Weibchen	4,7 (n = 15)	Weibchen	5,5 (n = 7)
Männchen	6,2 (n = 9)	Männchen	4,6 (n = 7)

*bei *Testudo hermanni boettgeri* und *T. g. ibera* während der Überwinterung unter Freilandbedingungen nach Ivanchev (2007b). n = Anzahl der Tiere.

Gewichtskontrolle nach Ende der Hibernation Foto: M. Wirth

Körpergewicht zu verlieren als erwartet. Ivanchev (2007b) ermittelte bei *T. h. boettgeri* einen minimalen Gewichtsverlust für ein 1-jähriges Jungtier von 1 % im Überwinterungszeitraum von 145 Tagen und 19 % als Maximum für ein 2-jähriges Jungtier innerhalb von 153 Tagen. Adulte *T. h. boettgeri* verloren im Verlauf der Kältestarre zwischen 1–16 % ihres Körpergewichts. Bei *T. h. boettgeri* und *T. g. ibera* zeigte sich (siehe Tabelle), dass der relative Verlust an Körpermasse bei Jungtieren höher war als bei adulten Tieren, was Ivanchev (2007b) mit der geringen Körpergröße und der dadurch im Verhältnis größeren Körperoberfläche erklärt, die zu einem größeren Wasserverlust bei Jungtieren führen könnte. Bei der künstlichen Hibernation in menschlicher Obhut wiesen 1- bis 2-jährige Jungtiere bei einer Überwinterung im Kühlschrank bei 3–6 °C über 60 Tage hinweg einen Verlust von 7–9 % ihres Körpergewichts auf (Ivanchev 2007b).

gem Wissensstand strikt verneint (z.B. Vinke & Vinke 2006a; Philippen 2008a) und darauf verwiesen, dass bei richtigen Bedingungen nach der Hibernation nur mit einem sehr geringen Gewichtsverlust zu rechnen ist. Dabei muss man aber bedenken, dass eine kontrollierte Überwinterung in menschlicher Obhut konstante „ideale" Bedingungen beinhaltet, die so in der Natur kaum anzutreffen sind. Im Freiland scheinen die Schildkröten dagegen aufgrund schwankender Temperaturen im Winterquartier mehr

Schlusswort

„Nach der Winterstarre ist vor der Winterstarre!" – so haben es VINKE & VINKE (2006a) einmal genannt und die Fakten damit auf den Punkt gebracht, denn mit dem Start ins neue Schildkrötenjahr beginnt für die Schildkröten im Frühjahr bereits wieder die Vorbereitung auf den nächsten Winter. In dieser Zeit des Nahrungsüberflusses stopfen die Schildkröten große Futtermengen in sich hinein, und das über das Jahr variierende Körpergewicht erreicht jetzt seinen Höchststand. Was die Schildkröten in dieser Zeit versäumen, können sie im weiteren Jahresverlauf kaum aufholen, gerade angesichts der in unseren Breiten oft verregneten und von Schlechtwetterperioden unterbrochenen Sommermonate. Daher muss der Schildkrötenhalter jetzt alle Vorkehrungen treffen, damit die Schildkröten nach dem Verlassen des Winterquartiers in einem Schutzhaus unter Heizstrahlern ihre Vorzugstemperatur erreichen können und so einer Aktivitätsphase ohne Einschränkungen entgegensehen.

Abschließend möchte ich mich an dieser Stelle BAUR & HOFFMANN (2004) anschließen und darauf verweisen, dass sich die Haltung europäischer Landschildkröten keinesfalls an den Maßstäben des Halters, sondern an den Ansprüchen der Tiere orientieren muss. Im Klartext gilt es, die eigene Bequemlichkeit und den leider immer noch vielerorts anzutreffenden einfachsten Weg der Schildkrötenhaltung über Bord zu werfen und alles daran zu setzen, das eigene Haltungskonzept voll auf die Bedürfnisse der Schildkröten auszurichten und entsprechend zu optimieren. Wenn auf diesem Weg zusätzliche Kosten entstehen oder vielleicht an der einen oder anderen Stelle größerer Aufwand gefordert ist, so ist das letztlich eine Konsequenz der Biologie der Tiere, die sich in Anpassung an

Mit dem Start ins neue Schildkrötenjahr beginnt für die Schildkröten im Frühjahr bereits wieder die Vorbereitung auf den nächsten Winter. Und so beginnt der Jahreszyklus wieder von vorne ...
Foto: M. Wirth

die Anforderungen ihrer Lebensräume über viele Tausend Jahre hinweg entwickelt hat. Weil sich die daraus entstandenen biologischen Abläufe, Anpassungen und speziellen Verhaltensweisen über viele Generationen hinweg bewährt haben, sind Schildkröten nicht in der Lage, sich innerhalb ihrer eigenen Lebensspanne etwa an unzureichende klimatische Bedingungen, fehler- oder mangelhaftes Nahrungsangebot oder an abweichende jahreszeitliche Verhältnisse anzupassen.

Ich hoffe, dass es mir gelungen ist, Ihnen einige grundsätzliche Aspekte der Biologie europäischer Landschildkröten im natürlichen Lebensraum zu vermitteln. Wenn dieses Buch dazu beitragen konnte, Ihr Bild von den Lebensumständen der Tiere zu vervollständigen, und Denkanstöße zur Verbesserung der Haltungsbedingungen liefert, so hat es seine Aufgabe erfüllt. Ich bedanke mich herzlich für Ihr Interesse und wünsche Ihnen weiterhin viel Erfolg und viel Freude bei unserem herrlichen gemeinsamen Hobby!

Danksagung

Ich bedanke mich bei meinen Bekannten, Freunden und Reisegefährten Steven Arth, Peter Buchert, Alwin Dannecker, Gerhard Eger, Peter Fritz, Irmhild Glückert, Rainer Hähnlein, Johann Maier, Marion Minch, Karin List, Hans Peter Mattern, Walter Matzanke, Ronald Maxa, Christian Mütterthies, Alexander Pieh, Ivo Peranic, Alfred Sailer und Dr. Jürgen Seybold für den Spaß auf gemeinsamen Reisen, zur Verfügung gestellte Bilder, den fortgesetzten Dialog sowie die Erlaubnis, auch in ihren Schildkrötenanlagen fotografieren zu dürfen. Hans - Dieter Philippen und Mario Schweiger möchte ich hierfür ebenso danken wie für ihre stete und freundschaftliche Unterstützung und den ausgesprochen konstruktiven Gedankenaustausch, darüber hinaus auch für ihre Hilfe bei der Beschaffung selbst ausgefallener Literatur. Besonderer Dank gilt auch dem gesamten Team des Natur und Tier - Verlags für die Möglichkeit zur Veröffentlichung dieses Buches und die ausgezeichnete Zusammenarbeit, allen voran Matthias Schmidt, Mike Zawadzki und Heiko Werning, sowie Ludger Hogeback für die fantastische Gestaltung und den großartigen Spaß dabei! Insbesondere aber wäre das Buch nicht geworden, wie es ist, ohne den Mann mit der Kamera: Benny Trapp – begnadeter Naturfotograf, Exzentriker und Freund – zieht jedes Jahr monatelang durch Europa, um Amphibien und Reptilien in ihren Lebensräumen abzulichten. Seine Bilder schaffen, was Worten nicht gelingt, und in meinen Augen ist jedes davon ein Kunstwerk. Danke Benny!

Der Mann mit der Kamera
Foto: B. Trapp

Widmung

Eine Widmung ist immer etwas Persönliches, folglich auch diese. Ich widme dieses Buch meinem Sohn Tom. Als Tom noch nicht sprechen konnte und sich unsere Kommunikation noch auf Gesten und Grimassen beschränkte, war er völlig fasziniert von Menschen in seinen Kinderbüchern, die Helme trugen, waren es nun Motorradfahrer, Feuerwehrmänner oder Bauarbeiter. Immer wieder auf die entsprechenden Szenen zeigend, patschte er sich entzückt mit der Hand seitlich an den Kopf: Helme! Wenige Wochen später begann der Frühling, und wir sind das erste Mal zum Spielen in den Garten gegangen. Da zeigte das kleine Kerlchen, vor Begeisterung außer sich und eine Hand immer wieder an den Kopf klatschend, in Richtung der Schildkrötengehege. Klar, da laufen Helme herum! Das Interesse war geweckt. Erste botanische Kenntnisse bezogen sich auf Löwenzahn und Klee. Selbst kleinste Blättchen, unterwegs gerupft und krampfhaft bis nach Hause festgehalten, wurden stolz vor oder gerne auch mal auf eine Schildkröte gelegt. Ich habe keine Ahnung, ob die Faszination Schildkröte bei ihm verschwinden oder wie bei mir ausarten wird. In jedem Fall hoffe ich, dass er eine Passion finden wird, die ihn ähnlich beschäftigt und begeistert, wie mich die meine. Es sind bereits Jahrzehnte, die ich mich im Freiland mit der Biologie und zu Hause mit der Pflege von Amphibien und Reptilien beschäftige. Dennoch lerne ich praktische jeden Tag etwas hinzu – und bin begeistert. In was auch immer Du Deine Begeisterung investieren wirst, lieber Tom, ich liebe und bin stolz auf Dich!

Weitere Informationen

Vereine und Interessengruppen

Wer sich langfristig mit Schildkröten beschäftigen möchte, dem sei die Mitgliedschaft in einem Verein nahegelegt. Hier bekommt man nützliche Kontakte zu Gleichgesinnten, erhält die Möglichkeit zum Tiertausch, kann sich auf Veranstaltungen fortbilden und erhält regelmäßig die fachspezifischen Zeitschriften. In Deutschland ist es vor allem die Deutsche Gesellschaft für Herpetologie und Terrarienkunde e. V., die sich mit Reptilien und Amphibien beschäftigt (www.dght.de). Im Mitgliedsbeitrag sind u. a. mehrere Fachzeitschriften enthalten. Die größte Arbeitsgemeinschaft der DGHT ist die AG Schildkröten (www.ag-schildkroeten.de), die neben regionalen Veranstaltungen die vierteljährlich erscheinenden Schildkrötenzeitschriften RADIATA und MINOR herausbringt. In der Schweiz ist es die Schildkröten-Interessengemeinschaft Schweiz (www.sigs.ch), die die dortigen Schildkrötenfreunde vereint und die Zeitschrift TESTUDO herausbringt. Österreich hat aktuell mehrere Organisationen; als Beispiel sei die Internationale Schildkröten Vereinigung (www.isv.cc) erwähnt, welche ihre Mitglieder in der Publikation SACALIA mit Fachbeiträgen informiert. Natürlich gibt es auch in anderen Nationen Schildkröten-Vereinigungen: So gibt es zum Beispiel in den Niederlanden die Nederlandse Schildpadden Vereniging (www.trionyx.nl). Allen Vereinigungen gemein ist die Tatsache, dass deren Mitglieder nicht nur für die Haltung und Vermehrung von Schildkröten sorgen, sondern sich aktiv für den Arten- und Naturschutz einsetzen. Sie unterstützen Hilfsprojekte, koordinieren Zuchtprogramme und bringen den Menschen die faszinierende Welt der Schildkröten näher!

Untersuchungsstellen

Kotproben, Sektionen und andere Untersuchungen können von spezialisierten Tierärzten oder von veterinärmedizinischen Untersuchungsstellen, die es in vielen Städten gibt, vorgenommen werden. Eine Liste mit Tierärzten, die sich mit Reptilien und Amphibien beschäftigen, kann über die DGHT bezogen oder auf www.dght.de eingesehen werden.
Überregional bekannt sind z. B. folgende Einrichtungen:

Exomed
Postfach 630149, 10266 Berlin
Tel.: 030-51067701, E-Mail: labor@exomed.de
www.exomed.de

Universität München, Klinik für Vögel, Reptilien, Amphibien und Zierfische
Kaulbachstr. 37, 80539 München
Tel.: 089-2180-2283
Mobil: 0177-5781344 (Notdienst)
E-Mail: reptilienstation@vogelklinik.vetmed.uni-muenchen.de
www.vogelklinik.vetmed.uni-muenchen.de

Chemisches und Veterinäruntersuchungsamt Ostwestfalen-Lippe
Westerfeldstr. 1, 32758 Detmold
Tel.: 05231-9119
E-Mail: poststelle@cvua-detmold.nrw.de
www.cvua-owl.nrw.de

Vet Med Labor GmbH
Devision of IDEXX Laboratories
Mörikestraße 28/3, 71636 Ludwigsburg
Tel.: 01802-838-633
E-Mail: hotline-Germany@idexx.com
www.idexx.de (für privat nur über Ihren Tierarzt)

Zeitschriften

REPTILIA, TERRARIA/elaphe
Terraristik-Fachmagazine
erscheinen je sechs Mal jährlich,
mit Internetportal für Kleinanzeigen
Natur und Tier - Verlag GmbH
An der Kleimannbrücke 39/41
48157 Münster
Tel.: 0251-133390
E-Mail: verlag@ms-verlag.de
www.reptilia.de

MARGINATA
Schildkröten-Fachmagazin
erscheint vier Mal jährlich
Natur und Tier - Verlag, s. o.

DRACO
Terraristik-Themenheft
erscheint vier Mal jährlich
Natur und Tier - Verlag, s. o.

Sauria
Terraristik und Herpetologie
erscheint vier Mal jährlich
Terariengemeinschaft Berlin e.V.
Bruno Treu, Gardes-du-Corps-Str. 12
14059 Berlin
E-Mail: abo@sauria.de
www.sauria.de

Empfehlenswerte Schildkrötenliteratur

Es gibt eine Fülle von Büchern, die sich mit Landschildkröten und deren Pflege befassen. Deren Qualität unterscheidet sich erheblich, und nicht jedes Werk ist tatsächlich sein Geld wert, zumal manche Bücher nicht nur unzureichende, sondern auch falsche Informationen enthalten. Glücklicherweise unterscheiden sich die Bücher aber nicht nur in Umfang und Informationsgehalt, sondern auch in puncto Zielgruppe. So kann jeder, ob Einsteiger oder erfahrener Halter, wählen, was er braucht, und sich entweder einen allgemeinen Überblick verschaffen oder das bereits vorhandene Wissen mit speziellen Informationen vertiefen. Die meisten engagierten Schildkrötenfreunde kaufen sich nach und nach weitere Bücher und gleichen das Gelesene mit eigenen Erfahrungen ab bzw. diskutieren es mit Gleichgesinnten. Auf diese Weise besteht die Chance, dass das eigene Handeln und die den eigenen Schildkröten gebotenen Bedingungen hinterfragt, verbessert und schließlich optimiert werden.

Meiner Meinung nach sehr gut für Einsteiger geeignet ist beispielsweise das Buch von GEIER (2008), das sämtliche relevanten Informationen rund um die Landschildkrötenhaltung in einer gut verständlichen Form und zu einem hervorragenden Preis-Leistungs-Verhältnis vermittelt. Die gleiche Zielsetzung verfolgen die Bücher der „Art-für-Art"-Reihe (Natur und Tier - Verlag), von denen bisher Bände zur Haltung und Zucht von *Testudo hermanni boettgeri* (SCHARDT 2007), *T. graeca ibera* (TROMMER 2009) und *T. marginata* (HERZ 2007) erschienen sind und die dem Einsteiger ans Herz gelegt werden können. Deutlich umfangreichere Informationen zur Pflege von *T. hermanni* bzw. *T. marginata* enthalten die Bücher von ROGNER (2007 a, b). Ein neu erschienenes Buch von HERZ (2012) schließt endlich die Lücke rund um die Haltung von *T. graeca*. Mittlerweile in die Jahre gekommen ist das ehemalige Standardwerk von KIRSCHE (1997), das dennoch eine Fülle an Informationen und wertvoller Tipps bietet, die man aber vor dem Hintergrund des heutigen Wissensstandes betrachten sollte.

Wendet man sich speziellen Titeln zu, so dürfen in der Bibliothek eines Schildkrötenhalters die Bücher zum Bau von Freilandanlagen (MINCH 2010) und zur naturnahen Haltung von *T. hermanni* (WEGEHAUPT 2006) nicht fehlen. Pflichtlektüre für jeden Halter sind die Bücher zur artgerechten Ernährung der Landschildkröten von DENNERT (2001) und von MINCH (2008), die fundierte Informationen liefern und sowohl Möglichkeiten als auch Grenzen aufzeigen. Detaillierte Informationen zur Zucht von Landschildkröten bietet auf Basis eigener Erfahrungen sowie Literaturangaben das Buch von VINKE & VINKE

(2004a), das ergänzend empfohlen werden kann. Nach wie vor das Standardwerk zur Biologie europäischer Landschildkröten ist das „Handbuch" von FRITZ (2001), das trotz seines stolzen Preises jeden Cent wert ist, weil es mit den umfassenden Arbeiten von CHEYLAN (2001) zu *T. hermanni*, BUSKIRK et al. (2001) zu *T. graeca* sowie BRINGSØE et al. (2001) zu *T. marginata* eine fantastische Informationstiefe bereithält.

Hinweise zu Zitaten, Quellenangaben und dem Literaturverzeichnis

Abschließend möchte ich noch ein paar Hinweise zu den Quellenangaben in diesem Buch geben, die sich insbesondere an Leser richten, die keine Wissenschaftler sind und oftmals rätseln, wie solche Zitate zu entschlüsseln sind. Die Angaben sollen dem Leser, das entsprechende Interesse an der zitierten Originalarbeit vorausgesetzt, bei deren Beschaffung helfen.

Nehmen wir als Erstes die Quellenangabe „KIRSCHE (1967)", die im Text dieses Buches auf einen Artikel von Walter KIRSCHE aus dem Jahr 1967 hinweist. Im Fließtext des Buches wird eine solche Quelle nur mit dem Nachnamen des Einzelautors und der Jahresangabe aufgeführt, in dem der Bericht veröffentlicht wurde. Im Literaturverzeichnis (der Bibliografie) findet der Leser dann die vollständige Quellenangabe als: KIRSCHE, W. (1967): Zur Haltung, Zucht und Ethologie der griechischen Landschildkröte (*Testudo hermanni hermanni*). – Salamandra 3(1–2): 36–66.

Der Name des Autors wird zusammen mit der Abkürzung des Vornamens dabei in sogenannten Kapitälchen geschrieben, das sind Großbuchstaben, deren Höhe der Normalhöhe der Kleinbuchstaben entspricht. Wissenschaftliche Gattungsnamen (z. B. *Testudo*) bzw. Artnamen (z. B. *Testudo hermanni*) werden dabei immer in Kursivschrift angegeben. Der als Beispiel angeführte Artikel von Kirsche ist in der Zeitschrift Salamandra erschienen, und zwar auf den Seiten 36–66 in Doppelausgabe 1–2 des 3. Jahrgangs dieser Zeitschrift, was dann eben als 3(1–2): 36–66 dargestellt ist.

Wenn ein Artikel von zwei Autoren verfasst wurde, so werden beide im Fließtext als z. B. PIEH & PHILIPPEN (2007) genannt, im Literaturverzeichnis als: PIEH, A. & H.-D. PHILIPPEN (2007): Mediterrane Landschildkröten. – DRACO 32: 4–34. Sind mehr als zwei Verfasser an einer Arbeit beteiligt gewesen, wird in der Regel aus Platzgründen nur der Erstautor mit Namen genannt, auf die anderen wird mit dem Zusatz „et al." hingewiesen (Latein: und andere). Als Beispiel möchte ich FRITZ et al. (2006) anführen. In der Bibliografie am Ende dieses Buches sind alle an dieser Arbeit beteiligten zehn Autoren ausgeschrieben: FRITZ, U., M. AUER, A. BERTOLERO, M. CHEYLAN, T. FATTIZZO, A.K. HUNDSDÖRFER, M. MARTÍN SAMPAYO, J.L. PRETUS, P. ŠIROKÝ & M. WINK (2006): A rangewide phylogeography of Hermann's tortoise, *Testudo hermanni* (Reptilia: Testudines: Testudinidae): implications for taxonomy. – Zool. Scr., 35: 531–543.

In diesem Buch verweise ich wiederholt auf verschiedene Arbeiten desselben Autors, diese finden sich dann im Literaturverzeichnis in chronologischer Reihenfolge, sind zwei Arbeiten im selben Jahr erschienen, werden diese zusätzlich mit Kleinbuchstaben versehen (z. B. PHILIPPEN 2008a und PHILIPPEN 2008b). In der Bibliografie wird der Autorenname dann ab dem zweiten Eintrag durch das Wiederholungszeichen „–" ersetzt. Hat der Autor darüber hinaus noch gemeinsam mit anderen weitere Arbeiten veröffentlicht, werden diese im Anschluss an die im Alleingang publizierten Artikel bzw. Bücher gelistet.

Artenschutzfragen

Bundesamt für Naturschutz
Artenschutzvollzug
Konstantinstr. 110, 53179 Bonn
Tel.: 0228-8491-1311
E-Mail: citesma@bfn.de, www.bfn.de

Verwendete und weiterführende Literatur

ADAM, W. (1993): Überwinterung von europäischen Landschildkröten in einem Kühlschrank. – elaphe N.F. 1(4): 13–14.

AGUILAR, J.S. (1990). La protecció de les tortugues terrestres i marines a les Balears. – Docs. Tècnics de Conservació, 6. Govern Balear. Palma de Mallorca.

AKERET, B. (2008): Überwinterung - Anpassungen an kalte Klimabedingungen. – TERRARIA 3(5):16–22.

ALINE & FRANCK (2006): The influence of hibernation on mortality in young Testudo. – Chéloniens No.2, 2006. Online unter http://s3.archive-host.com/membres/up/77865810/Hibernation/CheloniensHibEnglish.pdf.

ÁLVAREZ, Y., J.A. MATEO, A.C. ANDREU, C. DÍAZ-PANIAGUA, A. DÍEZ & J.M. BAUTISTA (2000): Mitochondrial DNA Haplotyping of Testudo graeca on both continental sides of the Straits of Gibraltar. – J. Hered. 91: 39–41.

ANADÓN, J.D., A. GIMÉNEZ, M. MARTÍNEZ, J. MARTÍNEZ, I. PÉREZ & M.A. ESTEVE (2006): Factors determining the distribution of spur-thighed tortoise Testudo graeca in south-east Spain: a hierarchical approach. – Ecography 29: 1–8.

––, A. GIMÉNEZ, M. MARTÍNEZ, M.A. ESTEVE & J.A. PALAZÓN (2007): Assessing changes in habitat quality due to land use changes in Testudo graeca using hierarchical predictive habitat models. – Divers. Distrib. 13: 324–331.

––, A. GIMÉNEZ, E. GRACIÁ, I. PÉREZ, M. FERRÁNDEZ, S. FAHD, H. EL MOUDEN, M. KALBOUSSI, T. JDEIDI, S. LARBES, R. ROUAG, T. SLIMANI, M. ZNARI & U. FRITZ (2012): Distribution of Testudo graeca in the western Mediterranean according to climatic factors. – Amphibia-Reptilia, 33: 285–296.

ANDREU, A.C. (1987): Ecología y dinámica poblacional de la tortuga mora, Testudo graeca, en Doñana. – Unveröffentlichte Dissertation, Univ. Sevilla, 254 S.

–– (2002). Testudo graeca. – S. 147–150 in: PLEGUEZUELOS, J.M., R. MÁRQUEZ & M. LIZANA (Hrsg.): Atlas y Libro Rojo de los anfibios y reptiles de España. – Dirección General de la Conservación de la Naturaleza. Asociación Herpetológica Española, Madrid.

–– & M.C. VILLAMOR (1986): Reproduction of Testudo graeca graeca in Doñana, SW Spain. – S. 589–592 in: ROČEK, Z. (Hrsg.): Studies in Herpetology, Prague.

–– & L.F. LÓPEZ-JURADO (1997): Testudo graeca. – S. 178–180 in: PLEGUEZUELOS, J.M. (Hrsg.). Distribución y biogeografía de los anfibios y reptiles en España y Portugal – Universidad de Granada-AHE, Granada.

––, C. DÍAZ-PANIAGUA & C. KELLER (2000): La Tortuga mora (Testudo graeca L.) en Doñana. – Monografías de Herpetología, Vol. 5, Asociacion Herpetologica Española Barcelona.

––, C. DÍAZ-PANIAGUA, C. KELLER, T. SLIMANI & H. EL MOUDEN (2004). Testudo [graeca] graeca. – Manouria 7(22): 17–18.

ARTNER, H. (1996): Beobachtungen an der Zwerg-Breitrandschildkröte Testudo weissingeri in Messinien/Griechenland und Diskussion über die Validität ihres Artstatus. – Emys 3(3): 5–12.

–– (1998): Haltung und Nachzucht der Breitrandschildkröte Testudo marginata SCHOEPFF, 1792 nebst Beobachtungen im natürlichen Lebensraum. – Emys 5(4): 5–24.

–– (2000): Beobachtungen an der Zwerg-Breitrandschildkröte Testudo weissingeri BOUR, 1996 in Messinien/Griechenland und Diskussion über die Validität ihres Artstatus. – S. 34–38 in: ARTNER, H. & E. MEIER (Hrsg.): Schildkröten. – Natur und Tier - Verlag, Münster.

–– & B. ARTNER (1997): Beobachtungen zum Vorkommen und zur Habitatwahl der drei Landschildkrötenarten Testudo hermanni boettgeri, Testudo graeca ibera und Testudo marginata in Griechenland. – Emys 4(3): 5–15.

––, A. BUDISCHEK & I. FROSCHAUER (2000): Freilandbeobachtungen, Haltung und Nachzucht der Griechischen Landschildkröte Testudo hermanni boettgeri MOJSISOVICS, 1889. – Emys 7(2):

9–27.

AUFFENBERG, W. & J.B. IVERSON (1979): Demography of terrestrial turtles. – S. 541–569 in: HARLESS, M. & H. MORLOCK (Hrsg.): Turtles: perspectives and research. – John Wiley & Sons, New York.

BAER, D.J. (1994): The Nutrition of Herbivorous Reptiles. – S. 83–90 in: MURPHY, J.B, K. ADLER & J.T. COLLINS (Hrsg.): Captive Management and Conservation of Reptiles and Amphibians. – Soc. Study Amphib. Rept., Ithaca, NY.

BALLASINA, D. (1995a): Distribuzione e situazione delle tartarughe terrestri in Italia. In: BALLASINA, D. (Hrsg.): Red Data Book on Mediterranean Chelonians. – Bologna (Edagricole).

–– (1995b): Salviamo le tartarughe! – Bologna (Edagricole), 260 S.

BANNIKOW, A.G. (1951): Materialy k poznaniu biologii kawkazkich czerepach. – Uczenyje zapiski, Moscow. Gorodsk. Pedagogisk. Institut W.P. Potemkina 18(1): 129–167.

––, I.S. DAREVSKYI, V.G. ISHCHENKO, A.K. RUSTAMOV & N.N. SHCHERBAK (1977): Opredelitel' zemnovodnykh i presmykeyushchikhsya fauny SSSR. – Prosveshcheniye, Moskva.

BASOGLU, M. & I. BARAN (1977): Türkiye Sürüngenleri. Kisim I. Kaplumbaga ve Kertenkeleler. – Ege Üniv. Fen. Fak. Kitaplar Serisi, Izmir 81: 1–218.

BAUR, M. (1999): Die Haltung und Pflege Europäischer Landschildkröten. – Vortrag im Zoo Karlsruhe, im Rahmen der Ausstellung Artenschutz. Zusammenfassung und Darstellung: Wilf Diethelm, online verfügbar unter www.udena.ch/wilf/Vortrag-Markus-Baur.htm

–– (2000): Physiologie und Pathologie der Fortpflanzung bei Schildkröten. – S. 141–165 in: ARTNER H. & E. MEIER (Hrsg.): Schildkröten. – Natur und Tier - Verlag, Münster.

–– & T. FRITZ (2009): Physiologie der Ruhephasen bei Reptilien, insbesondere Schildkröten. Teil 1: Trockenruhe (Aestivation) - eine Literaturübersicht. – MARGINATA 6(4): 48–56.

–– & T. FRITZ (2010): Physiologie der Ruhephasen bei Reptilien, insbesondere Schildkröten. Teil 2: Winterruhe (Hibernation) - eine Literaturübersicht. – MARGINATA 7(2): 46–53.

–– & R.W. HOFFMAN (2004): Winterruhe bei Europäischen Landschildkröten. Naturnahe, physiologische Vorbereitung und „Aufwachphase". – MARGINATA 1(1): 48–54.

BENDER, C. (2001): Fotodokumentation von geschützten Reptilien. – DGHT, Rheinbach, 24 S.

–– & K. HENLE (2001a): Können Sie sich ausweisen? Forschungsvorhaben weist individuelle Identifizierbarkeit geschützter Reptilienarten nach. – Natur u. Landschaft 76(4): 168–170.

–– & K. HENLE (2001b): Individuelle fotografische Identifizierung von Landschildkröten-Arten (Testudinidae) des Anhangs A der europäischen Artenschutzverordnung. – Salamandra 37(4): 193–204.

––, K. HENLE & P.M. KORNACKER (2007): Standards für die Fotodokumentation von Jungtieren der Landschildkröten-Gattung Testudo. – Natur u. Landschaft 82(1): 11–19.

BERNDT, H. (1988): Erfahrungen bei der Haltung und Zucht der Maurischen Landschildkröte (Testudo graeca LINNAEUS). – Herpetofauna 10(53): 23–29.

BESHKOV, V.A. (1997): Record Sized Tortoises, Testudo graeca ibera and Testudo hermanni boettgeri, from Bulgaria. – Chelonian Conservation and Biology 2(4): 593–596.

BEYNON, P.H., M.P. LAWRON & J.E. COOPER (1997): Kompendium der Reptilienkrankheiten (Übersetzung von BLAHAK, S. & P. KRUG). – Schlütersche Verlagsanstalt, Hannover, 240 S.

BIDMON, H.-J. (2001): Regulation der Ruhephasen bei Schildkröten: Was ist bekannt und welche Konsequenzen ergeben sich für die erfolgreiche Haltung? – Radiata 10(4): 3–19.

–– (2006a): Die Aufzucht und Ernährung Europäischer Landschildkröten. Grundlagen und Rezepte, Futtermittel und Zusatzstoffe. – S. 117–136 in: DAUBNER, M. & T. VINKE (Hrsg.):

Schildkröten im Fokus, Sonderband.

–– (2006b): Aquarienheizer, Wasserkanister und Basaltsäulen zur Temperierung von Frühbeeten und Legehügeln während der Freilandhaltung von Schildkröten: Langjährige erprobte, praktikable Alternativen. – S. 39–48 in: DAUBNER, M. & T. VINKE (Hrsg.): Schildkröten im Fokus, Sonderband.

–– & G. JENNEMANN (2006): Hohe relative Luftfeuchtigkeit - gleich glatte Panzer: wie lässt sich das in der Landschildkrötenhaltung praktikabel realisieren? – Schildkröten im Fokus 3(4): 3–18.

BJORNDAL, K.A. (1987): Digestive Efficiency in a Temperate Herbivorous Reptile, *Gopherus polyphemus*. – Copia 1987(3): 714–720.

BLANCK, T. & B. ESSER (2004): Zur Kenntnis von *Testudo hermanni hercegovinensis* (WERNER, 1899) oder Licht auf eine neue Art. – Sacalia 2(2): 17–31.

BORRI, M., P. AGNELLI, G. CESARACCIO, C. CORTI, P.L. FINOTELLO, B. LANZA & G. TOSINI (1988): Preliminary notes on the herpetofauna of the satellite islands of Sardinia. – Boll. Soc. Sarda Sci. Nat. 26: 149–165.

BOSSUTO, P., C. GIACOMA, A. ROLANDO & E. BALLETO (2000): Caratteristiche delle aree familiari di una popolazione di *Testudo hermanni* GMELIN nel Parco Nazionale della Marella (GR). – S. 543–551 in: GIACOMA, C. (Hrsg.): Atti I congresso Societas Herpetologica Italica. – Turin, Museo Regionale di Scienze Naturali.

BOUR, R. (1995): Une nouvelle espèce de tortue terrestre dans le Péloponnèse (Grèce). – Dumerilia 2: 23–54.

–– (2004a): A new character for the identification of populations of the Hermann's tortoise, *Testudo hermanni* GMELIN, 1789 (Chelonii, Testudinidae). – Salamandra 40(1): 59–66.

–– (2004b): *Testudo boettgeri*, MOJSISOVICS, 1889. – Manouria 7 (22): 9–10.

BOUSBOURAS, D. & S. BOURDAKIS (1997): The amphibians and reptiles of some mountainous areas of West Macedonia (Greece). – Biologia gallo-hellenica 24(1): 5–22.

BOYER, T.H. & D.M. BOYER (1996): Turtles, Tortoises and Terrapins. – S. 61–78 in: MADER, R. (Hrsg.): Reptile medicine and surgery. – Verlag Saunders, Philadelphia.

BRAZA, F., M. DELIBES & J. CASTROVIEJO (1981): Estudio biométrico y biológico de la tortuga mora (*Testudo graeca*) en la Reserva Biológica de Doñana, Huelva. – Doñana, Acta Vertebrata 8: 15–41.

BRINGSØE, H. (1986): A Check-List of Peloponnesian Amphibians and Reptiles including a new record from Greece. – Ann. Musei Goulandris 7: 271–318.

––, J.R. BUSKIRK & R.E. WILLEMSEN (2001): *Testudo marginata* SCHOEPFF, 1792 - Breitrandschildkröte. – S. 291–334 in: FRITZ, U. (Hrsg.): Handbuch der Reptilien und Amphibien Europas. Bd 3/IIIA. Schildkröten (Testudines). T I (Bataguridae, Testudinidae, Emydidae). – Aula-Verlag, Wiebelsheim, 596 S.

BRUEKERS, J. (1994): Bastaard vorming tussen *Testudo marginata* en *Testudo graeca ibera*. – De Schildpad 20: 15–24.

–– (1998): Palmen und andere exotische Pflanzen für das Schildkröten-Freilandterrarium. – REPTILIA 14: 58–61.

–– (2000): Palmen im Freilandterrarium für Landschildkröten – einige Anregungen für ein Experiment. – Radiata 3: 23–29.

BRUNO, S. (1970): Anfibi e Rettili di Sicilia. – Atti Acc. Gioenia Sc. Nat. Catania, 145 S.

BUDDE, H. (1980): Verbesserter Brutbehälter zur Zeitigung von Schildkröten-Gelegen. – Salamandra 16(3): 177–180.

BUDÓ, J., X. CAPALLERAS, J. FÈLIX & J. FONT (2009): Aportacions sobre l'estudi de l'alimentació de la tortuga mediterrània (*Testudo hermanni hermanni*) a la serra de l'Albera (Catalunya). – Butlletí de la Societat Catalana d'Herpetologia 18: 109–115.

BULSING, P. (2000): De Noord Afrikaanse moorse landschildpad (*Testudo g. graeca*) toch een probleemloze schildpad? – Special ter gelegenheid van het 125-jarig bestaan van de Nederlandse Schildpadden Vereniging: 27–31.

–– (2002): Relatie tussen incubatietemperatuur, afwijkingen aan het schilden geslachtsbepaling bij kweek in gevangenschap van de moorse landschildpad (*Testudo graeca graeca*). – De

Schildpad 28(4): 153–168.

BUSKIRK, J.A. (1990): More on tortoises in Greece. – Turtle and Tortoise Newsletter, IUCN/SSC Tortoise and Freshwater Turtle Specialist Group Newsletter (5): 7–8.

––, C. KELLER & A.C. ANDREU (2001): *Testudo graeca* LINNAEUS, 1758. Maurische Landschildkröten. – S. 126–178 in: FRITZ, U. (Hrsg.): Schildkröten (Testudines) Handbuch der Reptilien und Amphibien Europas. – Aula Verlag, Wiebelsheim.

BUTTLER M., J. CHAWALLEK & T. KORDGES (1982): Reptiles and Amphibians. – S. 208–244 in SZIJ, J. (Hrsg.): Ecological Assessment of the Delta Area of the Rivers Louros and Arachthos at the Gulf of Amvrakia.– Essen (Univ. Essen), unpubl. Bericht

CALZOLAI, R. & G. CHELAZZI (1991): Habitat use in a central Italy population of *Testudo hermanni* Gmelin (Reptilia Testudinidae). – Ethology, Ecology & Evolution. 3: 153–166.

CARBONE, M. (1988): Caratteristiche della popolazione di *Testudo hermanni* GMELIN del Parco Naturale della Maremma. – Unveröffentlichte Dissertation, Università di Genova, 124 S.

CARPANETO, G.M. (2006): *Testudo marginata* SCHOEPFF, 1792. – S. 396–399 in: SINDACO, R., G. DORIA, E. RAZZETTI & F. BERNINI (Hrsg): Atlante degli Anfibi e dei Rettili d'Italia/Atlas of Italian Amphibians and Reptiles. – Florenz, Italien, Edizioni Polistampa.

CARRETERO, M., A. BARTOLERO & G.A. LLORENTE (1995): Thermal ecology of a population of *Testudo hermanni* in the Ebro Delta (NE Spain). – Scientia Herpetologica: 208–212.

CHELAZZI, G. & F. FRANCISCI (1979): Movement patterns and homing behaviour of *Testudo hermanni* GMELIN (Reptilia Testudinidae). – Monitore Zoologico Italiano (N.S.) 13: 105–127.

–– & R. CALZOLAI (1986): Thermal benefits from familiarity with the environment in a reptile. – Oecologia 68(4): 557–558.

CHERCHI, M. A. (1956). Termoregolazione in *Testudo hermanni* GMELIN. – Bollerino Musei Isrituri Biologici Universita Genova 26: 5–46.

CHEYLAN, M. (1981): Biologie et écologie de la tortue d'Hermann *Testudo hermanni* GMELIN, 1789. – Contribution de l'espèce a la connaissance des climates quaternaires de la France, Montpellier (Mém. Trav. E.P.H.E, 13).

–– (2001): *Testudo hermanni* GMELIN, 1789. - Griechische Landschildkröte. – S. 179–289 in: FRITZ, U. (Hrsg.): Handbuch der Reptilien und Amphibien Europas. Bd 3/IIIA. Schildkröten (Testudines). T I (Bataguridae, Testudinidae, Emydidae). – Aula-Verlag, Wiebelsheim.

CHRISTEN, C. (2005): Die posthibernale Anorexie - ein häufig gesehenes Problem in der Tierarztpraxis. – Testudo (SIGS) 14(1): 5–8.

CLARK, M. (1963): On the possibility of an autumnal mating in tortoise (*Testudo graeca ibera*). – Brit. J. Herpetol. 3: 85–86.

COBO, M. & A.C. ANDREU (1988): Seed consumption and dispersal by the spur-thigh tortoise *Testudo graeca*. – Oikos 51: 267–273.

CORTI, C., M. MASSETI, M. DELFINO & V. PÉREZ-MELLADO (1999): Man and herpetofauna of the mediterranean islands. – Rev. Esp. Herp. 13: 83–100.

––, C., L. BASSU, V. BATISTA, M.A. CARRETERO, C. FRESI, J. HARRIS, V. NULCHIS, M.G. SATTA & M.A.L. ZUFFI (2004): New preliminary data on the population of *Testudo graeca* LINNAEUS, 1758 in western Sardinia. – 5° Convegno della Societas Herptologica Italica, Calci (Pisa), 29.9.–3.10.2004, Abstracts: 72.

––, L. BASSU, V. NULCHIS, B. PALIAGA, M.G. SATTA & M.A.L. ZUFFI (2007): Morphology and preliminary data on the ecology of *Testudo graeca graeca* of Mal di Ventre Island (W Sardinia, Italy). – Atti VI Congresso Nazionale Societas Herpetologica Italica, Rom, 27.9–1.10.2006: 123–126.

COSTANZO, J.P., J.B. IVERSON, M.F. WRIGHT & R.E. LEE (1995): Cold hardiness and overwintering strategies of hatchlings in an assemblage of northern turtles. – Ecology 76: 1772–1785.

COUTARD, C. (2007): Note sur l'élevage et la reproduction en captivité de *Testudo ibera* PALLAS, 1814. – Manouria 10(37): 13–18.

CRUCE, M. & I. RADUCAN (1975): Cycle d'activité chez la tortue terrestre (*Testudo hermanni hermanni* GMEL.). – Rev. Roum.

Biol., Ser. Zool. 20: 285–289.

–– & I. Raducan (1976): Reproducerea la broasca testoasa de uscat (Testudo hermanni hermanni Gmelin). – Stud. Cer. Bio. Buc. Ser. Biol. Anim. 20: 175–180.

Danilov I.G. & K.D. Milto (2004): Testudo [graeca] ibera Pallas, 1814. – Manouria 7(22): 23–24.

Dennert, C. (1999a): Ernährung Europäischer Landschildkröten. Teil 1. – REPTILIA 4(3): 32–39.

–– (1999b): Ernährung Europäischer Landschildkröten. Teil 2. – REPTILIA 4(4): 51–58.

–– (2000a): Verwendung von Heupellets als Ergänzungsfutter für Landschildkröten. – elaphe 8(2): 23–24.

–– (2000b): Verwendung von Heucobs als Ergänzungsfutter für Landschildkröten. – DRACO 1(2): 52–55.

–– (2000c): Die Entwurmung der Landschildkröte vor dem Winterschlaf. – Radiata 9(3): 20–22.

–– (2000d): Verwendung von Heupellets als Ergänzungsfutter für Landschildkröten. – elaphe N.F. 8(2): 23–24.

–– (2001): Ernährung von Landschildkröten. – Natur und Tier - Verlag, Münster, 144 S.

De Vos, H.G.T. (1981): Schildpaddenhandel in Jugoslavie. – De Schildpad 5(7): 5–7.

Díaz-Paniagua, C. & A.C. Andreu (2009): Tortuga mora - Testudo graeca. in: Carrascal, L.M. & A. Salvador (Hrsg.): Enciclopedia Virtual de los Vertebrados Españoles. – Museo Nacional de Ciencias Naturales, Madrid. Versión 21-07-2009, online verfügbar unter www.vertebradosibericos.org/reptiles/pdf/tesgra.pdf

––, C. Keller & A.C. Andreu (1995): Annual variation of activity and daily distances moved in adult Spur-thighed tortoises, Testudo graeca, in southwestern Spain. – Herpetologica 51: 225–233.

––, C. Keller & A.C. Andreu (1996): Clutch frequency, egg and clutch characteristics, and nesting activity of spur-thighed tortoises, Testudo graeca, in southwestern Spain. – Canadian Journal of Zoology 74: 560–564.

––, C. Keller & A.C. Andreu (1997a): Hatching success, delay of emergence and hatching biometry of Testudo graeca in southwestern Spain. – Journal of Zoology 243: 543–553.

––, C. Keller & A.C. Andreu (1997b): Post-emergent field activity and growth rates of hatchling spur-thighed tortoises, Testudo graeca. – Canadian Journal of Zoology 75: 1089–1098.

––, C. Keller & A.C. Andreu (2001): Long-term demographic fluctuations of the spur-thighed tortoise, Testudo graeca, in SW Spain. – Ecography 24: 707–721.

––, C. Keller & A.C. Andreu (2002): Life history and demography of Testudo graeca in Southwestern Spain. – Chelonii 3: 214–222.

––, C. Keller & A.C. Andreu (2006): Effects of temperature on hatching success in field incubating nests of spur-thighed tortoises Testudo graeca. – Herpetological Journal 16(3): 249–257.

Dimitropoulos, A. & M. Gaethlich (1986): The Reptiles of Athens. – Herptile 11: 62–65.

Dinkel, J. (1974a): Eine erfolgreiche Nachzucht der Breitrandschildkröte, Testudo marginata Schoepff. – DATZ 27(10): 353–356.

–– (1974b): Eine erfolgreiche Nachzucht der Breitrandschildkröte, Testudo marginata Schoepff (Nachtrag). – DATZ 27(11): 388–389.

–– (1979): Auf Schildkrötenjagd in Griechenland. – Herpetofauna 1(3): 6–7.

Donoghue, S. & J. Langenberg (1994): Clinical nutrition of exotic pets. – Austr. Vet. J. 71: 337–341.

Eatwell, K. (2009): Post hibernation care of Terrestrial Chelonians. – S. 37–40 in: McNae, E. (Hrsg.): The role of Probiotics in veterinary practice. – Probiotics International Ltd, Großbritannien. Online verfügbar unter: www.britishcheloniagroup.org.uk/sites/default/files/u8/posthib.pdf

Eendebak, B.T. (1995a): Incubation period and sex ratio of Herman's tortoise, Testudo hermanni boettgeri. – Chelonian Conservation and Biology 1(3): 227–231.

–– (1995b): Incubation period and sex ratio of Herman's tortoise, Testudo hermanni boettgeri. – 8 S., Online verfügbar unter: http://www.schildpadden.akkido.com/docs/pub1.pdf

–– (2002): Incubation period and sex ratio of Herman's tortoise, Testudo hermanni boettgeri. – S. 257–267 in: Chelonii Vol. 3, Proceedings of the International Congress on Testudo Genus, 7.–10. März 2001. – Online verfügbar unter: www.schildpadden.akkido.com/docs/pub2.pdf

Eger, G. (2005): Gemeinsame Haltung von Testudo hermanni boettgeri und Testudo (hermanni) hercegovinensis. Erfahrungen eines Züchters über einen längeren Zeitraum und Auswertung der Nachzuchtdaten. – Schildkröten im Fokus 2(2): 25–30.

–– (2006): Unterschiede in der Haltung der verschiedenen Griechischen Landschildkröten, Testudo hermanni, T. h. boettgeri und T. h. hercegovinenesis anhand von jahrelangen Beobachtungen. – S. 27–38 in: Daubner, M. & T. Vinke (Hrsg.): Schildkröten im Fokus, Sonderband.

Eggenschwiler, U. (1995): Ernährung der Landschildkröten. – Merkblatt Nr. 8, Schildkröten-Interessengemeinschaft (SIGS).

–– (2000): Die Schildkröte in der tierärztlichen Praxis. Vom Praktiker für den Praktiker. – Schöneck Verlag, 150 S.

Ehrengart, W. (1971): Zur Pflege und Zucht der Griechischen Landschildkröte (Testudo hermanni hermanni). – Salamandra 7(2): 71–80.

El Mouden, E.H., T. Slimani, K. Ben Kaddour, F. Lagarde, A. Ouhammou & X. Bonnet (2006): Testudo graeca graeca feeding ecology in an arid and overgrazed zone in Morocco. – J. Arid. Environ. 64: 422–435.

Engelmann, W.E., J. Fritsche, R. Günther & F.J. Obst (1986): Lurche und Kriechtiere Europas. – Verlag Enke, Stuttgart, 420 S.

Esteban, I., E. Fililla, M. García-París, G.O.B. Menorca, C. Martín, V. Pérez-Mellado & E.P. Zapirain (1994): Atlas provisional de la distribución geográfica de la herpetofauna de Menorca (Islas Baleares, España). – Revista Española de Herpetología 8: 19–28.

Ewert, M.A. (1985): Embryology of turtles. – S. 75–267 in: Gans, C., F. Billett & P.F.A. Maderson (Hrsg.): Biology of the Reptilia, Vol. 14, – John Wiley and Sons, New York.

Fowler, M. E. (1980): Comparison of Respiratory Infection and Hypovitaminosis A in Desert Tortoises. – S. 93–97 in: Montali, R.J & G. Migaki (Hrsg.): The Comparative Pathology of Zoo Animals. – Smithsonian Institution Press, Washington, DC.

Frisenda, S. & D. Ballasina (1990): Le statut des Chéloniens terrestres et d'eau douce enItalie. – Bull. Soc. herpét. Fr. 53: 18–23.

Friesleber, P. (2005): Überwinterung von Europäischen Landschildkröten im Freigehege - ein Erfahrungsbericht. – Schildkröten im Fokus 2(4): 24–32.

–– (2008): Einfache Maßnahmen zur Unterstützung der Eiablage während einer Schlechtwetterphase. – Schildkröten im Fokus 5(3): 35.

Fritz, C. & B. Pfau (2002): Die Griechische Landschildkröte - ideal für das Freilandterrarium. – DATZ, Sonderheft: 14–20.

Fritz, U. (Hrsg.) (2001): Handbuch der Reptilien und Amphibien Europas. Band 3/III A: Schildkröten (Testudines) I. – Aula Verlag, Wiebelsheim, 594 S.

––, M. Auer, A. Bertolero, M. Cheylan, T. Fattizzo, A.K. Hundsdörfer, M. Martín Sampayo, J.L. Pretus, P. Široký & M. Wink (2006): A rangewide phylogeography of Hermann's tortoise, Testudo hermanni (Reptilia: Testudines: Testudinidae): implications for taxonomy. – Zool. Scr. 35: 531–543.

–– & M. Cheylan (2001): Testudo Linnaeus, 1758 - Eigentliche Landschildkröten. – S. 113–124 in: Böhme, W. (Hrsg.): Handbuch der Reptilien und Amphibien Europas, Vol. 3/IIIA: Schildkröten (Testudines) I (Bataguridae, Testudinidae, Emydae). – Aula-Verlag, Wiebelsheim, 596 S.

––, J.D. Harris, S. Fahd, R. Rouag, E. Gracià, A. Giménez, P. Siroky, M. Kalboussi & A. Hundsdörfer (2009): Mitochondrial phylogeography of Testudo graeca in the Western Mediterranean: Old complex divergence in North Africa and recent arrival in Europe. – Amphibia-Reptilia 30: 63–80.

––, A.K. HUNDSDÖRFER, P. SIROKY, M. AUER, H. KAMI, J. LEHMANN, L.F. MAZANAEVA, O. TÜRKOZAN & M. WINK (2007): Phenotipic plasticity leads to incongruence between morphology-based taxonomy and the genenetic differentiation in western Paleartic tortoises (Testudo graeca complex; Testudines, Testudinidae). – Amphibia-Reptilia 28: 97–121.

––, G. PETTERS, W. MATZANKE & M. MATZANKE (1995): Zur Schildkrötenfauna Nordsardiniens. Teil 1. – Herpetofauna 17(99): 29–34.

––, P. SIROKY, H. G. KAMI & M. WINK (2005): Environmentally caused dwarfism or a valid species - is Testudo weissingeri BOUR, 1996 a distinct evolutionary lineage? New evidence from mitochondrial and nuclear genomic markers. – Molecular Phylogenetics and Evolution 37(2): 389–401.

FRYE, F.L. (1989): Vitamin A Sources, Hypovitaminosis A, and Iatrogenic Hypervitaminosis A in Captive Chelonians. – S. 791–796 in: KIRK, R.W. (Hrsg.): Current Vet Therapy X, Small Animal Practice. – Saunders, Philadelphia.

FUHN, I.E. & S. VANCEA (1961): Fauna R.P.R.: Reptilia (estoase, opârle, erpi), Vol. 14 (2). – Ed. Acad. Rep. Pop. Romine, Bukarest, 352 S.

GABRISCH, K. & P. ZWART (1995): Schildkröten. – S. 663–750 in: GABRISCH, K. & P. ZWART (Hrsg.): Krankheiten der Haustiere. – Schlütersche Verlagsanstalt, Hannover.

GEIER, T. (2008): Fester Panzer - weiches Herz. Ein Ratgeber zur naturnahen Haltung Europäischer Landschildkröten. – 2. Aufl., Thorsten Geier Kleintierverlag, Biebertal, 178 S.

GIMÉNEZ, A., M.A. ESTEVE, I. PÉREZ, J.D. ANADÓN, M. MARTÍNEZ, J. MARTÍNEZ & J.A. PALAZÓN (2004): La tortuga mora en la Región de Murcia. Conservación de una especie amenazada. – DM Ed. Murcia.

––, G. GONZÁLEZ & M.A. ESTEVE (1996): Preferencias ambientales y distribución de Testudo graeca L. en la región de Murcia. – Actas I Congreso de la Naturaleza de la Región de Murcia. 181–187.

––, J. MARTÍNEZ, R. PARDO, J.A. SÁNCHEZ & M.A. ESTEVE (1997): Investigación sobre los aspectos básicos de la ecología de la Tortuga mora (Testudo graeca) en la región de Murcia: Modelos de respuesta ambiental y espacial y diagnostic sobre la cautividad. – Univerisdad de Murcia/Consejería Medio Ambiente/Fund, Universidad-Empresa). Unpubl. Bericht, 108 S.

GRACIA, E., A. GIMENEZ, J. D. ANADON, F. BOTELLA, S. GARCIA-MARTINEZ & M. MARIN (2011): Genetic patterns of a rear expansion: The spur-thighed tortoise Testudo graeca graeca in southeastern Spain. – Amphibia-Reptilia 32(1): 49–61.

GUIL, J.L., M.E. TORIJA, J.J. GIMENEZ, I. RODRIGUEZ-GARCIA, & A. GIMENEZ (1996): Oxalic acid and calcium determination in Wild Edible Plants. – J. Agric. Food Chem. (44): 1821–1823.

HACKETHAL, U. (1998): Zur Überwinterung aquatiler Schildkröten. – Radiata 7(3): 11–15.

HAILEY, A. (1991): Regulation of a Greek tortoise population. – Bull. Brit. Ecol. Soc. 22: 119–123.

–– & N.S. LOUMBOURDIS (1988): Egg size and shape, clutch dynamics, and reproductive effort in European tortoises. – Can. J. Zool. 66: 1527–1536.

–– & N.S. LOUMBOURDIS (1990): Population ecology and conservation of tortoises: demographic aspects of reproduction in Testudo hermanni. – Herpetol. J. 1: 425–434.

–– & R.E. WILLEMSEN (2000): Population density and adult sex ratio of the tortoise Testudo hermanni in Greece: evidence for intrinsic population regulation. – J. Zoology 251: 325–338.

–– & R.E. WILLEMSEN (2003): Changes in the status of tortoise populations in Greece 1984–2001. – Biodiversity and Conservation 12: 991–1011.

––, E. PULFORD & D. STUBBS (1984): Summer activity patterns of Testudo hermanni GMELIN in Greece and France. – Proc. 2nd Euro. Chelonian Symp., Oxford, Amphibia-Reptilia 5: 69–78.

HALLMEN, M. (2008): Überwinterung von Reptilien und Amphibien im Freilandterrarium. – TERRARIA 3(5): 23–31.

HATT, J.-M., M. CLAUSS, R. GISLER, A. LIESEGANG & M. WANNER (2005): Fiber digestibility in juvenile captive Galapagos tortoises (Geochelone nigra). – Zoo Biology 24: 185–191.

HAXHIU, I. (1995): Current data on the chelonians of Albania. – Chelonian Conserv. Biol. 1(4): 326–327.

HEIMANN, E. (1986): Bastardierung zwischen Testudo graeca ibera und Testudo marginata. – elaphe 3: 48–50.

–– (1989): Testudo marginata SCHOEPFF. – Amph./Rept.-Kartei, Beil. Sauria 11: 139–144.

–– (1990): Testudo graeca LINNAEUS. – Amphib./Rept.-Kartei, Sauria Suppl., Berlin 12(1–4): 187–192.

–– (1993): Drei Zwillingspaare bei Testudo marginata. – Salamandra 29(3/4): 167–172.

HENLE, K. (1980): Herpetologische Beobachtungen in der Umgebung Rovinjs. – herpetofauna 6: 6–10.

HENRY, P.-Y., J.-P. NOUGARÈDE, R. PRADEL & M. CHEYLAN (1999): Survival rates and demography of the Hermann's Tortoise Testudo hermanni in Corsica, France. – S. 189–196 in: MIAUD, C.R. & R. GUYETANT (Hrsg.): Current Studies in Herpetology: Proceedings of the 9th Ordinary General Meeting of the Societas Europaea Herpetologica 25.–29. August 1998. Le Bourget du Lac, France.

HERZ, M. (1994): Beobachtung an Breitrandschildkröten Testudo marginata SCHOEPFF 1792 in freier Natur. – Sauria 16: 27–31.

–– (2005): Unerwartete Nachzucht von Testudo hercegovinensis WERNER, 1899. – Radiata 14(4): 13–19.

–– (2007): Breitrandschildkröte (Testudo marginata) – Natur und Tier - Verlag, Münster, 64 S.

–– (2012): Maurische Landschildkröten. – Natur und Tier - Verlag, Münster.

HIGHFIELD, A.C. (1994): Post-hibernation problems in Mediterranean tortoises. – Tortoise Trust, London, UK. Online verfügbar unter: www.tortoisetrust.org/articles/hib.html.

–– (1997): Notes on Dietary Constituents for Herbivorous Terrestrial Chelonians and their effect on Growth and Development. – Tortoise Trust, London, UK. Online verfügbar unter: www.tortoisetrust.org/articles/dietcons.html.

–– (2002a): Hibernating Juvenile Tortoises. – Tortoise Trust, London, UK. Online verfügbar unter: www.tortoisetrust.org/articles/juvhib.html.

–– (2002b): Feeding Tortoises - A practical guide to avoiding dietary disasters. – Tortoise Trust, London, UK. Online verfügbar unter: www.tortoisetrust.org/articles/webdiet.html.

–– (2010): The causes of "Pyramiding" deformity in tortoises: a summary of a lecture given to the Sociedad Herpetologica Velenciana Congreso Tortugas on October 30 2010. – Tortoise Trust, London, UK. Online verfügbar unter: www.tortoisetrust.org/articles/wakingup.htm.

–– (2011): Waking up from hibernation: Essential steps for keepers. – Tortoise Trust, London, UK. Online verfügbar unter: www.tortoisetrust.org/articles/wakingup.htm.

–– & N. HIGHFIELD (2011): Safer Hibernation and Your Tortoise. – Tortoise Trust, London, UK. Online verfügbar unter: www.tortoisetrust. org/articles/newhibernation.html.

HINE, M. L. (1982): Notes on the marginated tortoise (Testudo marginata) in Greece and in captivity. – British Herpetological Society Bulletin 5: 35–38.

HNIZDO, J. & N. PANTCHEV (2011): Tierarztpraxis Schildkröten. – Chimaira Verlag, 559 S.

HONEGGER, R.E. (1974): The reptile trade. – International Zoo Yearbook 14: 47–52.

HOLFERT, H. & T. HOLFERT (1999): Europäische Landschildkröten im Freilandterrarium. – REPTILIA 4(3): 24–31.

HUFER, H. (2002): Die Tunesische Landschildkröte. – DATZ-Sonderheft Schildkröten, Stuttgart: 60–66.

–– (2005): Moderne Lichttechnik im Schildkrötenterrarium. – Schildkröten im Fokus 2(1): 21–28.

–– & V. BÜDDEFELD (2000): Haltung und Zucht der Tunesischen Landschildkröte. – Radiata 9(2): 3–14.

HUOT-DAUBREMONT, C. (1996): Contribution à l'étude écophysiologique de différents aspects du cycle annuel de la Tortue d'Hermann Testudo hermanni hermanni dans le Massif des Maures (Var). – Unveröffentlichte Dissertation, Université de Tours-François Rabelais.

–– & C.J. GRENOT (1997): Rythme d'activité de la Tortue

d'Hermann (*Testudo hermanni hermanni*) en semi liberté dans le Massif des Maures (Var). – Rev. Ecol. (Terre Vie) 52: 331–344.

––, C.J. GRENOT & D. BRADSHAW (1996): Temperature regulation in the tortoise *Testudo hermanni*, studied with indwelling probes. – Amphibia-Reptilia 17(2): 91–102.

IBANEZ GONZALEZ, J.M., L.F. LOPEZ JURADO, J.A. MACIVOR & P.A. TALAVER (1989): Las tortugas terrestres *Testudo graeca* y *Testudo hermanni* en Espana. – Testudo 1: 2–55.

IFTIME, A. & O. IFTIME (2012): Long term observations on the alimentation of wild Eastern Greek Tortoises *Testudo graeca ibera* (Reptilia: Testudines: Testudinidae) in Dobrogea, Romania. – Acta Herpetologica 7(1): 105–110.

INOZEMTSEV, A. & S. PERESHKOLNIK (2009): Status and conservation prospects of *Testudo graeca* L. inhabiting the Black Sea coast of the Caucasus. – Chelonian Conservation and Biology 1(2): 151–158.

ISENBÜGEL, E. & W. FRANK (1985): Heimtierkrankheiten (Kleinsäuger/Amphibien und Reptilien). – E. Ulmer Verlag, Stuttgart, 402 S.

IVANCHEV, I.E. (2007a): Population Ecology and Biology of *Testudo hermanni* (Reptilia: Testudinidae) at the Eminska Mountain, Bulgaria. – Acta zool. Bulg. 59(2): 153–163.

–– (2007b): Hibernation experience of *Testudo hermanni* and *Testudo graeca* in natural and very close to natural conditions in Bulgaria. – Schildkröten im Fokus 4(2): 3–21.

JACKSON, O.F. (1980): Weight and measurement data on tortoises (*Testudo graeca* and *Testudo hermanni*) and their relationship to health. – J. Small Anim. Pract. 21: 409–416.

JAROFKE, D. & J. LANGE (1993): Reptilien - Krankheiten und Haltung. Tierärztliche Heimtierpraxis, Band 3. – Paul Parey Verlag, Hamburg, 188 S.

JASSER-HÄGER, I. & A. WINTER (2007): Ergebnisse des Inkubationsprojektes für Landschildkröten von 2002 bis 2007. – Radiata 16(3): 2–39.

JOST, U. (2001a): Die Tunesische Landschildkröte (*Testudo graeca graeca*) - Beobachtungen im natürlichen Lebensraum und Bemerkungen zur Haltung und Nachzucht. Teil I. – SIGS-Info, Siblingen 10(2): 4–18.

–– (2001b): Die Tunesische Landschildkröte (*Testudo graeca graeca*) - Beobachtungen im natürlichen Lebensraum und Bemerkungen zur Haltung und Nachzucht. Teil II. – SIGS-Info, Siblingen 10(3): 4–14.

–– (2006): Tunesien tortoises: observations in the wild and remarks on keeping and breeding. – S. 540–553 in: ARTNER H., B. FARKAS & V. LOEHR (Hrsg.): Turtles - Proceedings: International Turtle & Tortoise Symposium Vienna 2002. – Edition Chimaira, Frankfurt am Main.

–– (2011). Die Tunesische Landschildkröte, *Testudo graeca nabeulensis*: Beobachtungen in Nordtunesien und Bemerkungen zur Haltung und Nachzucht. – Testudo 20(4): 5–41.

––, H. JOST & R. BERGLAS (2007): Die Schildkrötenfauna Nortunesiens. Teil 1. Tunesische Landschildkröte *Testudo graeca nabeulensis* (HIGHFIELD, 1990). – Testudo (SIGS) 16(3): 5–29.

KANDOLF, F. (1995): Herpetologische Eindrücke aus dem südlichen Griechenland. – DATZ 48(7): 448–449.

KATTINGER, E. (1972): Beiträge zur Reptilienkunde der Südwestlichen Balkanhalbinsel. – Ber. Naturf. Ges. Bamberg, 47: 41–75

KAUTZKY, J. (1999): Griechenland. Festland und Küste. – Reiseführer Natur, BLV Verlag, München, Wien, Zürich.

KELLER, C., C. DÍAZ-PANIAGUA & A.C ANDREU (1997): Post-emergent field activity and growth rates of hatchling spur-thighed tortoises, *Testudo graeca*. - Canadian Journal of Zoology , 75: 1089-1098.

––, C. DÍAZ-PANIAGUA & A.C. ANDREU (1998): Survival rates and causes of mortality of *Testudo graeca* hatchlings in southwestern Spain. – Journal of Herpetology 32: 238– 243.

KEYMAR, P.F. (1986): Die Amphibien und Reptilien der Ionischen Region. Analyse ihrer rezenten Verbreitungsmuster und Überlegungen zu ihrer Ausbreitungsgeschichte. – ÖGH-Nachrichten 8/9: 8–44.

–– (1988): Vorläufige Ergebnisse herpetologischer Aufsammlungen auf den Ionischen Inseln: II. Zakynthos und Marathonisi. – Ann. Nat. Hist.Mus. Wien, Ser. B 90: 17–25.

KIRSCHE, W. (1967): Zur Haltung, Zucht und Ethologie der griechischen Landschildkröte (*Testudo hermanni hermanni*). – Salamandra 3(1–2): 36–66.

–– (1997): Die Landschildkröten Europas. – 2. Aufl., Mergus Verlag, Melle.

KLEINER, M. (1983): Zur Haltung und Zucht von *Testudo marginata* (SCHOEPFF 1792). – Herpetofauna 5(23): 12–16.

–– & E. KLEINER (1988): Haltung und Zucht von *Testudo marginata*. – elaphe 88: 61–65.

KÖHLER, G. (2004): Inkubation von Reptilieneiern. – 2. Aufl., Herpeton Verlag Elke Köhler, Offenbach, 256 S.

–– (2009): Krankheiten der Reptilien und Amphibien. – Eugen Ulmer Verlag, Stuttgart, 166 S.

KÖLLE, P. (2000): Parasitosen bei Schildkröten. – S. 136–140 in: ARTNER, H. & E. MEIER (Hrsg.) Schildkröten. Symposiumsband. – Natur und Tier - Verlag, Münster.

–– (2008): Die Schildkröte: Heimtier und Patient. – Enke Verlag, 280 S.

KORDGES, T. (1984): Beitrag zur Herpetofauna griechischer Delten. – Essen (Univ. Essen), unpbl. Bericht, 220 S.

KÜMMEL, F. & K. KLÜGLING (1991): Winterharte Kakteen. – Naturbuch Verlag, Augsburg, 214 S.

KUNDERT, S. (2008): Die Überwinterung von mediterranen Landschildkröten. – Merkblatt Schildkröten-Interessengemeinschaft Schweiz (SIGS).

KUNZ, K. (2011a): Testlauf Inkubatoren. – TERRARIA 29(6): 26–30.

–– (2011b): Schrankbrüter. – TERRARIA 29(6): 31–33.

LAGARDE, F., X. BONNET, J. CORBIN, B. HENEN, K. NAGY, B. MARDONOV & G. NAULLEAU (2003): Foraging behaviour and diet of an ectothermic herbivore: *Testudo horsfieldi*. – Ecography 26: 236–242.

LAMBERT, M.R.K. (1983): Some factors influencing the Moroccan distribution of the western Mediterranean spurthighed tortoise, *Testudo graeca* L. and those precluding its survival in NW Europe. – Zool. J. Linn. Soc. 79: 149–179.

LAPPARENT DE BROIN, F., R. BOUR, J.F. PARHAM & J. PERÄLÄ (2006a): *Eurotestudo*, a new genus for the species *Testudo hermanni* GMELIN, 1789 (Chelonii, Testudinidae). – Comptes Rendus Palevol 5 (6): 803–811.

–, R. BOUR, J.F. PARHAM & J. PERÄLÄ (2006b): Morphological definition of *Eurotestudo* (Testudinidae, Chelonii): Second part. – Annales de Paleontologie 92(4): 325–357.

LAWRENCE, K. & O.F. JACKSON (1982): Passage of ingesta in tortoises. – Vet. Rec. 111: 492–493.

LINDGREN, J. (2004): UV-lamps for terrariums: Their spectral characteristics and efficiency in promoting vitamin D3 synthesis by UVB irradiation. – Herpetomania 3-4: 13–20.

LÖFFLER, H.-G. (1973): Zuchterfolg bei Maurischen Landschildkröten. – Aquarien-Terrarien 20(4): 128–129.

LONGEPIERRE, S. & C. GRENOT (1999): Some effects of intestinal nematodes on the plant foraging behaviour of *Testudo hermani hermani* in the south of France. – S. 277–284 in: MIAUD, C. G. GUYETANT (Hrsg.): Current Studies in Herpetology. – Le Bourget du Lac (SEH).

LÓPEZ-JURADO, L.F., P.A. TALAVERA, J.M. IBÁNEZ, J.A. MC IVOR & A. GARCÍA-ALCÁZAR (1979): Las tortugas terrestres *Testudo graeca* y *T. h. hermanni* en España. – Naturalia Hisp. 17, ICONA, Madrid.

LOY, A. & C. CIANFRANI (2010): The ecology of *Eurotestudo h. hermanni* in a mesic area of southern Italy: first evidence of sperm storage. – Ethol. Ecol. Evol. 22(1): 1–16.

MÄHN, M. (2004): Haltung und Zucht der Breitrandschildkröte (*Testudo marginata* SCHOEPFF, 1792). – MARGINATA 1(1): 18–23.

–– & N. GRAF (2000): Zur Fortpflanzungsbiologie europäischer Landschildkröten am Beispiel der Breitrandschildkröte (*Testudo marginata*, SCHOEPFF 1792). – DRACO 2: 32–41.

MASCORT, R. (2010): Die Schildkröten von Bosnien und Herzegowina: Ein Überblick. – Radiata 19(1): 35–52.

MASON, M.C., G.I.H. KERLEY, C.A. WEATHERBY & W.R. BRANCH (1999): Leopard Tortoises (Geochelone pardalis) in Valley Bushveld, Eastern Cape, South Africa: specialist or generalist herbivores? – Chelonian Conservation and Biology 3: 435–440.

MAYER, R. (1992): Europäische Landschildkröten. Leben - Haltung - Zucht. – Agrar-Verlag Allgäu, Kempten.

–– (1995): Mischlinge bei europäischen Landschildkröten. Testudo marginata x Testudo graeca ibera. – DATZ 48(7): 454–455.

MAZZOTTI, S. (2006): Testudo hermanni GMELIN, 1789. Testuggine de Herman/Hermann`s tortoise. – S. 390–395 in: SINDACO, R., G. DOVIA, E. RAZZETTI. & F. BERNINI (Hrsg.). Atlante degli Anfibi e Rettili d`Italia/Atlas of Italian Amphibians and Reptiles. – Florenz, Societas Herpetologica Italica, Edizioni Polistampa.

––. & C. VALLINI (1996): Struttura di popolazione di Testudo hermanni GMELIN nel Bosco della Mesola. – Acta Biologica, Studi Trentini di Scienze Naturali 71: 205–207.

–– & C. VALLINI (2000): Seasonal activity and thermal relations of Testudo hermanni GMELIN in bare patches of the Bosco della Mesola (Po Delta, Northern Italy). – S. 133–137 in: GIACOMA C. (Hrsg.): Atti I congresso Societas Herpetologica Italica. – Museo Regionale di Scienze Naturali, Turin.

––, A. PISAPIA & M. FASOLA (2002): Activity and home range of Testudo hermanni in Northern Italy. – Amphibia–Reptilia 23: 305–312.

––, C. BERTOLUCCI, M. FASOLA, I. LISI, A. PISAPIA, R. GENNARI, S. MANTOVANI & C. VALLINI (2007): La popolazione della testugine di Herrmann (Testudo herrmanni) del Bosco della Mesola. – Quad. Staz. Ecol., Civ. Mus. St. Nat., Ferrara 17: 91–104.

MEEK, R. (1985): Aspects of the ecology of Testudo hermanni in southern Yugoslavia. – British Journal of Herpetology 6: 437–445.

–– (1989): The comparative population ecology of Hermann's tortoise, Testudo hermanni, in Croatia and Montenegro, Yugoslavia. – Herpetological Journal 1: 404–414.

–– (2010): Nutritional selection in Hermann's tortoise, Testudo hermanni, in Montenegro and Croatia. –– BCG Testudo 7: 88–95.

–– & R. INSKEEP (1981): Aspects of the field biology of a population of Hermann's tortoise (Testudo hermanni) in Southern Yugoslavia. – British Journal of Herpetology 6: 159–164.

–– & R.A. AVERY (1989): Mini review: thermoregulation in Chelonians. – Herpetol. J. 1: 253–259.

MENKE, K.-H. & W. HUSS (1987): Tierernährung und Futtermittelkunde. – 3. Aufl., Ulmer, Stuttgart.

MERTENS, R. (1961): Die Amphibien und Reptilien der Insel Korfu. – Senck. biol. 42(1/2): 1–29.

–– (1968): Über Reptilienbastarde IV. – Senk. Biol., Frankfurt/M. 49: 1–12.

METTLER, F., D. PALMER, A. RÜBEL & E. ISENBÜGEL (1982): Gehäuft auftretende Fälle von Parakeratose mit Epithelablösung der Haut bei Landschildkröten. – Verh.ber. Erkr. Zootiere 24: 245–248.

MINCH, M. (2008): Handbuch der Futterpflanzen für Schildkröten und andere Reptilien. – Kirschner & Seufer Verlag.

–– (2010): Freilandanlagen für Schildkröten. – 2. Aufl., Chimaira-Verlag.

MOJSISOVICS, A.V. (1889): Zoogeographische Notizen über Süd-Ungarn aus den Jahren 1886-1888. III. Nachtrag zur „Fauna von Béllye und Darda.". – Mitt. Naturwiss. Ver. Steiermark, Graz 25 (1888): 233–269.

MÜLLER, H. (2000): Haltung und Nachzucht der Maurischen Landschildkröte Testudo graeca ibera PALLAS, 1814. – S. 30–33 in: ARTNER, H. & E. MEIER (Hrsg.): Schildkröten. – Natur und Tier - Verlag, Münster.

–– & M. SCHWEIGER (2002): Die Jackson-Kurve: Eine kritische Verifikation. – Radiata 11(1): 23–30.

–– & M. SCHWEIGER (2006): Haltung und Nachzucht von Testudo hermanni hercegovinensis (WERNER, 1899). – MARGINATA 3(2): 25–30.

MÜLLER, L. (1908): Eine herpetologische Exkursion in den Taygetos. – Bl. Aquar.-Terrarienkd. 19: 121–122, 138–140, 149–151, 163–166, 181–182, 200–202, 250–252, 267–270.

MUÑOZ, A., J. SOLER & A. MARTÍNEZ-SILVESTRE (2009): Aportaciones al studio de la alimentación de Testudo hermanni hermanni en el Parque Natural de la Sierra de Montsant. – Bol. Asoc. Herpetol. Esp. 20: 54–58.

NÖLLERT, A. (1987): Schildkröten. – Landbuch Verlag, Hannover.

–– & C. NÖLLERT (1981): Einige Bemerkungen zu den Landschildkröten Bulgariens. – Die Schildkröte 4: 5–15.

NOUGARÈDE, J.P. (1998): Principaux traits d'histoire naturelle d'une population de tortue d'Hermann (Testudo hermanni) dans le sud de la Corse. – Unveröffentlichte Diplomarbeit, École Pratique des Hautes Etudes (Montpellier), 344 S.

OBST, F.J. & W. MEUSEL (1978): Die Landschildkröten Europas. – A. Ziemsen, Neue Brehm Bücherei, Wittenberg Lutherstadt, 27 S.

ORUCI, S. (2010): Data on geographical distribution and habitats of the Marginated tortoise (Testudo marginata, SCHOEPFF 1792) in Albania. – Natura Montenegrina 9(3): 495–498.

PAGLIONE, G. & M. CARBONE (1990): Biologia della popolazione di Testudo hermanni nel Parco della Maremma. – S. 197–199 in: Atti VI convegno Nazionale Associazione "A. Ghigi". – Museo Regionale di Scienze Naturali, Turin.

PANAGIOTA, M. & E.D. VALAKOS (1992): Contribution to the thermal ecology of Testudo marginata and T. hermanni (Chelonia: Testudinidae) in semi-captivity. – Herpetological Journal 2: 48–50.

PERÄLÄ, J. (2002a): Occurence and taxonomic significance of thigh-spurs in Testudo marginata SCHOEPFF, 1792 and Testudo weissingeri BOUR, 1995. – Herpetozoa 14(3/4): 123–126.

–– (2002b): Biodiversity in relatively neglected taxa of Testudo L., 1758 s. l. – S. 40–53 in: FERTARD, B. & B. CULORIER (Hrsg.): Actes du Congrès International sur le genre Testudo. 7 au 10 mars 2001. – Chelonii. Bd 3., SOPTOM, Gonfaron 2002.

–– (2004): Testudo hercegovinensis WERNER, 1899. – Manouria 7(22): 19–20.

PÉRÉZ, I., J.D. ANADÓN, M. MARTÍNEZ, A. GIMÉNEZ & M.A.ESTEVE (1998): Informe preliminar sobre el seguimiento de la población de Tortuga mora (Testudo graeca graeca) en la Reserva Biológica de Las Cumbres de la Galera (Sierrra de Almenara, Murcia). – Murcia (Universidad de Murcia). Unveröff., 46 S.

PERÉZ, M., R. LEBLOIS, B. LIVOREIL, R. BOUR, J. LAMBOURDIERE, S. SAMADI & M.C. BOISSELIER (2012): Effects of landscape features and demographic history on the genetic structure of Testudo marginata populations in the southern Peloponnese and Sardinia. – Biological Journal of the Linnean Society 105: 591–606.

PHILIPPEN, H.-D. (1986): Hinweise zum Aufspüren mediterraner Landschildkröten. – Die Schildkröte N.F. 1(3): 3–4.

–– (2006): Eine Landschildkröte aus Dalmatien - Testudo hercegovinensis (Werner, 1899). – MARGINATA 3(2): 10–15.

–– (2008a): Die Kühlschrank-Methode. – TERRARIA 3(5): 32–36.

–– (2008b): „Il Gigante" – die größte lebende Breitrandschildkröte (Testudo marginata). – MARGINATA 5(4): 57–59.

–– (2008c): Bemerkungen zur Iberischen Landschildkröte Testudo graeca ibera (PALLAS, 1814). – MARGINATA 5(2): 10-15.

–– (2011a): Entwicklungsgeschichte der Reptilienzucht und -inkubation - Ein nicht nur historischer Überblick. – TERRARIA 29(6): 16–25.

–– (2011b): Vor- und Nachteile verschiedener Inkubationssubstrate. – TERRARIA 29(6): 34–39.

PIEAU, C. (1975): Temperature and sex differentiation in embryos of two Chelonians, Emys orbicularis L. and Testudo graeca L. – S. 332–339 in: REINBOTH, R. (Hrsg.): Intersexuality in the Animal Kingdom. – Springer-Verlag, New York.

–– (2002): Temperature-dependent sex determination in Testudo graeca and T. hermanni. – S. 144 in: Chelonii Vol. 3, Proceedings of the International Congress on Testudo Genus, 7.–10. März 2001.

–– & M. DORIZZI (2004): Temperaturabhängige Geschlechtsfixierung bei Sumpf-, Wasser- und Landschildkröten. Teil 1. – MARGINATA

1(4): 35–42.

–– & M. Dorizzi (2005): Temperaturabhängige Geschlechtsfixierung bei Sumpf-, Wasser- und Landschildkröten. Teil 2. – MARGINATA 2(1): 36–40.

Pieh, A. & J. Perälä (2002): Variabilität von Testudo graeca Linnaeus, 1758 im östlichen Nordafrika mit Beschreibung eines neuen Taxons von der Cyrenaika (Nordostlibyen). – Herpetozoa, 15(1/2): 3–28.

–– & H.-D. Philippen (2007): Mediterrane Landschildkröten. – DRACO 32: 4–34.

Pinya, S. (2011): Situación actual de la Tortuga Mora (Testudo graeca L.) en le Isla de Mallorca. – S. 7–12 in: Mateo, J.A. (Hrsg.): La Conservación de las Tortugas de Tierra en España. – Conselleria de Medi Ambient i Mobilitat, Govern de les Illes Balears, Palma.

Pulford, E., A. Hailey & D. Stubbs (1984): Thermal relations of Testudo hermanni robermertensi Wermuth in S France. – Amphibia–Reptilia 5: 37–41.

Reinhardt R. & H. Reinhardt (2005): Die Zwerg-Breitradschildkröte, Testudo marginata weissingeri, Trutnau 1994 - Bemerkungen zur Haltung, Fortpflanzung und Aufzucht. – Testudo 14(2): 5–23.

Rhodin, A.G.J., P. van Dijk, J.B. Iverson (2010): Turtles of the World, 2010 Update: annotated checklist of taxonomy, synonymy, distribution, and conservation status. Chelonian Research Monographs 5: 85–164. Online verfügbar unter: www.iucn-tftsg.org/checklist/

Riener, R. (2009): Das Fortpflanzungsverhalten der Breitrandschildkröte Testudo marginata Schoepff, 1792, in menschlicher Obhut. – Diplomarbeit, Universität Wien.

Rogner, M. (1995): Schildkröten. Schildkröten 1. – Heiro-Verlag, Hürtgenwald, 192 S.

–– (2001): Die Nabeul-Landschildkröte. – DATZ 54(5): 60–64.

–– (2006): Die Tunesische Landschildkröte. – TERRARIA 1(1): 54–58.

–– (2007a): Griechische Landschildkröten Testudo hermanni hermanni, T. h. boettgeri, T. h. hercegovinensis. – 2. Aufl., Natur und Tier - Verlag, Münster.

–– (2007b): Die Breitrandschildkröte (Testudo marginata). – Natur und Tier - Verlag, Münster, 128 S.

Rouag, R., C. Ferrah, L. Luiselli, G. Tiar, S. Benyacoub, N. Ziane & E. El Mouden (2008): Food choice of an Algerian population of the spur-thighed tortoise, Testudo graeca. – African Journal of Herpetology 57(2): 103–113.

Rudloff, H.-W. (1990): Schildkröten. – Urania Verlag, Leipzig, 155 S.

Rüschoff, B. & B. Christian (2012): Reptilienpraxis: Falldarstellungen häufiger Reptilienerkrankungen - Anleitung zu Diagnose und Therapie. – 2. Aufl., Herpeton Verlag, 302 S.

Sassenburg, L. (2005): Schildkrötenkrankheiten. – 3. Aufl., Bede Verlag.

Sacchi, R., F. Pupin, D. Pelliteri Rosa & M. Fasola (2007): Bergmann's rule and the Italian Hermann's tortoises (Testudo hermanni): latitudinal variations of size and shape. – Amphibia-Reptilia 28: 43–50.

Schardt, M. (2009): Die Griechische Landschildkröte Testudo hermanni boettgeri. – Natur und Tier - Verlag, Münster.

Schmidt, W. & F.-W. Henkel (1995): Leguane. Biologie, Haltung und Zucht. – Verlag Ulmer, Stuttgart, 248 S.

Schweiger, M. (1992): Das Stachelschwein Hystrix cristata Linnaeus, 1758 als populationslimitierender Faktor von Testudo hermanni bermanni Gmelin, 1789. – Salamandra 28(1): 86–88.

–– (2006): Die Dalmatinische Landschildkröte – Testudo hermanni hercegovinensis (Werner, 1899). – MARGINATA 10: 16–24.

–– (2009): Bemerkungen zur Systematik, Verbreitung und Variabilität der Dalmatinischen Landschildkröte. – Testudo 18(2): 5–21.

Satorhelyi, T. & T. Sreter (1993): Studies on internal parasites of tortoises. – Parasitologia Hungarica 26: 51–55.

Sehnal, P. & A. Schuster (1999): Herpetologische Beobachtungen auf der Kvarner Insel Cres, Kroatien. Ergebnisse von fünf Ex-

kursionen. – Herpetozoa 12(3/4): 163–178.

Sinn, A.D. (2004): Pathologie der Reptilien - eine retrospektive Studie. – Dissertation, Tierärztliche Fakultät der Ludwig-Maximilian-Universität München, 160 S.

Skoczylas, R. (1978): Physiology of the digestive tract. – S. 342–489 in Gans, C. (Hrsg.): Biology of the reptilia. Vol. 8 - Physiology B. – Academic Press, London, New York.

Sofsky, M. (1982): Freilandbeobachtungen an der Griechischen Landschildkröte. – DATZ 35(2): 119.

Soler J., A. Martínez-Silvestre & M. Ferrandez (2009): Testudo graeca ibera: The Eurasian Spur-Thighed Tortoise in Romania. Taxonomy, Ecology, and Conservation. – REPTILIA (GB) 64: 39–44.

––, A. Martínez-Silvestre, A. Saez & M. Peris (2007): Dieta de les tortugues mediterrànies Testudo hermanni hermanni reintroduides al Parc Natural de la Serra del Montsant, 2006–2007. – III. Jornades del Parc Natural de la Serra de Montsant. Falset. Tarragona.

Sos, T., S. Daróczi, R. Zeitz & L. Párâu (2008): Notes on morphological anomalies observed in specimens of Testudo hermanni boettgeri Gmelin, 1789 (Reptilia: Chelonia: Testudinidae) from Southern Dobrudja, Romania. – North-Western Journal of Zoology 4 (1): 154–160.

Stemmler, O. (1957): Schildkröten in Griechenland. – Zeitschrift für Vivaristik, Neustadt; 3: 167–176.

Stemmler-Gyger, O. (1963): Ein Beitrag zur Brutbiologie der mediterranen Landschildkröten. – DATZ 16(6): 180–183.

–– (1968): Zur Kenntnis von Testudo hermanni im tyrrhenischen Gebiet. – Aquaterra 5(6): 41–47.

Stubbs, D. (1989a): Testudo graeca. – S. 31–33 in: Swingland, R.I. & M.W. Klemens (Hrsg.): The Conservation Biology of Tortoises. – IUCN, Gland, Switzerland.

–– (1989b): Testudo hermanni. – S. 34–36 in Swingland, R.I & M.W. Klemens (Hrsg.): The Conservation Biology of Tortoises. – IUCN, Gland, Switzerland.

––, A. Hailey, W. Tyler & E. Pulford (1981): Expedition to Greece 1980. A report. – London, University of London. Union Natural History Society.

–– & R.I. Swingland (1985): The ecology of a Mediterranean tortoise (Testudo hermanni): a declining population. – Can. J. Zool. 63: 169–180.

––, I.R. Swingland, A. Hailey & E. Pulford (1985): The ecology of the Mediterranean tortoise Testudo hermanni in Northern Greece (The effects of a catastrophe on population structure and density). – Biol. Conserv. 31: 125–152.

Swingland, I.R. & D. Stubbs (1985): The ecology of a Mediterranean tortoise (Testudo hermanni): Reproduction. – Journal of Zoology 205(4): 595–610.

Thierfeldt , S. & S. Höfler-Thierfeldt (2002): Überwinterung von Schildkröten im Kühlschrank. – Radiata 11(4): 42–47.

Tippmann, H. (2000): Die europäischen und mediterranen Landschildkröten der Gattung Testudo und ihre Nachzucht. – S. 9–20 in: Artner, H. & E. Meier (Hrsg.): Schildkröten. – Natur und Tier - Verlag, Münster.

Toth, T., H. Grillitsch, B. Farkas, J. Gal & G. Susic (2006): Herpetofaunal data from Cres island, Croatia. – Herpetozoa 19(1/2): 27–58.

Trapp, B. (2007): Amphibien und Reptilien des Griechischen Festlandes. – Natur und Tier - Verlag, Münster.

Trommer, W. (2009): Die Iberische Landschildkröte Testudo graeca ibera. – Natur und Tier - Verlag, Münster, 64 S.

Trutnau, L. (1971): Kinder des Südens. Die Breitrandschildkröte lechzt nach Sonne. – Aquarien-Magazin 5(10): 436–439.

Ullrich, W. (2001): Landschildkröten. – Falken, Niedernhausen/Ts., 128 S.

Ultsch, G.R. (2006): The ecology of overwintering among turtles: Where turtles overwinter and its consequences. – Biological Reviews of the Cambridge Philosophical Society 81(3): 339–367.

Vamberger, M., C. Corti, H. Stuckas & U. Fritz (2011): Is the imperilled spur-thighed tortoise (Testudo graeca) native in Sardinia? Implications from population genetics and for conservation. – Amphibia-Reptilia 32(1): 9–25.

VAN DER KUYL, A.C., D.L.P. BALLASINA, J.T. DEKKER, H. MAAS, R.E. WILLEMSEN & J. GOUDSMIT (2002): Phylogenetic relationship among the species of the genus Testudo (Testudines: Testudinidae) inferred from mitochondrial 12S RRNA gene sequences. – Molecular Phylogentics and Evolution 22: 174–183.

VAN DIJK, P.P., C. CORTI, V.P. MELLADO & M. CHEYLAN (2004a): Testudo hermanni. in: IUCN (Hrsg.): IUCN Red List of Threatened Species. Version 2012.1. – online unter www.iucnredlist.org. Eingesehen am 05. Juli 2012.

––, C. CORTI, V.P. MELLADO & M. CHEYLAN (2004b): Testudo graeca. in: IUCN (Hrsg.): IUCN Red List of Threatened Species. Version 2012.1. – online unter www.iucnredlist.org. Eingesehen am 05. Juli 2012.

––, P. LYMBERAKIS & W. BÖHME (2004c): Testudo marginata. in: IUCN (Hrsg.): IUCN Red List of Threatened Species. Version 2012.1. – online unter www.iucnredlist.org. Eingesehen am 05. Juli 2012.

VAN SOEST, P.J. (1994): Nutritional Ecology of the Ruminant. – Cornell University Press, Ithaka, New York.

VETTER, H. (2006): Griechische Landschildkröte (Testudo hermanni). – Edition Chimaira, Frankfurt am Main.

–– (2011): Schildkröten der Welt, Band 1: Europa, Afrika und Westasien. – 2. Aufl., Chimaira Verlag, Frankfurt am Main.

VINKE, T. & S. VINKE (2003): Die Breitrandschildkröte – Vorurteile unbegründet. – DATZ 56 (12): 20–25.

–– & S. VINKE (2004a): Vermehrung von Landschildkröten: Grundlagen, Anleitungen und Erfahrungen zur erfolgreichen Zucht. – Herpeton-Verlag, Offenbach, 189 S.

–– & S. VINKE (2004b): Testudo hercegovinensis WERNER, 1899 – die Dalmatinische Landschildkröte. – Schildkröten im Fokus 1(1): 22–34.

–– & S. VINKE (2006a): Nach der Winterstarre ist vor der Winterstarre. – S. 69–82 in: DAUBNER, M. & T. VINKE (Hrsg.): TESTUDO – häufig gehaltene Arten. – Schildkröten im Fokus, Sonderband. – dauvi-Verlag, Bergheim.

–– & S. VINKE (2006b): Die Vermehrung Europäischer Landschildkröten – Voraussetzungen, mögliche Schwierigkeiten und Lösungen! – S. 103–116 in: DAUBNER, M. & T. VINKE (Hrsg.): Testudo – häufig gehaltene Arten. – Schildkröten im Fokus, Sonderband. – dauvi-Verlag, Bergheim.

–– & S. VINKE (2006c): Bemerkenswertes über die Lebensweise der Breitrandschildkröte Testudo marginata. – S. 145–157 in: DAUBNER, M. & T. VINKE (Hrsg.): Testudo – häufig gehaltene Arten. – Schildkröten im Fokus, Sonderband. – dauvi-Verlag, Bergheim.

VOGEL, E. (1999): Möglichkeiten der Überwinterung von Schlüpflingen der Griechischen Landschildkröte Testudo hermanni. – Radiata 8(2): 3–6.

WAPELHORST, X. (2008): Überwinterung von Schildkröten im Keller-Lichtschacht. – TERRARIA 3(5): 37–39.

WEGEHAUPT, W. (2004): Sardinien, die Insel der europäischen Schildkröten. – Wegehaupt Verlag, Kressbronn.

–– (2006): Natürliche Haltung und Zucht der Griechischen Landschildkröte. – 2. Aufl., Wegehaupt Verlag, Kressbronn.

–– (2008): Exkursion in das Verbreitungsgebiet der Dalmatinischen Landschildkröte Testudo hermanni hercegovinensis WERNER, 1899. – Testudo 17(3): 29–41.

WERNER, F. (1938): Die Amphibien und Reptilien Griechenlands. – Zoologica, Stuttgart, 35(94): 1–117.

WESER, R. (1988): Zur Höckerbildung bei der Aufzucht von Landschildkröten. – Sauria 10(3): 23–25.

WETTSTEIN, O. (1953): Herpetologia aegaea. – Sber. österr. Akad. Wiss. Math.-naturwiss. Kl. Abt. I. 162(9/10): 651–833.

WIESNER, C.S. & C. IBEN (2003): Influence of environmental humidity and dietary protein on pyramidal growth of carapaces in African spurred tortoises (Geochelone sulcata). – Journal of Animal Physiology and Animal Nutrition 87(1–2): 66–74.

WILKE, H. (1998): Landschildkröten. – Verlag Gräfe und Unzer, München.

–– & U. ANDERS (1997): Die Schildkröte. – Verlag Gräfe und Unzer, München.

WILLEMSEN, R.E. (1991): Differences in thermoregulation between Testudo hermanni and Testudo marginata and their ecological significance. – Herpetol. J. 1: 559–567.

–– (1995): Status of Testudo hermanni in Greece. – S. 110–118 in: BALLASINA, D. (Hrsg.): Red Data Book on Mediterranean Chelonians. – Edagricole, Bologna.

–– & A. HAILEY (1989): Status and conservation of tortoises in Greece. – Herpetol. J. 1: 315–330.

–– & A. HAILEY (1999a): Variation of adult body size of the tortoise Testudo hermanni in Greece: proximate and ultimate causes. – J. Zool., Lond. 248: 379–396.

–– & A. HAILEY (1999b): A latitudinal cline of dark plastral pigmentation in the tortoise Testudo hermanni in Greece. – Herpetol. J. 9: 125–132

–– & A. HAILEY (2002): Body mass condition in Greek tortoises: regional and interspecific variation. – Herpetol. J. 12: 105–114.

––, A. HAILEY, S. LONGEPIERRE & C. GRENOT (2002). Body mass condition and management of captive European tortoises. – Herpetol. J. 12: 115–121.

WILLIG, S. (2006): Modell einer ganzjährigen Freilandhaltung von Europäischen Landschildkröten im Norden Deutschlands. – S. 13–26 in: DAUBNER, M. & T. VINKE (Hrsg.): Schildkröten im Fokus, Sonderband.

WINDOLF, R. (1982): Testudo h. hermanni in Montenegro (Jugoslawien). – Die Schildkröte 1982(1/2): 4–21.

WIRTH, M. (2009a): Das Chelonium – ein Frühbeet mit System. – MARGINATA 6(3): 50–57.

–– (2009b): Schildkröten unter südlicher Sonne – zu Gast bei Peter Buchert. – TERRARIA 17: 83–88.

–– (2010a): Zwischen Müll und Minen: die Dalmatinische Landschildkröte Testudo hermanni hercegovinensis WERNER 1899. Teil 1. – TERRARIA 22: 44–47.

–– (2010b): Zwischen Müll und Minen: die Dalmatinische Landschildkröte Testudo hermanni hercegovinensis WERNER 1899. Teil 2. – TERRARIA 23: 50–58.

–– (2010c): Die Breitrandschildkröte, Testudo marginata - schwarze Riesen aus der griechischen Phrygana. – TERRARIA 22: 32–43.

–– (2011): Schildkrötenhimmel im Schnäppchenparadies. Zu Gast in der „Villa Testudo" in Metzingen. – TERRARIA 31: 86–91.

–– (2012a): Frühbeet oder Gewächshaus – das perfekte Schutzhaus im Schildkrötengehege. – DRACO 13(1): 18–39.

–– (2012b): Alles der Wärme zuliebe – die Optimierung von Landschildkrötengehegen. – DRACO 13(1): 70–77.

–– & P. FRITZ (2011): Haltung und Nachzucht der Madagassischen Strahlenschildkröte. – MARGINATA 8(2): 42–51.

–– & W. MATZANKE (2007a): Toskana – Auf der Suche nach Eurotestudo hermanni (Teil I). – MARGINATA 4(2): 18–23.

–– & W. MATZANKE (2007b): Toskana – Auf der Suche nach Eurotestudo hermanni (Teil II). – MARGINATA 4(3): 40–47.

––, P. FRITZ & J. MAIER (2009a): Von Griechischen Landschildkröten in Griechenland. Teil 1. – MARGINATA 21: 24–30.

–– & P. FRITZ & J. MAIER (2009b): Von Griechischen Landschildkröten T. boettgeri MOJSISOVICS, 1889 in Griechenland. Teil 2. – MARGINATA 22: 36–45.

WRIGHT, J., E. STEER & A. HAILEY (1988): Habitat separation in tortoises and the consequences for activity and thermoregulation. – Can. J. Zool. 66: 1537–1544.

ZWART, P. (1975): Haltung und Fütterung von Reptilien. – Collegium Veterinarium 5: 30–31.

––, VAN DIJK, J.E. & E.F. JANSEN (1992): Pathomorphology of calcium metabolism in reptiles. – Verh.ber. Erkr. Zootiere 34: 267–271.

ZWARTEPOORTE, H. (1996): Die Maurische Landschildkröte Testudo graeca. – EMYS 3(5): 5–16.

–– (2000): Die Maurische Landschildkröte Testudo graeca LINNAEUS, 1758 und ihre Unterarten. – S. 24–29 in ARTNER, H. & E. MEIER (Hrsg.): Schildkröten. Symposiumsband, Natur und Tier - Verlag, Münster.

Beckmann-Schildkrötenhaus

SCHILDKRÖTENHAUS
in vier hochwertigen Ausführungen

Schildkröten lieben Wärme und trockenes Wetter. Da die hiesigen Wetterbedingungen nicht dem natürlichen Lebensraum der Tiere entsprechen, bietet das **Beckmann-Schildkrötenhaus** mit seinen hochtransparenten, UV-durchlässigen und hochisolierenden "ALLTOP"-Stegdoppelplatten (10 Jahre Garantie) die richtigen Voraussetzungen für eine artgerechte Haltung.

Die 16 mm dicken Stegdoppelplatten lassen weit mehr Licht herein als herkömmliche Doppelverglasungen. Die besonders stabilen Aluminiumprofile mit 20-jähriger Garantie sowie abgerundete Kunststoffecken und -verbindungsteile sorgen für einen einfachen Aufbau, Erdanker für Standfestigkeit und das in mehreren Stufen verstellbare Fensterhebeprofil für optimale Belüftung. Durch zusätzlich integrierte Öffnungsstäbe lassen sich die Fenster weit aufstellen. Auf der Vorderseite ist das Schildkrötenhaus mit einer verschließbaren Tür ausgestattet.

Das Schildkrötenhaus kann beliebig erweitert werden. Schildkrötenliebhaber können ihren Tieren so ein optimales Zuhause schaffen. Besonders pflegeleicht wird es durch den Einbau eines automatischen Fensteröffners.

Großer Online-Shop

Kostenloser Katalog

Ing. G. Beckmann KG
Simoniusstraße 10 • 88239 Wangen
Tel. 07522 - 974 50 • Fax 07522 - 974 51 50
E-mail: info@beckmann-kg.de
www.beckmann-kg.de

Beckmann
Ihr Spezialist für
Gartenartikel und Gewächshäuser